▲刘崇怀研究员在研究国内外果树
生产与果树育苗动态

▲冯义彬研究员在研究桃树幼苗与
速丰高效的关系

▲本书主编高登涛在研究苹果
幼苗与速丰高效的关系

▲杨健研究员在瞻望梨树苗
出圃后的丰收景象

彩插1　作者研究果树育苗

▶ 温室苹果苗

◀ 温室葡萄苗

▶ 营养钵桃苗

彩插2　苗圃展示Ⅰ

▲葡萄苗圃 ▲梨苗圃

▶速生苹果苗

▲樱桃苗圃 ▲核桃苗圃

彩插3　苗圃展示Ⅲ

▲葡萄苗嫁接

▲葡萄营养袋育苗

▲嫁接后的苹果苗

▲组培葡萄苗

▲组培核桃苗

彩插4　新法育苗

▲苹果褐斑病

▲苹果白粉病

▲苹果斑点落叶病

▲苹果缺铁症状

彩插5　苹果病害

◀ 葡萄根癌病

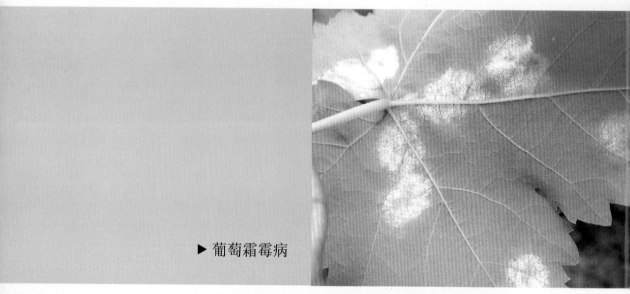

▶ 葡萄霜霉病

◀ 葡萄缺锌症状

彩插6　葡萄病害

▶ 葡萄斑叶蝉

◀ 山楂叶螨

▶ 金纹细蛾

彩插7　苗圃害虫

◀ 除草剂造成的勺形叶

▲除草剂造成的扇形叶

彩插8　苗圃除草剂危害

家庭农场丛书·园艺作物育苗技术系列

当代果树育苗技术

高登涛　刘崇怀　主编
冯义彬　杨　健

中原农民出版社
·郑州·

图书在版编目(CIP)数据

当代果树育苗技术/高登涛等主编. —郑州:中原农民出版社,
2015.6
(家庭农场丛书·园艺作物育苗技术系列)
ISBN 978 - 7 - 5542 - 1166 - 3

Ⅰ. ①当… Ⅱ. ①高… Ⅲ. ①果树 - 育苗 Ⅳ.①S660.4

中国版本图书馆 CIP 数据核字(2015)第 081212 号

出版:中原农民出版社
　　(地址:郑州市经五路 66 号　　电话:0371 - 65751257
　　邮政编码:450002)
编辑部投稿信箱:djj65388962@163.com
　　　　　　　　895838186@qq.com
策划编辑联系电话:13937196613
发行:全国新华书店
承印:河南鸿运印刷有限公司
开本:787mm×1092mm　　　　1/16
印张:19.75
字数:419 千字　　　　　　**插页:**8
版次:2016 年 1 月第 1 版　　**印次:**2016 年 1 月第 1 次印刷

书号:ISBN 978 - 7 - 5542 - 1166 - 3　　　　**定价:**58.00 元
　　　　本书如有印装质量问题,由承印厂负责调换

本书出版得到了"国家葡萄产业技术体系和中国农业科学院科技创新工程"等项目的支持,在此一并表示感谢!

前　言

　　我国地域辽阔,植物生态类型多样,果树资源分布广泛,种类丰富,是多种果树的原产地。2012 年全国果树栽培面积 12.14 万 hm^2,占世界果树栽培总面积的20.6%。果品产量 2.41 亿 t,占世界总产量的 20.1%,栽培面积和果品产量皆居世界首位;果品年产值 3 500 亿元,在国内种植业中居第三位。

　　近些年,随着人民生活水平的提高、市场需求的增长和农村产业结构调整的需要,许多地方都把发展果树生产作为调整农村产业结构和促进农民增收、发展现代农业的主要途径,因此,果树苗木需求量很大。仅以苹果为例,每年老果园更新及新建果园面积约为总面积(2012 年为 2.57 万 hm^2)的 10% 左右,即 2 567hm^2 左右,每1hm^2 需 12 万株果苗,每年苹果苗需求即为 3 亿多株。

　　但是我国果树苗木培育目前还存在很多问题,主要是准入制度不完善,门槛低,小育苗户众多,缺乏大型专业苗圃及苗木公司,从而导致苗木生产出现一系列问题:品种不纯,品种落后;适宜砧木及砧穗组合缺乏;苗木以速生苗为主,质量差,缺乏优质壮苗;育苗地连作重茬问题严重;苗木出土、包装、分级手段落后,效率低等。

　　果树苗木繁育有其特殊性,如大多数果树可以无性繁殖,很多果树需要嫁接繁殖,而且育苗周期较长。近些年,果树苗木产业有了很大的发展,也有了很多新变化,如苹果、梨矮化苗木的大力推广,葡萄、樱桃抗性砧木的应用,核桃嫁接苗的培育等,都对育苗技术提出了新的要求,如要建立相应的专业砧木培育圃,以全光雾扦插生根技术来解决某些树种的生根难题,采用组织培养方法繁育无毒苗及珍稀树种苗木等。另外,随着经济社会的发展,需要大型的专业育苗公司来进入苗木繁育产业。大公司可以使用大型机械设备,集约化生产,具有雄厚的资金支持和较强的抗风险能力,质量可靠,苗木标准化程度较高,对于提高我国果树育苗产业水平具有重要作用。

　　为了适应生产需要,介绍并推广一些新技术、新方法,我们经过调查研究,组织相关人员编写了《当代果树育苗技术》一书,力求全面、简洁、实用地介绍果树育苗过程中的相关问题,为果树育苗过程的科学管理以及优质高效生产提供服务和帮助。

　　本书以优质果树苗木繁育理论为指导,以优质果树苗木培育技术为主线,重点介绍了主要果树的育苗技术要点,提出了解决苗木生产中存在问题的方法和措施。

　　全书分为九章。第一章简要介绍了果树育苗的意义以及苗圃地的选择与规划,并对果树育苗的主要设施及现代化育苗机械与设备进行了介绍。第二章主要介绍了苹果、梨、桃、葡萄、山楂、杏、李、樱桃、板栗、枣、柿、核桃、石榴、猕猴桃等北方常见果树的最新优良品种以及常用的砧木品种。第三章详细介绍了果树实生苗、自根苗、嫁接苗、组织培养与脱毒苗等常见的果树苗木繁殖技术以及易遇到的问题和注意事项。第四章至第七章分别介绍了仁果类、核果类、浆果类和干果类等四大类果树的代表树种的苗木培育方法。第八章介绍了果树育苗中常见的病害、害虫及自然灾害等问题的管理与应对措施。第九章对苗木的起出与分级、苗木检疫、苗木的消毒、包装和储存等与苗木出圃相关的问题进行了介绍。

　　本书编写过程中参考了国内外的资料和图书，已在参考文献中列出，在此对原作者表示感谢！由于作者水平有限，书中的缺点和错误，敬请广大读者批评指正。

编者

2015 年 2 月

第三章　果树苗木繁殖技术

第四章　仁果类果树苗木培育

第五章　核果类果树苗木培育

第六章　浆果类果树苗木培育

第七章 坚果类果树苗木培育

第八章 果树苗木常见问题与防除

第九章　果树苗木出圃

第一章

果树苗圃规划与建立

本章导读：本章介绍了果树育苗的意义，分析了果树育苗的历史和现状，指出了目前存在的主要问题。从苗圃地选择与规划，主要育苗设施及机械设备等方面对当代果树育苗技术进行了阐述，同时，对果树育苗的经济效益进行了分析。

第一节　果树育苗的意义和任务

一、果树育苗的意义

果树产业是我国的优势产业,是农业生产的重要组成部分,在许多地区已成为支柱产业。发展果树生产,对提高人民生活水平,繁荣农村经济,增加农民收入,促进农村发展具有重要的意义。水果不但可以鲜食,还可以精深加工,如提取浓缩果汁、苹果籽油、水果香精等高附加值出口创汇产品,或者做成果脯、果泥、果酱、果醋、果酒等食品,丰富群众的生活。因此,果树产业是一个很大的产业链,而这个大产业链的源头就是果树苗木,果树育苗对于果树产业的发展具有重要意义。

果树是一个庞大的家族。据统计,全世界果树大约有 60 个科,近 3 000 个种。既有木本,也有多年生草本和藤本。栽培的果树多为异花授粉,种子多为自然杂交种,后代性状分离严重,因此,果树大多采用无性繁殖。无性繁殖能够保持母树品种固有的优良性状,品种较易保存,结果早。

图 1-1　百年桃树

图 1-2　河南宁陵百年梨树　　　　　图 1-3　智利百年葡萄树

不同种类的果树,无性繁殖技术、繁殖效率差异很大。如苹果、梨、桃、李、杏、枣等果树嫁接繁殖方法简单,成活率高,而核桃、板栗、柿等嫁接繁殖则技术要求较高;葡萄、石榴枝条容易生根,可进行压条和扦插繁殖自根苗或无性系砧木。嫁接繁殖存在着砧穗不亲和或亲和性差的问题,砧木还会影响树体生长发育及果实品质,因此,需要大量的研究和实践。

果树为多年生植物,一旦栽植就要在同一地方生长若干年,一般栽后 3 ~ 5 年才进入结果期。有些果树寿命很长,少则 20 ~ 30 年,多则上百年。如百年以上的山楂、葡萄、板栗、核桃、柿、梨等,在我国屡见不鲜,千年的银杏、枣也不少见。因此,果树种苗的繁育就更为重要。

图 1-4　千年银杏树　　　　　　图 1-5　河南灵宝百年苹果树

人们常说:“发展果树,种苗先行。”果树种苗作为果树发展的基础物质,其树种、品种、数量、质量,直接关系到果园的经济效益和建园成败,对果树栽植成活率、果园整齐度、果品产量和品质、抗逆性、经济寿命和产业效益等都有重要影响。因此,培育适销对路、适应当地生态条件和产业发展布局与规划、品种纯正、砧木适宜、生长健壮、无检疫对象及病毒危害的优质苗木和接穗、插条等繁殖材料,既是果树育苗的基本任务,也是果树早结果、丰产、优质、高效益栽培和产业健康发展的先决条件。

苗圃是培育和生产优质果树苗木的基地。苗圃的地势、土壤、pH 值、施肥、灌溉条件、病虫害防治及管理技术水平，直接影响苗木的产量、质量以及苗木的生产成本。随着我国果树栽培由零星分散走向规模化，苗木需求量不断增加，对苗木质量也提出了更高要求。传统小而分散的苗木生产和经营方式，难以保证种苗质量。因此必须规范育苗技术，发展专业化苗圃，提升苗木质量，促进果树产业的健康发展。

二、果树育苗发展的概况

果树苗木的繁育是随着果树被驯化栽培而产生的。石器时代人类采食野果而将种子丢弃在居住地附近，无意中播了种，长成实生果苗，形成了实生繁殖方法的雏形。利用种子就地播种直接长成的果苗称为实生苗。这种方式沿用了相当长的时间，至今有些地方，在一些树种中仍有沿用，如山杏、山桃、板栗、核桃、枣等。随着果树事业的发展，当人们认识到大多数果树实生苗无法保持母株的优良特性和特征后，各种无性繁殖方法如分株、压条、扦插、嫁接、组织培养工厂化育苗等，逐步应用于果苗的培育。随着果树栽培由零星栽植走向规模化，苗木的需求量不断增加，促进了专业苗圃地的产生和育苗技术的发展。

图1-6 《四民月令》书影
（引自中国书店网）

果树育苗技术发展比一般农作物育苗技术要晚几千年，但是由于果树种类多，不同种类果树的育苗方法各有特色，且果树苗木经济价值较高，所以果树育苗技术的发展速度和研究深度要领先于一般农作物。

我国培育果树苗木的历史悠久。各种古农书中除记载实生繁殖外还提到分株、压条、扦插等方法。分株繁殖是继实生繁殖之后产生的最早的无性繁殖方法。《诗经》、《史记》中均有记载。压条繁殖记载始见于《四民月令》（图1-6），有三月进行果树压条的记载，说明在东汉以前已经应用了压条繁殖技术。北宋末年（13世纪初），空中压条技术已经在亚热带果树中应用。

图1-7 《齐民要术》书影
（引自孔夫子旧书网）

嫁接技术在我国开始也很早，可能开始于秦汉时期，《氾胜之书》中已提到瓠的靠接，但当时果树方面无确切记载。到北魏时期的《齐民要术》（图1-7）中对果树嫁接技术始作详细记载，对砧木、接穗的选择，嫁接方法，嫁接时期等都有详细论述，那时的嫁接技术已经达到相当高的水平。到了元代，嫁接技术已得到全面的发展和应用，对砧木和接穗间的相互影响有了进一步的认识，扩大了应用范围。对桃、杏、梅、柿、林檎(中国苹果)、柑橘、杨梅、枇杷等都实行了嫁接繁殖。

20世纪50年代后，我国广泛进行了果树砧木资源调查和群众育苗经验的总结，制定了苹果等苗木出圃规格，初步形成了现代果树苗木培育制度。随着科学技术的发展，果树育苗技术也不断提高，植物生长调节剂、扦插基质的应用，弥雾装置、农用塑料薄膜的出现，改善了扦插育苗的条件，实现了茎、叶、根等营养体工厂化扦插育苗。近代组织培养(组培)技术也应用于果树育苗，形成了组织培养快速繁殖和脱毒苗的工厂化快速繁殖(微体快速繁殖)，提高了苗木的繁殖速度和质量，引起果树传统育苗技术的变革，在草莓、苹果、葡萄、柑橘、枣等20余种果树上得到应用。

三、生产中存在的问题

改革开放以来，我国种苗业在行业管理、法规标准、质量监督、良种和技术推广、生产供应等方面形成了较为完备的体系，为果业发展奠定了良好基础，但仍存在一些问题。

(一)种苗总体质量低

目前，苗木繁育的基地供种率和良种使用率低。多数果树的砧木种子、自根砧木缺乏专业扩繁圃，种子、砧木的纯度和质量难以保证；良种(砧木、品种)选育和推广滞后，优种使用率不足；苗木生产和经营者职业素质低，社会责任感不强，造成市场上树种、品种、砧木混乱，建园后后代分离严重，园貌不整齐，影响标准化生产及果品的产量和质量。

(二)种苗市场混乱

苗木法规不健全，质量监督力度不够，种苗生产准入制度和认证制度不健全，信息管理手段落后，社会化服务体系不完善，对过热的社会育苗现象缺乏信息引导和有效管理。使苗木市场混乱，随意命名品种和品种炒作，假种苗、劣质种苗以次充好，虚假宣传等坑农害农问题屡见不鲜，严重损害了果农的合法权益。

(三)知识产权保护重视不足

果树多采用无性繁殖，一个芽、一棵苗木即可扩繁，增加了知识产权保护的难度。果树育种年限长，一个好的品种或砧木要经过几年甚至几十年、几代人的工作，才能获得成功。然而新品种一旦进入市场，就会被众多育苗单位迅速扩繁，甚至更名改姓，使育种单位知识产权受到侵犯，大量的前期投入无法得到回报。使果树育种工作成为"社会公益性"的工作，影响育种者的工作热情和积极性，这也是我国果树育种工作落后，无世界性新品种推出的重要原因之一。

(四)产业化尚未形成

目前我国果树苗木繁育以小型苗圃或家庭育苗方式为主导。生产规模小而分散的苗木生产形式，一是不便于监督管理，而育苗单位自身又缺乏自律，缺乏为产业健康发展服务的责任，往往受利益驱动，炒作热苗、假品种，成为市场混乱的主要根源。二是生产管理粗放，科技含量不高，大多数小苗圃育苗技术和手段落后，采取露地育苗、传统生产管理,难以培育健壮的优质苗木。三是信息不灵、销路不畅、市场流通不活,导致区域性或结构性发展不平衡。随着果树产业向规模化发展,苗木需求量不断增加,对苗木质量也提出了更高要求。传统小而分散的苗木生产和经营方式,已经不能满足产业发展的需要。因此,要推进种苗产业化,发展大型专业化苗圃,以发挥龙头和骨干作用,全面提升苗木质量,为果树产业的健康发展服务。

第二节　苗圃地的选择与规划

一、苗圃地的选择

果树育苗地的选择,应按当地的具体情况,以选择坡度在 5° 以下、土层较厚(50~60cm)、保水及排水良好、灌溉方便、肥力中等的沙壤土,以及风害少,无病虫害,空气、水质、土壤未污染,交通方便的地方。过于黏重、瘠薄、干旱、排水不良或地下水位高(100cm 以上)以及含盐量过多的地方,都不宜作苗圃地。

苗圃地附近不要有能传染病菌的苗木,远离成龄果园,不能有病虫害的中间寄主,如成片的桧柏、刺槐等;尽量选择无病虫和鸟、兽害的地方,避免影响出苗率和降低苗木质量。可将苗圃地安排在靠近村庄或有早熟作物的地方,这些地方因有诱集植物,虫口密度小,受害轻。

为了防止苗木立枯病、根结线虫等,育苗地尽量避免使用十字花科菜地。同时育苗地要避免重茬,连年重茬育苗的苗木生长弱,立枯病、根癌病和白粉病等根部病害严重,造成苗木大量死亡,因此育苗地一定要进行轮作,轮作周期最少要间隔 2~3 年。

苗圃(图 1-8)地形要较整齐,以便日常管理。苗圃地的规划,要根据因地制宜、充分利用土地、提高苗圃工作效率的原则,安排好道路、灌排系统和房屋建筑,并根据育苗的多少,划出播种区、嫁接区、成苗区、假植苗区等。同一种苗木如连作,常会降低苗木的质量和产量,故在分区时要适当安排轮作地。一般情况下,育过一次苗的圃地,不可连续培育同种果苗,要隔 2~3 年之后方可再用。轮作的作物,可选用豆科、薯类等。播种地不宜设在长期栽植易感染猝倒病的作物(如棉花)的地段。小区以长方形为宜,一般长 10m、宽 5m 左右,纵横有道。

图1-8 果树苗圃

苗圃地确定以后,应在秋季深翻熟化土壤,增加活土层,提高单位面积出苗量和苗木质量。深翻20~30cm,结合耕地施入基肥,每667m²施圈肥5000~10000kg。如能混入20~25kg过磷酸钙更好,精细耕耙,力求平整。在灌溉条件较差的地方,要注意及时镇压,耙地保墒。

播种前育苗地应先行做垄或做畦(图1-9),一般大粒种子,如核桃、板栗、桃、杏等,可做垄育苗。垄距60~70cm,垄高10~17cm。尽量要南北向,以利受光。垄面要镇压,上实下松,干旱地区,做垄后要灌足水,待水渗下后播种。垄作适于大规模育苗,有利于机械化管理,播种后苗木不经移植,就地培养成苗直接出圃。小粒种子,如山定子、海棠等,通常用平畦苗床育苗。一般畦宽1.2m,长10m,每667m²可做畦50个左右。

图1-9 起垄做畦

多雨或地下水位高的地区,可采用高畦,高出地表15~20cm,畦周开沟深约

25cm,沟可排水,又可利用灌水。播种前苗床干旱的必须先灌水,水渗后再播种。

二、三圃的建立

(一)母本保存圃

主要任务是保存品种、砧木原种。一般建立在苗木繁育主管部门或指定单位。包括砧木母本圃和品种母本圃。砧木母本圃提供砧木种子和无性砧木繁殖材料。品种母本圃提供自根果苗繁殖材料和嫁接苗的接穗。向母本扩繁圃提供良种繁殖材料。为了保证种苗的纯度,防止检疫性病虫害的传播,母本保存圃内禁止进行苗木嫁接等繁殖活动,无病毒苗木的母本圃要与周边生产性果园有 50~100m 的间隔距离。当前我国设有母本保存圃的大型专业苗圃不多,一般均从生产果园的品种上直接采集接穗或插条,砧木种子则主要采自生产园或野生植株。这也是目前果树生产用苗纯度低、质量差、带病毒率高的主要原因之一。

(二)母本扩繁圃

母本扩繁圃包括品种采穗圃、砧木采种圃、自根砧木压条圃。母本扩繁圃主要任务是将母本保存圃提供的繁殖材料进行扩繁,向下一级苗圃(生产用苗繁殖圃)提供大量可靠的砧木种子、自根砧木苗及插条、品种及中间砧接穗(图1-10)。禁止在压条圃直接嫁接进行苗木繁殖,或分段嫁接品种繁殖中间砧。也不应在品种采穗圃、砧木采种圃进行嫁接换种工作。母本扩繁圃一般设在行业主管部门指定的大型苗圃内。

图1-10 苹果砧木扩繁圃

(三)苗木繁殖圃

繁育苗木的基层单位,直接繁殖生产用苗。其所用繁殖材料应来自母本扩繁圃。生产和经营活动受主管部门的监督和管理。规划时要将苗圃地中最好的地段作为繁殖区,根据所培育的苗木种类分为实生苗培育区、自根苗培育区和嫁接苗培育区。为了耕作管理方便,最好结合地形采用长方形划区,长度不短于100m,宽度可为长度的1/3~1/2(图1-11)。如果苗圃同时繁殖多种果树苗,宜将仁果类小区与核果类、浆果类小区分开,以便于耕作管理和病虫防治。

图1-11　苹果苗木繁殖圃

繁殖区要实行轮作倒茬。连作(重茬)会引起土壤中某些营养元素的缺乏、土壤结构破坏、病虫害严重以及有毒物质的积累等,导致苗木生长不良。因此,应避免在同一地块中连续种植同类或近缘的以及病虫害相同的苗木。制订果树育苗轮作计划时,在繁殖区的同一地段上,同一类果树轮作年限一般为3~5年,不同种类果树间轮作的间隔年限可短一些。

三、非生产用地规划

非生产用地一般占苗圃总面积的15%~20%。

(一)道路

结合苗圃划区进行设置。干路为苗圃与外部联系的主要通道,大型苗圃干路宽约6m。支路可结合大区划分进行设置,一般路宽3m(图1-12)。大区内可根据需要分成若干小区,小区间可设小路。

图1-12　大型苗圃的主路和支路

（二）排灌系统

结合地形及道路统一规划设置，以节约用地。苗圃的排灌水系统应形成网络，做到旱能灌、涝能排（图1－13）。目前，常用的灌溉方法有地面灌溉（包括漫灌、畦灌、沟灌）、喷灌、滴灌等。常见的排水方法有明沟排水、暗沟排水等。沟渠坡度不宜过大，以减少冲刷，通常不超过0.1%。

（三）防护林

1. 防护林的作用

（1）防风作用。大风能影响各种果树的生长。比如像猕猴桃新梢肥嫩，叶片又大又薄，非常容易遭受风害。强风经常会导致嫩枝折断，新梢枯萎，叶片破碎。春末夏初的干热风天气，会

图1－13 道路两侧的排水干渠

使叶片失水、焦枯、凋落。所以在大风频繁地区种植猕猴桃、葡萄等叶片较大的果树，一定要营造防风林。在果园盛行风的上风方向，营造防护林，风速较大时，林带背风面的风速会降低30%以上，随着风速的降低，也使林内与外界的热量和水汽交换明显减弱，热量和水分的分布就发生了有益的变化。

（2）对于提高果园春秋季温度具有重要作用。据研究，果园防护林能使果园春秋季平均温度提高0.5~1.6℃，对于防治果树春霜冻、秋季低温冷害和秋霜冻，具有一定的作用。比如春季是多种果树发芽、展叶或开花坐果期，气温波动大，受冷空气侵袭，最容易遭受春霜冻的果树有杏、大樱桃、小樱桃、李、梨、桃、苹果、葡萄等，对生长危害较大。因此，营造果园防护林，提高果园春季温度，特别是提高早春的温度，还能使果树提早萌芽、展叶，物候期可以提早2~5天，促进了果树早发、早熟。

防护林能显著减轻秋季低温冷害和霜冻对苗木生长的影响。

（3）减少水分的蒸发。由于防风作用，水汽容易保持在果园内，能提高空气相对湿度5%~10%，减少果园蒸散，提高用水效率。

2. 防护林的设置原则

风沙危害地区，以降低风速、防止风蚀和沙埋苗木为主要目的的苗圃，防护林应采用紧密不透风林带结构（图1－14）。主林带宽10~15m，栽植5~10行树，其中乔木4~6行，灌木2~4行。林带间距一般为15~20倍树高。主林带应与主害风方向垂直，为了增加防护效果，还可与主林带方向垂直设置副林带。

轻风沙区和一般风害区，林带的规格可适当降低。有积雪现象的苗圃，为了使积雪分布均匀，而不至过于集中埋压苗木，以稀疏透风林带结构为宜（图1－15），林带宽8~10m，栽植3~5行乔木即可。

低洼盐碱区苗圃，防护林带兼有生物排水和改善贴地层小气候、防止地面蒸发返碱的作用，林带可采用疏透结构或紧密结构，宽10~12m，栽4~6行树。

图 1-14 果园防风林(松树)

图 1-15 果园防风林(杨树)

防护林树种应选生长迅速的乡土树种,最好选直根性、抗逆性强、病虫害较少而且不是苗木病虫害中间寄主的树种。冬季风沙危害严重地区,应适当配置常绿的针叶树种。低洼盐碱地苗圃宜选蒸腾量大、生物排水效果好的树种。

(四)房舍

包括办公室、宿舍、食堂、农具室、种子储藏室、化肥农药室、苗木分级包装室、苗木储藏窖、车库、厕舍等。应选位置适中、交通方便的地方,以尽量不占用好地为宜。

四、苗圃档案制度

为了掌握苗圃生产规律,总结育苗技术经验,探索苗圃经营管理方法,不断提高苗圃管理水平,必须建立档案制度。档案内容包括:

(一)苗圃地基本情况档案

记录苗圃地原来地貌特点、土壤类型、肥力水平,改造建成后的苗圃平面图、高程图和附属设施图,土壤改良和各区土壤肥水变化、常规气象观测资料和灾害性天气及其危害情况等。

(二)引种档案

各区的树种、品种档案和母本园品种引种档案。每次育苗都要画出栽植图,按树种、品种标明面积、数量、嫁接或扦插的品种区、行号或株号,以利于出苗时查对。母本园栽植图要复制数份,以便每次采穗时查找。

(三)苗圃土地利用档案

记录土地利用和耕作情况的档案。主要内容包括记载每年各种作业面积、作业方式、整地方法、施肥和灌水情况及育苗种类、数量和产量、质量情况,还要绘制苗圃土地逐年利用图,计算各类用地比率。为合理轮作和科学经营提供依据。

(四)育苗技术档案

主要记录每年各种苗木的培育过程。包括各项技术措施的设计方案、实施方法、结果调查等内容。为分析总结育苗技术和经验、不断改进和提高育苗技术水平提供依据。同时记录主要病虫害及防治方法,以利于制定周年管理历。

(五)苗木生长调查档案

记载苗木生长节律和过程,以便掌握其生长规律及其与自然条件和人为措施的关系,为合理的育苗技术提供依据。

(六)苗木销售档案

将每次销售苗木种类、数量、去向记入档案,以了解各种苗木销售的市场需求、栽植后情况和果树树种流向分布,以便指导生产。

(七)苗圃工作日志

记载苗圃每天工作情况,各种会议和决策,人员和用工以及物料投入等情况,为成本核算、定额管理、提高劳动生产率等提供依据。

五、育苗方式

(一)露地育苗

指育苗全部过程在露地条件下进行的育苗方式。露地育苗是我国当前广泛采用的主要育苗方式,但这种方式只能在适于苗木生长和有利于培养优质苗木的环境条件下进行。

(二)保护地育苗

在不适宜苗木生长的环境条件下,利用保护设施,人为地创造适宜的光、温、水、气、肥等外界条件,满足果树苗木生长发育的需要,培育果树苗木的育苗方式。通常多在育苗前期应用,后期则利用自然条件,在露地继续培育。

保护设施类型较多,如地膜覆盖、塑料拱棚、大棚、温室、冷床、温床、荫棚等。各种设施可单独应用,也可多种类型结合设置。

(三)组织培养育苗

是将果树的器官、组织或细胞,通过无菌操作接种于人工配制的培养基上,在一定的温度和光照条件下,使之生长成为完整植株的方法。该育苗方式繁殖速度快、增殖系数高,主要用于珍稀材料的快速繁殖和脱毒苗的生产。目前,草莓、香蕉、葡萄、苹果、梨、菠萝、猕猴桃、枣等多种树种的组织培养技术已获成功,有的已大规模应用于生产。

第三节　果树育苗的主要设施与设备

果树绿枝扦插育苗、组织培养苗过渡移栽、脱毒苗的快速指示植物鉴定以及调控育苗进程,需要借助一定的设施,进行生长发育环境调控,完成育苗过程。常用的设施主要有温室、塑料大棚、温床、荫棚等。

一、塑料大棚

塑料大棚是跨度 6m 以上、中高 1.8m 以上、有拱形骨架、四面无墙体、采用塑料薄膜覆盖的栽培设施。塑料大棚能充分利用太阳能,有一定保温作用,并且可在一定范围内调节棚内的温度和湿度。其建造容易、使用方便、投资较少,随着塑料工业的发展,目前已被世界各国普遍采用。塑料大棚在生长季使用遮阳网等遮光材料覆盖,可改造成荫棚。

在我国北方地区,塑料大棚主要起到春提前和秋延后保温栽培作用,一般春季可提前 20～35 天,秋季延后 20～30 天。

我国地域广阔,气候环境复杂,各地的塑料大棚类型各式各样。塑料大棚按覆盖形式可分为单栋大棚和连栋大棚 2 种。塑料大棚按棚顶形式可分为拱圆形塑料大棚和屋脊形塑料大棚 2 种(图 1－16、图 1－17)。拱圆形塑料大棚对建造材料要求较低,具有较强的抗风和承载能力,是目前生产中应用最广泛的类型。屋脊形塑料大棚对材料要求较高,但其内部环境比较容易控制。常用拱圆形塑料大棚有以下几种形式。

图1-16　拱圆形塑料大棚

图1-17　屋脊形塑料大棚

（一）简易竹木结构塑料大棚

竹木结构塑料大棚是我国最早出现的塑料大棚,具体形式各地区不尽相同,但主要参数和棚形基本一致或相似(图1-18)。常用大棚一般跨度8～12m,长50～60m,肩高1.2～1.5m,脊高2～3.2m。

建造很简单,按棚宽(跨度)方向每2m设一立柱,立柱直径6～10cm,顶端形成拱形,地下埋深50cm,垫砖或绑横木并夯实,将竹片固定在立柱顶端成拱形,两端加横木埋入地下并夯实,形成拱架。在长度方向上拱架间距1m,并用纵拉杆连接,形成整体;拱架上覆盖薄膜,拉紧后膜的端头埋在四周的土里,拱架间用压膜线或8号铁丝、竹竿等压紧薄膜即可。

这种结构的优点是取材方便,各地可根据当地实际情况,用竹竿或木头都可,造

图 1 - 18　简易竹木结构塑料大棚

价较低,建造时较为容易。缺点是由于整个结构承重较大,棚内起支撑作用的立柱过多,使整个大棚内遮光率高,光环境较差;由于整个棚内空间不大,作业不方便,不利于农业机械的操作;材料使用寿命短,抗风雪荷载性能差。

(二)焊接钢结构塑料大棚

焊接钢结构塑料大棚是利用钢结构代替木结构。拱架是用钢筋、钢管或两种结合焊接而成的平面桁架,上弦用直径 12 ~ 16mm 钢筋或 19mm 管,下弦用直径 12 ~ 14mm 钢筋,纵拉杆用直径 8 ~ 10mm 钢筋。跨度 10 ~ 12m,脊高 2.5 ~ 3.5m,长 30 ~ 60m,拱间距 1 ~ 1.2m。纵向各拱架间用纵梁或斜交式拉杆连接固定形成整体。拱架上覆盖薄膜,拉紧后用压膜线或 8 号铁丝压膜,两端固定在地锚上(图 1 - 19)。这种结构的塑料大棚比竹木结构的塑料大棚承重力有所增加,骨架坚固,无中柱,棚内空间大,透光性好,作业方便。但这种骨架在塑料大棚高温高湿的环境下容易腐蚀,需要涂刷油漆防锈,每 1 ~ 2 年需涂刷 1 次,比较麻烦,如果维护得好,使用寿命可达6 ~ 7 年。另外,焊接钢结构有些结构需要在现场焊接,对建造技术要求较高。

图 1 - 19　焊接钢结构塑料大棚

（三）镀锌钢管装配式塑料大棚

镀锌钢管装配式塑料大棚是近几年发展较快的塑料大棚的结构形式,这种材料的塑料大棚继承了钢架结构和竹木结构塑料大棚的优点,棚内空间大(图1－20),棚结构也不易腐蚀,所有结构都是现场安装,施工方便。其拱杆、纵向拉杆、端头立柱均为薄壁钢管,并用专用卡具连接形成整体,所有杆件和卡具均采用热镀锌防锈处理。这种大棚是工厂化生产的工业产品,已形成标准、规范的多种系列类型。装配式镀锌薄壁钢管大棚为组装式结构,建造方便,并可拆卸迁移,棚内空间大、遮光少、作业方便,有利作物生长,构件抗腐蚀,整体强度高,承受风雪能力强,使用寿命可达15年以上。

图1－20　镀锌钢管装配式塑料大棚

二、日光温室

日光温室是我国北方冬季应用的主要设施。三面围墙,屋脊高2.5～3.5m,跨度6～10m,热量来源主要依靠太阳能的保护地设施称为日光温室。由于各地的气候条件、栽培习惯和技术来源等不同,形成了具有各自特点的结构类型和利用方式。目前用于果树生产的主要是半拱圆形日光温室。

（一）半拱圆形日光温室结构特点

常见结构为短后坡高后墙半拱圆形结构。日光温室后坡长1.5～1.8m,水平投影1.2～1.5m,后墙高度1.8～2.2m,脊高2.8～4m,跨度6～10m。生产中可依据当地常用的半拱圆形温室结构进行改良,即在原结构的基础上按比例加高、加宽,形成适宜果树育苗的高效节能型结构。一般高纬度、寒冷地区温室高度、跨度可适当缩小,墙体要相应加厚或采用保温性好的异质复合墙体;低纬度,冬季较温暖地区,温室高度、跨度可适当加大。

(二)建造日光温室应注意的问题

1.**温室群规划**　温室为东西向,可稍向东或向西倾斜,但不超过10°角。前后温室间距一般以冬至日前后太阳高度角最小时前后排温室不遮阴为准。一般要达到日光温室脊高的2.2倍左右。东西两侧一般间隔4~6m(图1-21)。

图1-21　温室群

2.**筑墙**　生产中温室墙体主要为土墙、砖墙、空心砖墙。土墙主要有草泥垛墙、干打垒、袋装垒(图1-22)。注意上下宽度差,确保墙体稳定。秋季打墙应早进行,在结冻前基本风干。墙体厚度为当地冻土层的1.5~3倍。砖石墙分为实心墙、空心夹层墙、内或外砖包墙等(图1-23),墙体厚50cm以上,夹心层填充保温材料。

图1-22　温室土墙

图1-23　温室砖墙

3.**进出口**　分为山墙开门,后墙中间开门,前屋面下部开门。一般多为山墙开门(图1-24),并盖一作业间。

图 1 - 24　半地下式温室进出口

4. **通风口**　一般前屋面设上中下 3 排通风口,上排(顶风)设在温室最高处,可设成窗式、烟囱式和扒缝式。中排(腰风)设在前屋面距地面 1 ~ 1.2m 处。下排(地风)设在地面压膜处。中下多为扒缝式。后墙通风口设在后墙中上部(1.5m 左右),一般 2 ~ 3m 留 1 个直径 30 ~ 40cm 的通风口,可采用窗式或陶管式。

5. **防寒沟**　寒冷地区在温室前挖一条深 40 ~ 60cm、宽 30 ~ 40cm 的防寒沟,沟内填干草、碎秸秆或保温材料,也可铺衬薄膜后再填保温材料。填土踏实,高出地面5 ~ 10cm。

6. **采光保温覆盖**　采光材料宜选用长寿无滴膜,保温材料多用草苫、防寒被等。

三、温床

温床是除了依靠白天太阳光提供热量外,还需人工补充热量的繁殖育苗床。主要用于硬枝扦插的催根、室内嫁接的愈伤等。使用时一般要求温床土温高于气温,因此,一般设在大棚、温室内,也可选背阴避风处建温床后搭建小拱棚。根据加热方式的不同,可分为以下几种类型。

(一)电热温床

以电热线、自动控温仪、感温头及电源配套进行温床加温。在温室或温床内,地面先铺 10cm 干锯末或细沙,然后铺土或河沙5cm,在其上铺设电热线并连接控温仪。电热线上再铺 4 ~ 5cm 厚的河沙。电热线可用 DV20608 号线。

(二)酿热温床

利用禽畜粪、秸秆、锯末等发酵发热加温。首先,挖深 50cm、长 3 ~ 5m、宽 1.2 ~ 1.5m 的床。然后在床底铺 15 ~ 30cm 厚的新鲜酿热物,边装边踩实,酿热物上再铺 10 ~ 20cm 厚的细沙、锯末或培养土(图 1 - 25)。

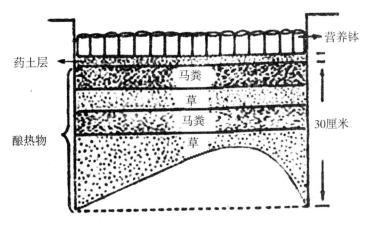

图1-25 酿热温床示意图(引自华中农业大学网站)

(三)火炕温床

按图1-26所示建回龙火炕,床面上铺10~20cm厚的锯末或河沙。扦插催根时,竖放插条,间隙填塞锯末屑,顶端芽眼露在外面。插好后充分喷水,使锯末湿透。

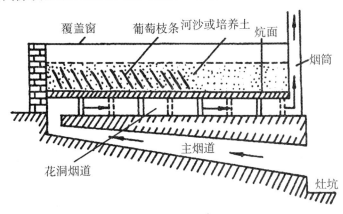

图1-26 回龙火炕温床示意图(引自中国农业科学院网站)

四、荫棚

生长季果树绿枝扦插、组织培养苗过渡移栽,为避免夏秋季强烈的阳光直射和高温暴雨,需要建荫棚。荫棚分为永久性及临时性两类。永久性荫棚多用于大型专业化苗圃,临时性荫棚结构简单,可随用随建(图1-27)。

简易荫棚的建造,是在繁殖床的周围打桩,作为棚架,其上覆盖苇席、竹帘或遮阳网,可分为平顶式、屋脊式和斜顶式。也可直接把遮阴材料覆盖在温室或大棚的骨架上或套盖在塑料薄膜上。棚架的高低视作物的高矮及方便管理而定。一般高1~2m即可。为加大遮阳效果,可进行多层遮阴,如在苇席、竹帘上再加盖遮阳网,不同颜色和编织密度的遮阳网,有不同的遮光率、光质选择透过性及降温效果。为防雨可在遮阳物下面覆盖棚膜,需降温时可进行膜上喷水降温。

图 1-27　荫棚

第四节　果树育苗成本核算与效益分析

　　果树苗木繁育周期长,集约化程度高,投入高,属于一次投资,长期收益,前期投资较大,存在一定的风险,因此,在准备进行育苗生产之前,有必要对投资成本及预期收益进行核算,有助于做出正确的决策。这里以郑州远郊区一处 6 670m² 的小葡萄苗圃为例,简单分析葡萄育苗的投资与收益情况。苗圃为租地育苗,水电、房屋等附属设施配套齐全,周边环境较好。该苗圃以露地扦插育苗为主。

一、苗圃建立与投资概算

(一)土地租金成本
1 000 元/(667m² · 年) × 6 670m² = 10 000 元/年。

(二)插条成本
　　插条采自生产园,需插条 1 万根/667m² × 6 670m² = 10 万根,插条本身免费。整理剪截费用为 100 元/(人 · 天) × 10(人 · 天) = 1 000 元。

（三）整地成本

1. **平整土地** 撒施基肥人工费 100 元/667m^2 × 6 670m^2 = 1 000 元;旋耕机松土费 50 元/667m^2 × 6 670m^2 = 500 元;小计 1 500 元。

2. **整理做畦** 在平整好的圃地中,整理出标准定植畦,人工投入为 100 元/(人·天) × 1(人·天)/667m^2 × 6 670m^2 = 1 000 元。

（四）施肥成本

1. **施基肥** 300 元/667m^2 × 6 670m^2 = 3 000 元。

2. **施追肥** 按每年每 667m^2 施用复合肥 300kg 计,3 元/kg × 300kg/667m^2 × 6 670m^2 = 9 000 元。

（五）扦插成本

100 元/(人·天) × 2(人·天)/667m^2 × 6 670m^2 = 2 000 元。

（六）周年管理人工成本

喷药、插竹竿绑缚等,人工费用 100 元/(人·天) × 5(人·天)/667m^2 × 6 670m^2 = 5 000 元。

（七）农药投入

100 元/667m^2 × 6 670m^2 = 1 000 元。

（八）销售成本

起苗、打捆、运输等销售费用 2 000 元。

（九）水电费及其他费用

约 1 000 元。

投资合计为 36 500 元。

二、经济效益分析

每 667m^2 地扦插苗木 1 万株,预计可出圃苗 0.8 万株,2 元/株,收益共计 2 元/株 × 0.8 万株/667m^2 × 6 670m^2 = 16 万元;投资合计为 36 500 元;净利润为 12.35 万元左右,效益相当可观。

三、存在风险及对策

（一）销售问题

虽然目前果树苗木需求量很大,但是由于果树育苗入门要求低,生产中的小育苗户众多,苗木繁育总量并不少,质量更是差异甚大。因此,对于相当一部分育苗户来说,能生产出质量较好的苗木是一方面,更重要的是销售问题,如何将生产出来的苗木销售出去是能否获得收益的关键。对此,一方面是选好品种,多繁育新优品种及生产表现较好的品种,做到人无我有,人有我优,最好到正规的科研单位进行引种,以保证品种的纯度;另一方面,要做好宣传工作,利用各种渠道对繁育的优质苗木进行推介;第三,一旦决定进行苗木繁育,最好能坚持进行,因为客户资源需要积累,影响力慢慢才会扩大。

(二) 管理技术水平

葡萄扦插育苗虽然比较简单,但仍需要一定的技术,如果管理不好,苗木生长缓慢,出圃率低都会降低效益。笔者曾见过一个育苗圃由于育苗密度过大,又没有设立支柱,打头摘心等工作不到位,葡萄苗木细弱,倒伏在地上,雨季霜霉病暴发,导致几乎没有合格苗,育苗以失败告终。还有一个例子是没有掌握好追肥时间,施用尿素过早、浓度过高,导致苗木烧根死亡,育苗也以失败告终,因此,想要进行果树苗木繁育,一定要掌握相关的知识才行。

(三) 自然灾害及流行性病虫害的发生

近几年,干旱、冻害、雹灾等极端性及灾害性天气发生频繁,这些极端灾害天气都会给苗圃生产带来极大损失,因此,建立育苗圃时需考虑防备措施,或选择小气候相对较好的地方来建园,规避自然灾害。

葡萄根瘤蚜、根结线虫、霜霉病等一些严重的病虫害如果大发生会给葡萄苗圃带来毁灭性打击。对此,一是要加强检疫,不从疫区调运苗木,另外要加强病虫害管理。苗圃地需要一年一换,前茬最好是小麦、玉米、大豆等作物,不能是果树。

总之,果树育苗虽然效益比较可观,但是仍存在一定风险,在决定投身育苗行业之前,一定要充分调研,搞清楚自身的优势和劣势,并做好相应的思想准备和应对措施,以获得较好的收益或将损失减至最小。

第二章

北方果树最新优良品种

本章导读：本章主要介绍了苹果、梨、桃、葡萄、山楂、杏、李、樱桃、板栗、枣、柿、核桃、石榴、猕猴桃等北方果树最新优良品种及苹果、梨、桃、杏、李、樱桃等果树常用的砧木品种。

第一节 果树品种

一、苹果的类群与品种

（一）苹果的分类

由于苹果不同品种的来源和性状表现很复杂,目前并没有严格的分类,生产上大体有以下几种分类方法。

1. **果实外形、色泽分类法** 根据果实的外形和色泽进行分类。就果实外形而言,有长形、圆形、扁形、棱形、柱形等多种。果实色泽,有红色、黄色、青色、绿色、条红、全红等多种。由于大量品种在果实形状和色泽上差异纷繁,所以,这种分类法的实用价值很小。

2. **生态地理分类法** 根据品种的原产地,及其所要求的生态条件进行分类。俄罗斯学者格留涅尔,曾根据世界苹果品种原产地的生态地理条件,把苹果品种分作乌拉尔品种群、中俄罗斯品种群、北高加索品种群、外高加索品种群、中亚品种群、东欧品种群、欧洲大西洋沿岸品种群、南欧品种群以及北美品种群等9个类群。

3. **倍性分类法** 根据苹果品种染色体的倍性进行分类。研究认为,绝大多数苹果品种都是二倍体,少数品种为三倍体,极少数品种为四倍体。三倍体和四倍体品种的特点是植株生长势旺,叶片和果实肥大。常见的三倍体苹果品种有北斗、陆奥、乔纳金等。

4. **花期、熟期分类法** 根据苹果品种的开花期和果实成熟期进行分类。依花期的早晚,把品种分作早花和晚花品种群;依果实的成熟期,把品种分作特早熟、早熟、中熟、中晚熟和晚熟品种群。这种分类方法的实际应用价值较大。

5. **用途分类法** 根据果实用途,把苹果品种分作生食、烹调和加工等3类。世界上的苹果栽培品种,主要为生食品种。英国的烹调用品种栽培比重较大;过去,法国栽培的酿酒用品种较多。（引自《苹果学》,束怀瑞编）

（二）苹果新优品种

1. **早熟品种**

（1）藤木一号。美国品种,又名南部魁。1986年由日本引入我国,在主要果产区都有栽培,现已成为南方丘陵地区苹果栽培的主要品种。

果实中大,平均单果重160g左右。果实呈近圆形,萼洼有不明显的五棱突起。果面光滑,底色黄绿,果面着有粉红色条纹,外形整齐美观。果肉黄白色,肉质细而松脆,汁液多,风味酸甜适口,有芳香,可溶性固形物含量 11% 左右,品质中上等。果实在室温下可储放 7～10 天。

树势强健,幼树生长快,成枝力中等,可以采取多次重摘心促使发枝,利用部分腋花芽结果以缓和树势。定植后 2～3 年即可开花结果,果实在郑州地区 7 月上旬成熟,在南方地区 6 月中旬可以采收。

该品种果实成熟期不一致,应分期采收,果实采收过晚,果肉易发面。同时还应适当疏花疏果,以增加果实单果重。

(2) K12。中国农业科学院郑州果树研究所从韩国交换引进的新品系,目前还没有进行品种审定。

果实扁圆至近圆形,大型果。果实底色黄绿,着鲜红色。果肉松脆,多汁,甜酸适度,有香气,较耐储放。平均果重 225g,可溶性固形物 13%,郑州地区成熟采收期 6 月底到 7 月上旬。无采前落果现象。果实易发面,成熟期不一致,需及时分批采收。

2. 中熟品种

(1) 美国 8 号。美国品种。中国农业科学院郑州果树研究所于 1984 年引入。审定名为华夏。

果实大,平均单果重 240g。果实呈近圆形,果面光洁无锈,底色乳黄,着鲜红色霞。果肉黄白色,肉质细脆,汁液多,风味酸甜适口,香味浓,可溶性固形物含量 14%,品质上等。果实在室温下可储存 15 天左右。

该品种树势强健,幼树生长快,结果早,有腋花芽结果习性,丰产性强。果实成熟期在 8 月上旬,为优良的中熟品种。果实应及时采收,否则,采前有落果现象,果实不耐储运。

(2) 华硕。中国农业科学院郑州果树研究所从美国 8 号与华冠的杂交后代中选出。

果实近圆形,果面底色黄绿,着鲜红色,着色面积达 70%,个别果实可达全红,蜡质厚。果肉绿白色,松脆,酸甜适口,有香味,品质上等。果实较大,平均单果重 232g,可溶性固形物含量 12.8%。萼洼深大,与粉红女士相似。华硕在郑州地区 7 月下旬上色,8 月初成熟,成熟期比美国 8 号晚 3～5 天,比嘎拉早 7～10 天。果实在普通室温下可储藏 20 天以上,冷藏条件下可储藏 2 个月。

(3) 红盖露。西北农林科技大学园艺学院从美国华盛顿州引进的皇家嘎拉浓红色芽变品种,2007 年通过了陕西省品种审定。

该品种树势强健,树姿较开张,成枝力强,极易成花结果,单产高于皇家嘎拉,连续结果能力强。果实圆锥形,高桩,果个均匀,一般单果重 180～190g,最大 250g;果梗长,中粗,果实着色艳丽。果肉黄白色,质脆而硬,汁液多,酸甜可口,香味浓。渭北塬区 8 月上旬果实成熟,耐储藏,室温下可储存 25 天不发绵,冷藏可储 3 个月。

该品种适应性广,抗逆性强,耐瘠薄,易管理,是一个综合性状优良的早熟品种,栽培中应注意疏花疏果。

(4) 蜜脆(图 2-1)。美国品种,西北农林科技大学引入,2007 年通过陕西省品种审定。

　　果实圆锥形,平均单果重330g。果面着鲜红色,条纹红,成熟后果面全红,色泽艳丽,果肉乳白色,果心小,甜酸可口,有蜂蜜味,质地极脆但不硬,汁液特多,香气浓郁,口感好。果实可溶性固形物含量为15%左右。该品种树势中庸,树姿开张,叶肥厚,不平展,萌芽率高,成枝力中等,枝条粗短,中短枝比例高,秋梢很少,生长量小,以中短果枝结果为主,壮枝易成花芽,成花均匀,丰产,单产高于新红星,连续结果能力强。成熟采收期在8月下至9月上旬。

图2-1　蜜脆

　　(5)华冠及锦绣红。华冠,中国农业科学院郑州果树研究所选育,1993年通过河南省品种审定。

　　果实圆锥形,果个大。果面底色绿黄,着鲜红条纹,在条件好的地方可全红。果肉细脆,甜,多汁,耐储运。在中部地区,该品种9月下旬即可上市。此时果实脆甜可口,唯着色不足,10月中旬虽着色可至全红,但易出现果肉变黄、汁液减少、口感变差的问题。采后一般储藏条件下也容易出现这一问题。在冷藏条件下,则果实品质不受影响。至春节前后果实仍脆甜可口。

　　锦绣红(图2-2)是郑州果树研究所从华冠中选出的着色系芽变。在中部地区,该品系9月中旬多数果实即能全红。果实中大,平均单果重180g,最大果重约350g。果实呈圆锥形或近圆形,萼洼有小五棱突起。底色绿黄,大多1/2果面着鲜红条纹,在条件好的地区可全面着色,果面光滑无锈。果肉淡黄色,肉质致密,脆,汁液多,风味酸甜适宜,有香味,可溶性固形物含量14%,品质上等。果实在普通室温下可储至翌年4月,肉质仍脆。

　　(6)元帅系短枝型。元帅系短枝型是从元帅的第二代浓红型芽变红星中选出来的。其后,又在美国俄勒冈州发现红星短枝型芽变,1956年定名新红星(图2-3),

图2-2　锦绣红

为元帅系第三代代表品种;从新红星选出了首红,又从首红中选出了瓦里短枝等。据不完全统计,有报道的元帅系短枝型品种有100个之多。元帅系短枝型是世界各国主要的栽培品种,占世界苹果总产量的23.2%。我国20世纪70年代以来通过不同途径引入各类元帅系短枝型,在80年代发展很多,已成为我国的主栽品种,但是由于果实不耐储,每年10月以后果实价格急剧下降,影响该品种的发展。目前,元帅系品种在我国的栽培面积已经很少。生产上主要栽培的品种有新红星、首红、艳红、瓦里短枝、玫瑰红等品种。

图2-3　新红星

　　以新红星为例,果实较大,平均单果重170g左右,最大约450g。果实呈圆锥形,果形端正,高桩,萼部有明显五棱突起。底色黄绿或绿黄,全面着浓红色。果面光滑,蜡质较多,有果粉,外形整齐美观。果肉绿白色,肉质松脆,汁液多,风味酸甜或甜,芳香浓郁,可溶性固形物含量12.4%,品质上等。果实储藏性能较差,在郑州地区的室温下,仅可储放15天左右,肉质即沙化。

　　树势强健,树姿直立,树冠紧凑,萌芽率高,成枝力弱,短枝系数高,以短果枝结果为主,有少量腋花芽。坐果率中等,早果性好,定植第三年可以少量结果,且稳产,负载量过大易导致大小年。果实9月初成熟。

　　该品种树体紧凑,可以适当密植,对肥水条件要求较高,进入盛果期,应疏花疏果,调整负载量,防止大小年。修剪时要注意开张角度,疏除徒长枝和过密枝。

3.晚熟品种

（1）红富士。富士品种是日本农林省盛冈果树试验场用国光和元帅杂交培育而成，1939 年杂交，1962 年定名。由于具备果大、肉质细脆、风味甜且耐储等优点，不仅在日本迅速推广，而且在世界各主要苹果生产国都有一定程度的发展，已成为发展速度最快的世界性品种。

日本 1972 年开展富士的芽变选种，先后选出了着色系品种 280 余个。我国在生产上称着色系富士为红富士。按株型分，有普通型和短枝型两类；按果实色相分，有片红（Ⅰ系）和条红（Ⅱ系）两类。近年来，还选出成熟期较富士提前的早生富士和红将军等品种。

目前是我国苹果生产上面积最大的主栽品种，主要品系有长富 2 号、秋富 1 号、岩富 10 号、宫崎短富、礼泉短富等。近期推广的有 2001 富士、早生富士、烟富系等。

果实大，平均单果重 250g 左右，果实呈圆形或近圆形。果面光滑，有光泽，底色黄绿，阳面被有淡红霞及细长红条纹，通过套双层纸袋，果实能全面着粉红色或鲜红色，外观美丽。果肉乳白或乳黄色，肉质细，松脆，风味甜微酸，汁液多，可溶性固形物含量 12.5% ～ 18%，品质上等。果实耐储藏，一般条件下，可储至翌年 4 月，肉质不发绵，品质仍佳。

树势强健，树姿半开张，萌芽率和成枝力中等，幼树生长旺盛，初结果树以中、长果枝结果为主，有少量腋花芽，盛果期以短果枝结果为主。坐果率高，丰产。在乔化砧上结果较晚，用矮化砧 3 年可始花见果，5～6 年进入盛果期。结果过多，容易形成大小年。果实成熟期在 10 月下旬。

（2）粉红女士。澳大利亚品种，是 Lady Williams 和金冠的杂交后代，1985 年发表。在澳大利亚大量推广，果实售价颇高。我国于 1995 年引入，在陕西省等地进行试栽。

果实较大，近圆柱形，果形端正，高桩。平均单果重 200g，最大果重 306g。底色黄绿，果面大多着鲜红色，着色浅时，近于粉红色，色泽艳丽，果面洁净，无果锈。果肉白色，肉质较细、韧脆，汁液多，风味偏酸微甜，可溶性固形物 17%，品质中上等。耐储藏性强，储藏后果面有较厚的蜡质。中部地区果实 11 月上旬成熟。

二、梨的类群与品种

（一）梨树主要栽培种类

梨树全球大约有 35 个种，我国是梨属植物的原生中心，原产我国的有 13 个种。生产上栽培的主要有 5 个种，砂梨、白梨、秋子梨、新疆梨和西洋梨，除了西洋梨均原产于我国。

1.砂梨　目前我国生产上栽培的砂梨有中国砂梨和日本砂梨两类。

（1）中国砂梨类。主要分布在长江流域以南及淮河流域一带，华北及东北也有少量栽培。主要特征是分枝较稀疏，枝条粗壮直立，多褐色或暗绿褐色。叶片先端长尖，基部圆形或近圆形，叶缘刺芒微向内拢，花柱光滑无毛，果实多圆形或卵圆形，果皮多褐色,少数黄褐色。萼片一般脱落,少数宿存。心室4~5个。肉质硬脆多汁,石细胞较多,果实不需后熟即可食用。

该种类性喜温暖湿润气候,抗寒力较其他主要栽培种类差。主要代表品种有苍溪雪梨、宝珠梨、黄花、紫酥梨等,新品种有西子绿、翠冠等。

(2)日本砂梨类。主要分布在日本的鸟取、福岛、千叶、长野等中部地区。我国长江中下游地区近几年引种发展较多。日本砂梨多数发枝力弱,枝类少,树冠稀疏,但萌芽力强,芽早熟,容易成花,短果枝结果多,并能连续结果,且幼树结果早,产量高,适合密植栽培。

该种类多数品种叶片厚而大,颜色深,对营养积累和花芽形成有较好的作用。果肉脆嫩,质细味甜,汁多,品质较好,目前在香港市场上享有很高的声誉。日本梨的主要代表品种有幸水、丰水、廿世纪、新世纪等,新品种有新高、黄金梨、金廿世纪、爱宕、圆黄、秋荣、华山等。

砂梨适宜栽培区为南方高温湿润区,包括淮河以南、长江流域的南方各省。该区年平均气温在15~23℃,1月1~15℃,年低于10℃的天数80~140天,年降水量800~1 900mm。土壤为黄壤、红壤、黄棕壤、紫色土、赤红壤等。次适宜区为黄淮海、辽宁暖温半湿区,西北黄土高原冷凉半湿区,川西北温暖湿润区。本区年平均气温8.6~14.5℃,年降水量450~850mm(西北北部小于400mm),土壤以棕壤、黄绵土、褐土为主。一些地区有春霜冻和抽条现象。不适宜区为1月平均气温低于-10℃的地区。

2.白梨 主要分布在华北各省,西北地区。辽宁和淮河流域也有少量栽培,是我国栽培梨中,分布较广、数量最多、品质最好的种类。主要特征是2年生枝多为褐色或茶褐色。幼叶紫红或淡红绿色。叶缘有尖锐锯齿,齿芒内拢。果实多倒卵形或圆形,黄色或绿色,果梗长,萼片脱落或残存,心室4~5个。

白梨性喜干燥冷凉气候。抗寒力较砂梨和西洋梨强,但不如秋子梨和新疆梨。果实质脆汁多,石细胞少,不需后熟即可食用。著名品种有鸭梨、茌梨、酥梨等,新品种有红香酥、中梨3号等。

白梨适宜栽培区为渤海湾、华北平原温暖半湿区,黄土高坡冷凉半湿区,川西、滇东北冷凉半湿区,南疆、甘肃、宁夏灌溉区等冷凉干燥区,西南高原冷凉湿润区。年平均气温8.5~23℃,1月平均气温-3~-9℃,夏季6~8月平均最低气温13.1~23℃,年降水量450~900mm,土壤以棕壤、黄绵土、黑垆土、褐土为主。次适宜区为西北及长城沿线冷凉干燥区和淮北、汉水温暖半湿区。年平均气温8.5~15.4℃,1月平均气温-9~9℃,夏季6~8月平均最低气温13~23℃。年降水量700~1 200mm(西北西部低于350mm),土壤以黄潮土、黄棕壤、砂姜黑土、钙土、棕钙土为主。此区存在干旱缺水、花期霜冻、幼树抽条、排水不良等问题。不适宜区为1月平均气温-12℃等值线以北的地区,年平均气温15℃等值线以南的地区。

3.秋子梨 主要分布在我国东北地区,华北和西北各省也有少量分布。主要特征是分枝较密,老枝多为黄灰色或黄褐色。叶片边缘有带刺芒的尖锐锯齿。花柱基部具有疏柔毛。果实多球形或扁圆形，果梗较短，萼片宿存而多外卷，心室5个。

秋子梨抗寒力强，可耐 –45℃的低温，且耐旱耐瘠。果实个小，一般品质较差，但亦有一些优良品种，如京白梨、南果梨、小香水等，多数品种需经后熟方可食用。

适宜栽培为燕山、辽西温暖半湿区，包括燕山地区，太行山区北段，辽西、辽南。黄土高原及西北灌区冷凉半湿区，包括晋中、晋东南临汾部分，陕北、渭北部分，陇东北、天水、兰州附近灌区，宁夏灌区。适宜区年平均气温8.6～13℃，1月平均气温 –4～–11℃，年低于10℃的日数160～210天，年降水量500～750mm，土壤以棕壤、褐土、黄绵土、黑垆土等为适宜土类。次适宜区，包括东北、华北北部寒冷半湿区，西北北部冷凉干燥区，冀中南、山东温暖半湿区，川西、滇黔高原冷凉湿润区。本区年平均气温北部7～8.5℃，南部12～13℃，降水量300～500mm，土壤为棕壤、褐土和黄潮土、栗钙土、漠钙土等。不适宜区为年绝对最低气温 –40℃以下的地区，或年平均气温在13℃以上的地区。

4. **新疆梨**　分布于我国新疆和甘肃河西走廊一带。主要特征是植株高大，约6～9米，小枝紫褐色，具白色皮孔。芽卵圆形、急尖。叶片卵圆形、椭圆形至阔卵形，先端短渐尖，基部圆形，少广楔形，边缘上半部具细锐锯齿，下半部近于全缘或浅锯齿。果实卵圆形或倒卵圆形，萼片直立宿存。5心室，果心大，石细胞多。

新疆梨果形近似西洋梨，但果梗特长而叶片具细锐锯齿，如新疆的阿木特、甘肃的花长把等。

适宜栽培区为新疆天山周围及其以南，甘肃河西、陇中、陇西南，青海湖周围和德令哈以北等干寒地区。本区年平均气温7.1～15.2℃，1月平均气温 –8.2～13.8℃，7月平均气温15.6～29.9℃，年降水量98～512mm，通常在450mm左右，土壤多为沙壤。次适宜为东北、华北北部寒冷半湿润区，晋中南、甘肃陇南，黄土高原冷凉半湿润区，渤海湾及黄河故道地区。不适宜区为淮河至秦岭以南广大地区。

5. **西洋梨**　自然分布区甚广，整个欧洲都有分布。在我国栽培面积较小，山东烟台和辽宁的旅大地区有集中栽培。其主要特征是枝条直立性强，树冠广圆锥形，亦有少数品种枝软易下垂开张。枝条灰黄色或紫褐色，嫩枝光滑无毛。叶片较小，叶缘为圆钝齿或锯齿不明显。果实多为瓢形，少数圆形，黄色或绿黄色。果梗短粗，萼片宿存而多内卷。果实多需经后熟方可食用，后熟后肉质细软，石细胞少，易溶于口，常具芳香。多不耐储藏和不便运输。

西洋梨抗寒力弱，易感腐烂病等。主要代表品种有巴梨、三季梨、伏茄梨、孔德梨等，新品种有红茄梨、红考密斯、红安久、粉酪等。

适宜栽培区为胶东、辽南、燕山暖温半湿润区，晋中、秦岭北麓冷凉半湿润区。本区年平均气温10～14℃，1月平均气温 –5.5～3℃，6～8月平均最低气温13～21℃，年降水量450～950mm，土壤以棕壤、黄绵土、黑垆土、褐土等为主。次适宜区为华北平原、黄河故道暖温区，黄土高原冷凉半湿润区，豫西、鄂西北暖湿半湿区，西南高原冷凉湿润区，南疆暖温半干燥区。不适宜区为1月平均气温 –9℃线以北的地区，或年平均气温15℃线以南（以淮河、秦岭、鄂北为南界）的地区。

(二)梨最新优良品种

1. 中梨1号(又名绿宝石) 中国农业科学院郑州果树研究所1982年用新世纪×早酥梨作亲本杂交培育而成。2005年通过国家林业局审定,2006年获得河南省科技进步二等奖,2011年获国家科技进步二等奖。

树冠圆头形,幼树树姿直立,成龄树开张。树干浅灰褐色,多年生枝棕褐色,皮细光滑,1年生枝黄褐色。生长势较强,萌芽率高(68%)、成枝力低(2~3个)。郑州地区7月中旬成熟。

果实大型,平均单果重220g,最大果重450g,近圆形或扁圆形。果面较光滑,果点中大,绿色,郑州、石家庄、胶东半岛等地无果锈,成都、苏南等地少量果锈。果梗长3.8cm、粗3毫米,梗洼、萼洼中等。萼片脱落,果形正、外观美,果心中等。果肉乳白色,肉质细脆,石细胞少,汁液多,可溶性固形物含量12%~13.5%,总糖9.67%,可滴定酸0.085%,维生素C含量0.038 5mg/g,风味甘甜可口,有香味,品质极上等。在郑州地区7月中旬成熟,但在树上可持续到8月中旬不落果。货架寿命30天,冷藏条件下可储藏2~3个月。

该品种性喜深厚肥沃的沙质壤土,红黄壤、棕黏壤及碱性土壤也能正常生长结果,且抗旱、耐涝、耐瘠薄。与对照品种早酥梨相比,对轮纹病、黑星病、干腐病均有较强的抵抗能力。中梨1号作为早熟梨新品种,其外观美丽、品质优良、丰产抗病,适宜范围广,在我国华北、中西部地区、长江流域、云贵高原地区具有广阔发展前景。

2. 超酥梨(图2-4) 中国农业科学院郑州果树研究所1999年以七月酥为母本,砀山酥为父本杂交培育而成的极早熟优良新品种。

图2-4 超酥梨

平均单果重 300g,卵圆形,绿黄色,果肉细腻,汁特多,石细胞极少,可溶性固形物含量 13.6%,甘甜味浓,外观和风味极似砀山酥梨。郑州地区 7 月上旬成熟,货架期 20 天。

树势中庸,树姿半开张,树冠为纺锤形。以短果枝结果为主,中、长果枝、腋花芽亦能结果。成花容易,早果性好,一般栽种后 3 年即可结果,丰产稳产,没有大小年现象。作为超级酥脆早熟品种,其酥脆超过砀山酥梨,比酥梨早熟 2 个月,套袋后果面洁净,可以作为早熟超级酥梨在酥梨栽培区进行推广发展。适合在华北、西北、西南及黄河故道地区种植。

3. **中梨 4 号**(图 2 - 5) 中国农业科学院郑州果树研究所 1999 年以早美酥为母本,七月酥为父本培育的优质早熟梨。

平均单果重 370g,短卵圆形,绿色。果肉细脆,汁多,石细胞极少,可溶性固形物含量 12.8%,酸甜适口,味浓。郑州地区 7 月中旬成熟,货架期长,耐高温多湿。

树姿半开张,株型乔化,树势中强,树形阔圆锥形。株型为普通型,生长势强,萌芽率高,成枝力中等。以短果枝结果为主,中、长果枝、腋花芽亦能结果,高接树第二年即可结果。兼具七月酥和早美酥优点,果实大,外观美,品质优良,早果丰产,抗性强,适应性广。适合在华中、华南、西南及黄河故道地区种植。

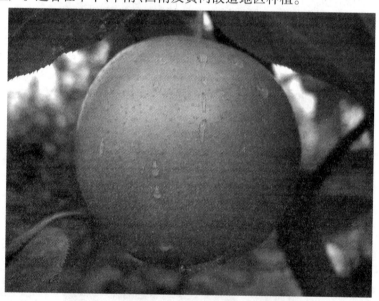

图 2 - 5 中梨 4 号

4. **玉美人**(图 2 - 6) 中国农业科学院郑州果树研究所于 2000 年以八月红为母本,砀山酥梨为父本培育的中晚熟品种。

平均单果重 280g,果实卵圆形,淡黄白色,外观漂亮,果面光洁干净,不需要套袋即可达到套袋果一样的美观的果面。果肉乳白色,肉质细脆,多汁,石细胞少,风味甜,品质优。果心小,可溶性固形物含量 12.2%。成熟期 8 月中下旬。

叶片狭椭圆形,绿色,平均长 9.4cm,宽 4.9cm,革质、平展,嫩叶叶背有少量茸毛。叶缘呈锐锯齿,叶尖为渐尖形,叶基为宽楔形。每花序有花朵4~7个,花冠白色,直径为4.3cm。花瓣颜色为白色,形状为圆形,雄蕊26~29枚,雌蕊5枚。

图2-6 玉美人

5. 红香酥 中国农业科学院郑州果树研究所1980年用库尔勒香梨×鹅梨杂交培育而成。1997年与1998年分别通过河南、山西省农作物品种审定委员会审定,2002年通过国家审定,2003年获得河南省科技进步二等奖。

树冠中大,圆头形,较开张。树势中庸,萌芽力强,成枝力中等,嫩枝黄褐色,老枝棕褐色,皮孔较大而突出。以短果枝结果为主,早果性极强,定植后2年即可结果。丰产稳产,6年生树株产可达50千克,采前落果不明显。高抗黑星病。郑州地区叶芽3月20日前后萌动,盛花期4月10~14日,果实发育期约140天,9月上旬成熟,植株生育期约235天。

平均单果重为220g,最大单果重可达489g。果实纺锤形或长卵圆形,果形指数1.27,部分果实萼端稍突起。果面洁净、光滑,果点中等较密,果皮绿黄色,2/3果面鲜红色。果肉白色,肉质致密细脆,石细胞较少,汁多,味香甜,可溶性固形物含量13.5%,品质极上。果实较耐储运,冷藏条件下可储藏至翌年3~4月。采后储藏20天左右果实外观更加艳丽。

适应性较强,凡能种植砀山酥梨或库尔勒香梨的地方均可栽培。根据品种区域试验的结果,以我国西北黄土高原地区、川西、华北地区及渤海湾地区为最佳种植区。

6. 满天红 中国农业科学院郑州果树研究所与新西兰皇家园艺与食品研究所共同培育而成,亲本为幸水×火把梨。1989年杂交,1990年在新西兰播种,1997年命名并发表。

树冠呈圆锥形,树姿直立。树干呈灰色,1年生枝棕褐色。树势强旺,成枝力较弱,萌芽率强。以短果枝结果为主,中长果枝及腋花芽亦可结果,短果枝寿命较长,幼树定植后 3 年即可开花结果。郑州地区花芽萌动期为 3 月中旬,叶芽 3 月下旬萌动,初花期 4 月初,盛花期 4 月上中旬,花期 7~8 天,9 月上旬果实成熟,11 月中旬落叶。

果实大,平均单果重 290g,最大果重 482g,近圆形或扁圆形。成熟时果实底色绿黄,全面着以红晕。果肉淡白色,肉质酥脆,汁极多,味酸甜,有淡涩味,果心很小,石细胞亦少,品质中上或上等。储藏后风味更浓。可溶性固形物含量 12.6%,果实较耐储藏。

7. 红宝石　中国农业科学院郑州果树研究所于 2000 年以八月红为母本,砀山酥梨为父本培育的晚熟品种。平均单果重 340g,果实圆锥形。果实底色黄绿色,自然条件下果实能着满鲜艳红色,外表艳丽美观。肉质细脆,果肉白色,汁液多,味浓,酸甜可口。可溶性固形物含量 13.8%。成熟期 9 月初。

叶片卵圆形,浓绿色,平均长 10.1cm,宽 6.5cm,革质,平展,嫩叶叶背有少量茸毛。叶缘呈锐锯齿,叶尖为渐尖形,叶基为宽楔形。叶芽中等大小,卵圆形,花芽肥大,每花序有花朵 5~8 个,花冠白色,直径为 2.97cm。花瓣颜色为白色,雄蕊 20~22 枚,雌蕊 5 枚。

8. 圆黄(Wonhwang,图 2-7)　韩国梨新品种。果实大,平均单果重 380g,最大 630g,纵径 6.9cm,横径 8.7cm,果实扁圆形。果皮锈褐色,果点大而多。果心中大,5 心室。果肉黄白,肉质细腻,柔软多汁,味甘甜,石细胞极少,可溶性固形物含量为 12.0%~13.3%,品质上等。不耐储藏,常温下可储藏 10 天。

树势生长旺盛,树姿半开张。萌芽力强,发枝力中。以短果枝结果为主,花芽容易形成,果台副梢抽枝能力强。抗黑斑病能力强,栽培管理容易,适合华中、华北及长江以南地区发展。在郑州地区盛花期为 4 月上旬,果实成熟期为 8 月中旬,果实发育天数约为 120 天。

图 2-7　圆黄

9.**若光** 日本梨品种。果实扁圆形,果形美观,端正,平均单果重300g。果实萼片脱落,萼洼广、大,呈漏斗形。未套袋果绿褐色,套袋后果皮浅黄褐色,果面光洁,果点大、多,分布均匀,无果锈,有水晶状透明感,外观极佳。

果肉乳白色,石细胞少,肉质细脆,汁液多,味甜爽口,微有香气,可溶性固形物含量12.3%～13.6%。果肉可食率高,果心小,心果比0.24～0.28。郑州地区果实成熟期7月上旬。在常温下货架期15天,低温条件下可长时间储藏。为目前我国引入日韩梨中熟期最早、品质最好的优良品种。

树势较强健,树姿较开张。1年生枝条浅黄褐色,皮孔稀、大,长椭圆形,新梢绿色。叶片卵圆形或长椭圆形,叶色浅黄绿色,叶片平展、薄,有光泽,叶基截形,叶柄长,叶缘锯齿稀而钝。花芽短圆锥形,花冠中大,花瓣粉红色,花粉量大。幼树树势强健,萌芽率高,成枝力强。花量中等,着果性能好,易形成腋花芽,每花序有花5～7朵,丰产性较好,坐果率高,高接第二年就能挂果,以中长果枝结果为主。

10.**早红考密斯** 原产于英国。果实葫芦形,平均单果重185g,最大单果重270g。果面紫红色,果面光亮美观。肉细嫩,雪白色,多汁,味甜,具香气。采收时可溶性固形物含量12%,经1周后熟达14%。果实在常温下可储藏15天。

树冠中大,幼树期树姿直立,盛果期半开张。树势健壮,易形成花芽。早实性强,以短果枝结果为主,部分中长枝及腋花芽也可结果。在河南郑州地区,3月中旬花芽萌动,3月下旬盛花,6月上旬春梢停止生长,7月下旬果实成熟。适应性强,抗黑星病。

三、桃的类群与品种

桃在我国栽培区域广泛,栽培品种有800多个。根据地理分布,果实性状和用途,可以划分为北方品种群、南方品种群、黄肉桃品种群、蟠桃品种群和油桃品种群等5个类群,根据成熟期又可分为极早熟、早熟、中熟、晚熟品种等,还可以按果实用途分为鲜食品种、加工品种及鲜食加工兼用品种等。目前生产上常用的桃优良品种如下。

1.**中蟠桃10号**(图2-8) 中国农业科学院郑州果树研究所育成。树势中庸健壮。果实扁平形,两半部对称,果顶稍凹入,梗洼浅,缝合线明显、浅,成熟状态一致。单果重160g,大果180g。果皮有茸毛,底色乳白,果面90%以上着明亮鲜红色,呈虎皮花斑状,十分美观,皮不能剥离。果肉乳白色,肉质为硬溶质,耐运输,货架期长。汁液中等,纤维中等,果实风味甜,可溶性固形物含量12%,黏核。果实7月初成熟。

2.**中蟠桃11号**(图2-9) 中国农业科学院郑州果树研究所育成。树势健壮。果实扁平形,两半部对称,梗洼浅,缝合线明显、浅,成熟状态一致。单果重180g,大果240g。果皮有茸毛,底色黄,果面60%以上着鲜红色,十分美观,皮不能剥离。果肉橙黄色,肉质为硬溶质,耐运输。汁液多,纤维中等,果实风味浓甜,可溶性固形物含量14%,香味浓,黏核。果实7月中下旬成熟。

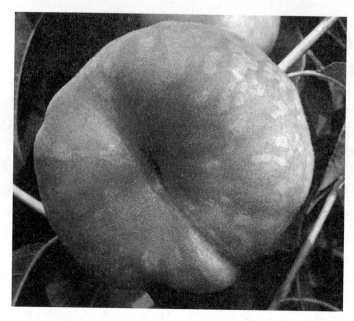

图2-8 中蟠桃10号

图2-9 中蟠桃11号

3. **中油桃12号** 中国农业科学院郑州果树研究所育成。树体生长势中等偏旺，树姿较直立，枝条萌发力中等。果实椭圆或近圆形，果顶圆，平均单果重103g，最大单果重可达174g以上。充分成熟时整个果面着玫瑰红色或鲜红色，有光泽。果皮厚度中等，不易剥离。果肉白色，粗纤维中等，软溶质，清脆爽口，风味香甜，汁液中多，可溶性固形物含量为10%～13%，黏核，不裂果。在郑州地区果实5月下旬成熟。

4. **中油桃9号** 中国农业科学院郑州果树研究所育成。树体生长势中等偏旺，树姿较开张，枝条萌发力较强，成枝率高，以中、短果枝和细弱枝结果为主。果实圆形，平均单果重145～180g，大果可达270g以上。果皮光滑无毛，底色乳白，90%果面着玫瑰红色,充分成熟时整个果面着玫瑰红色或鲜红色。果皮厚度中等,不易剥离。果肉白色,粗纤维中等,软溶质,清脆爽口,风味浓甜,有香气,汁液中多,可溶性固形物为12%~14%。果核长椭圆形,黏核。在郑州地区果实6月初成熟。

5. **中油桃14号** 中国农业科学院郑州果树研究所育成。树体半矮生,生长势中等,树姿开张,萌发力中等,成枝率较低。果实圆形,果顶圆平,微凹,缝合线浅,两半部较对称,成熟度一致。果实大,平均单果重120~180g,最大单果重可达228g以上。果实光洁无毛,底色浅白,成熟时90%以上果面着浓红色。果皮厚度中等,不易剥离。果肉白色,硬溶质,肉质细,汁液中等,风味甜,近核处红色素少,可溶性固形物含量10%~13%,黏核,无裂果现象。在郑州地区果实6月上旬成熟。

6. **中农金辉油桃** 中国农业科学院郑州果树研究所育成。树势中庸健壮,长、中、短果枝均能结果。果实椭圆形,果形正,两半部对称,果顶圆突,梗洼浅,缝合线明显、浅,成熟状态一致。单果重173g,大果252g。果皮无毛,底色黄,果面80%以上着明亮鲜红色晕,十分美观,皮不能剥离。果肉橙黄色,肉质为硬溶质,耐运输。汁液多,纤维中等,果实风味甜,可溶性固形物含量12%~14%,有香味,黏核。在郑州地区果实6月中日左右成熟。

7. **中农金硕油桃(图2-10)** 中国农业科学院郑州果树研究所育成。树势中庸,健壮,中、短果枝结果能力强,果实近圆形,果形正,两半部对称,果顶圆平,梗洼浅,缝合线明显、浅,成熟状态一致。果实大,单果重206g,最大单果重400g。果皮无茸毛,底色黄,果面80%以上着明亮鲜红色,十分美观,果皮不能剥离。果肉橙黄色,硬溶质,耐运输。汁液多,纤维中等,果实风味甜,可溶性固形物含量12%,有香味,黏核。在郑州地区果实6月中下旬成熟。

图2-10 中农金硕油桃

8. **瑞光45** 北京农林科学院林业果树对研究所育成。树势中庸,树姿半开张。果实圆整,平均单果重220g,最大果重300g。果面全面着玫瑰红色至紫红色。果肉黄白色,硬溶质,味甜,黏核,可溶性固形物含量12.9%。花粉多,丰产性强。北京地区8月上旬成熟。

9. **春蜜**（彩图 19）　中国农业科学院郑州果树研究所育成。果实椭圆形或圆形，果顶圆，偶有小突尖，缝合线浅而明显，两半部较对称，成熟度一致。果实较大，平均单果重 135～162g，大果可达 278g 以上。果皮茸毛中长，底色绿白，全部果面着鲜红色或紫红色，艳丽美观。果皮厚度中等，不易剥离。果肉白色，粗纤维中等，硬溶质，果实成熟后留树时间可达 10 天以上，不易变软。风味甜，有香气，汁液中等，可溶性固形物为 9%～13%，总糖 8.59%，总酸 0.44%，品质优良。果核长椭圆形，黏核。在郑州地区果实 6 月初成熟。

10. **春美**　中国农业科学院郑州果树研究所育成。果实椭圆形或圆形，果顶圆，缝合线浅而明显，两半部较对称，成熟度一致。果实较大，平均单果重 165～188g，大果可达 310g 以上。果皮茸毛中等，底色绿白，大部分或全部果面着鲜红色或紫红色，艳丽美观。果皮厚度中等，不易剥离。果肉白色，粗纤维中等，硬溶质，果实成熟后留树时间可达 10 天以上，不易变软。风味甜，有香气，汁液中等，可溶性固形物为 11%～14%，总糖 9.53%，总酸 0.47%，品质优良。果核长椭圆形，黏核。在郑州地区果实 6 月中旬成熟。

四、葡萄的类群与品种

葡萄品种的分类有多种方法，按品种起源和特性可分为 5 类，按品种成熟期可分为 5 类，按品种用途可分为 6 类。

（一）按品种起源和特性分类

1. **欧洲葡萄**　欧洲葡萄原产于地中海、黑海沿岸和高加索、中亚细亚一带，是葡萄属中最重要的一个种，有 5 000 多个品种。欧洲葡萄又分为 3 个生态地理群。

（1）东方品种群。适宜在雨量稀少，气候干燥，日照充足，有灌溉条件的地区栽培，宜用棚架整形和长梢修剪。主要品种有无核白、木纳格、牛奶、粉红太妃、亚历山大、里扎马特等以及原产我国的龙眼等。

（2）黑海品种群。与东方品种群相比，生长期较短，抗寒性较强，但抗旱性较差。少数品种如白羽等，对根瘤蚜有一定的抵抗力。优良的酿酒品种有晚红蜜、白羽等，鲜食品种主要有瑞必尔、保加尔等。

（3）西欧品种群。是在较好的生态条件下形成的品种群。生长期较短，抗寒性较强。优良的酿酒品种有意斯林、黑比诺、白比诺、赤霞珠、小白玫瑰、法国蓝、佳利酿、雷司令、品丽珠等。鲜食品种较少，如意大利、红意大利、皇帝、粉红葡萄等。

2. **北美种群**　具有特殊的狐臭或草莓香味。代表品种有康可、香槟、大叶葡萄等。种间杂交品种较多，栽培种有黑贝蒂、黑虎香等。砧木品种有贝达、110R、140R、SO4、3309C 等。

3. **欧美杂种品种**　特点是抗逆性强。主要品种有康拜尔早生、巨玫瑰、户太八号、巨峰、先锋、黑奥林、高墨、奥林匹亚、香悦、洛浦早生等。

4. **欧亚杂种品种**　欧亚种和中国野生葡萄的种间杂种。主要有抗寒酿酒品种北玫、北红、北醇、公酿一号、公酿二号、北方晚红蜜、早紫等。

5. **圆叶葡萄品种** 圆叶葡萄只在美国东南部的一些地方栽培,果实具有特殊的芳香和风味。

(二)按品种成熟期分类

1. **极早熟品种** 葡萄从萌芽到果实充分成熟的天数为 100~115 天,露地栽培约6 月成熟的品种,如莎巴珍珠、超宝、90-1 等。

2. **早熟品种** 葡萄从萌芽到果实充分成熟的天数为 116~130 天,露地栽培约 7 月成熟的品种,如郑州早玉、郑果大无核、粉红亚都蜜等。

3. **中熟品种** 葡萄从萌芽到果实充分成熟的天数为 131~145 天,露地栽培约 8 月成熟的品种,如藤稔、巨峰等。

4. **晚熟品种** 葡萄从萌芽到果实充分成熟的天数为 146~160 天,露地栽培 9 月成熟的品种,如红提、瑞比尔、秋黑、黑大粒等。

5. **极晚熟品种** 葡萄从萌芽到果实充分成熟的天数为 161 天以上,露地栽培 9 月以后成熟的品种,如克瑞森无核、蒙莉莎无核等。

(三)按品种用途分类

1. **鲜食品种(生食品种)** 要求果实外形美观,品质优良,适于运输和储藏。果穗中大,紧密度适中。果粒大,整齐一致,无核。白色品种有牛奶、意大利、白玫瑰、葡萄园皇后、无核白鸡心、白香蕉等,红色品种有龙眼、玫瑰香、莎巴珍珠、乍娜、粉红亚都蜜、京秀等,深紫色品种有黑大粒、秋黑、康太、藤稔、巨峰、高墨等。

2. **酿酒品种** 红色品种有黑比诺、佳利酿、法国兰、梅尔诺、赤霞珠、品丽珠等,白色品种有白比诺、米勒、琼瑶浆、雷司令、赛美蓉、霞多丽等,酿酒鲜食兼用品种有龙眼、玫瑰香、牛奶等。

3. **制干品种** 要求含糖量高,含酸量低,香味浓,无核或少核。代表品种有无核白、无核红、京早晶、大无核白、京可晶等。

4. **制汁品种** 可用于压榨做果汁的品种。代表品种有康可、康早、黑贝蒂、卡托巴、玫瑰露、柔丁香等。

5. **制罐等品种** 一般要求果粒大,肉厚,皮薄,汁少,种子小或无核,有香味。代表品种有无核白、无核红、大粒无核白、牛奶、白鸡心、京早晶等。

6. **砧木品种** 代表品种有 520A、1103、SO4、5BB、贝达、抗砧 3 号、抗砧 5 号等。

(四)优良鲜食葡萄品种

1. **早熟品种**

(1)超宝(图 2-11)。中国农业科学院郑州果树研究所选育。是目前极早熟品种中品质较好的品种。

果穗中大,圆锥形,平均穗重 392g,果粒平均重 5.6g,短椭圆形或椭圆形,绿黄色,有果粉。果皮中等厚,肉脆味甜,有清香味,品质极上。在郑州地区 7 月初果实成熟,属极早熟品种。极丰产,需加强肥水管理,增强树势。篱架棚架栽培均可,适合长梢修剪,注意防病。

图2-11 超宝

（2）郑州早玉（图2-12）。郑州早玉系中国农业科学院郑州果树研究所1964年以葡萄园皇后×意大利杂交育成的大粒早熟生食葡萄品种。

果穗圆锥形，较大，平均穗重436.5g，果穗着生紧密。果粒大，椭圆形，平均粒重5.7～6.7g。浆果绿黄色，果皮较薄，肉质脆，种子少。味甜爽口充分成熟时稍有玫瑰香味，品质上等。在郑州地区6月中旬开始成熟，7月上中旬完全成熟。

树势中等，萌芽率高，副芽结实力强，结果较早，产量高。果实不抗炭疽病，叶片易感黑痘病，成熟时雨水较多，有裂果现象。冬芽容易当年萌发，副梢不可从基部抹除，副梢生长旺，结实力强，可结二次果。

图2-12 郑州早玉

40

（3）粉红亚都蜜。欧亚种。日本于1990年育成登记，1996年引入我国。

果穗圆锥形，平均穗重750g。果粒着生中密，长椭圆形，平均粒重9.5g。果皮紫黑色，果肉硬而脆，汁液中等多，味甜，有浓玫瑰香味，品质佳。在郑州地区7月中旬浆果完全成熟。

该品种生长势强。抗病、适应性强。产量高，综合性状优良。适宜排水良好，土壤肥沃的沙壤土栽植。以磷钾肥为主，氮肥为辅的原则施肥。控制产量在1 500～1 700kg。

（4）京亚（图2-13）。中国科学院北京植物园从黑奥林的实生后代中选出的四倍体巨峰系品种。

果穗中等大,圆锥形或圆柱形,平均穗重470g。果粒椭圆形,紫黑色,平均粒重9g。果皮中等厚,果肉较软,味甜多汁,略有草莓香味,成熟较一致。在郑州地区7月中旬浆果完全成熟,比巨峰早熟14~18天。

生长势较强,枝条成熟度较巨峰好,果粒大小均匀,较耐储运。

篱架和棚架均可栽培。花前5~7天在结果枝最上花序前5~7片叶处摘心,并抹除副梢。营养枝留15~18片叶摘心。每667m²控制产量1 500~3 000kg,保证稳产和优质。

(5)夏至红　别名中葡萄2号。欧亚种。中国农业科学院郑州果树研究所育成,亲本是绯红×玫瑰香。1998年开始进行杂交,2009年通过河南省林木品种审定委员会审定。在河南省郑州地区6月底该品种成熟,定名为夏至红。

图2-13　京亚

果穗圆锥形,大小整齐,无副穗,果穗大,平均单穗重750g,最大可达1 300g以上。果粒着生紧密,果粒圆形,紫红色,着色一致,成熟一致。果粒大,平均单粒重8.5g,最大可达15g,果粒整齐。肉脆,硬度中。果实充分成熟时为紫红色到紫黑色,果肉绿色,果皮无涩味,果梗短,抗拉力强,不脱粒,不裂果。风味清甜可口,具轻微玫瑰香味,可溶性固形物含量16%~17.4%,品质极上。

具有早果丰产特性,植株生长发育快,枝条成熟早。可以达到早期丰产的目的,2年生的植株产量可达1 200kg/667m²左右,3年生产量可以达到1 750~2 000kg/667m²。

在河南省郑州地区,该品种果实6月28日开始成熟,7月5日充分成熟,果实成熟度一致,果实发育期为50天,是极早熟品种。新梢开始成熟为7月15日,11月上旬落叶。

在沙壤土、黏土、黄河冲积土均表现结果良好,对葡萄霜霉病、炭疽病、黑痘病均有良好抗性。成熟期遇雨没有裂果现象。保护地栽培中,生长势中庸偏强,连续丰产性能优良。具有良好栽培适应性和抗病性。

生长势中庸,成花容易,对修剪反应不敏感,在修剪管理上有别于其他生长势强的品种,如京亚等巨峰系早熟品种以及粉红亚都蜜等成花节位较高的品种。架式选择上,篱架、棚架、高宽垂架等均可。

2.中熟品种

(1)户太八号。欧美杂种。西安市葡萄研究所引进的奥林匹亚早熟芽变。

果穗圆锥形,平均单穗重500~800g。果粒着生较紧密,果粒大,近圆形,紫黑色或紫红色,酸甜可口。果粉厚,果皮中厚,果皮与果肉易分离,果肉细脆,无肉囊,每果1~2粒种子。平均粒重9.5~10.8g,可溶性固形物16.5%~18.6%。

口感好,香味浓,外观色泽鲜艳,耐储运。多次结果能力强,生产中一般结2次果。一次果产量可达1 000kg/667m²,二次果产量达1 000~1 500kg/667m²。该品种7月上中旬成熟,从萌芽到果成熟95~104天,成熟期比巨峰早上市15天左右。树体生势强,耐低温,不裂果,成熟后在树上挂至8月中下旬不落粒。耐储性好,常温下存放10天以上,果实完好无损。对黑痘病、白腐病、灰霉病、霜霉病等抗病性较强。

图2-14 户太八号

(2)金手指。欧美杂种。原产地日本。是日本原田富一于1982年用美人指×Seneca杂交育成。以果实的色泽与形状命名为金手指,1997年引入我国,在山东、浙江等省进行引种栽培。

果穗中等大,长圆锥形,着粒松紧适度,平均穗重445g,最大980g。果粒长椭圆形至长形,黄白色,平均粒重7.5g,最大可达10g。每果含种子多为1~2粒。果粉厚,极美观,果皮薄,可剥离,可以带皮吃。含可溶性固形物21%,有浓郁的冰糖味和牛奶味,品质极上,商品性高。不易裂果,耐挤压,储运性好,货架期长。

根系发达,生长势中庸偏旺,新梢较直立。始果期早,定植第二年结果株率达90%以上,结实力强,产量1 500kg/667m²左右。3年生平均萌芽率85%,结果枝率98%,平均每果枝1.8个果穗。副梢结实力中等。在山东大泽山地区,该品种4月7日萌芽,5月23日开花,8月上中旬果实成熟,比巨峰早熟10天左右,属中早熟品种。

抗寒性强,成熟枝条可耐-18℃左右的低温。抗病性强,按照巨峰系品种的常规防治方法即无病虫害发生。抗涝性、抗旱性均强,对土壤、环境要求不严格,全国各葡萄产区均可栽培。

3.晚熟品种

(1)红地球(图2-15)。又名晚红、红提、大红球、全球红,由美国加州大学于1980年育成发表,欧亚种,二倍体。1987年引入我国。

果穗长圆锥形,平均穗重1 200g。果粒圆球形或卵圆形,平均粒重16g(在控制产量的前提下),无明显大小粒现象。着生松紧适度。果皮稍薄或中等厚,多为暗紫红色。在西北地区能达到紫红色或红色。果皮与果肉紧连。果肉硬脆,味甜,品质极佳。极耐储运。在辽宁锦州地区,8月初果实开始着色,10月初果实成熟。在陕西西安地区,7月下旬果实开始着色,9月中下旬果实成熟。

图2-15　红地球

幼树树势中等,新梢易贪青,成熟稍晚,3年以后生长势转强,副梢旺盛,顶端优势明显。栽后当年不易形成花芽,第二年开花株率不高,开始少量结果。篱架3~4年进入盛果期。果实大小与产量多少、树体营养、肥水条件直接有关,丰产期产量控制在1 500kg/667m² 左右,单粒重可以超过15g。当产量超过3 000kg/667m² 时,单粒重大大减少。果实着色早,易着色,松散型果穗,可全面着色,果实成熟期不裂果。

抗寒性中等,抗旱性较强,无雨或少雨地区,只要能正常灌水,生长和结果都很正常。炎热季节要注意防止果实日灼病的发生。红地球抗病性稍弱,要注意提前预防黑痘病、霜霉病、白腐病、炭疽病。

(2)圣诞玫瑰。又名秋红,欧亚种。原产美国。1987年引入我国。

果穗大,平均穗重500g,圆锥形,穗形紧凑。果粒大,红紫色,倒卵圆形。果皮厚,果粉较厚,灰白色。果肉脆,果实味甜,品质极佳。在河北怀来8月下旬着色,10月上中旬成熟。

该品种生长势中等。较丰产,3年生产量可达520kg/667m²。抗病性较强,耐寒。对土质、肥水要求不严,果实皮厚,肉脆,风味极好,耐储运,是很理想的晚熟鲜食品种。可推广发展。

(3)美人指。 欧亚种。日本品种,于1988年选出。

果穗中等大,长圆锥形,穗重300~750g。果粒极大,平均粒重15g。果形特别,呈指形,先端紫红色,基部为淡黄色到淡紫色。果肉脆甜爽口,品质极好,耐储运。在郑州9月上中旬果实成熟,属极晚熟品种。

新梢长势粗壮,直立性强,易旺长,枝条不易老化,易感染蔓割病。本品种篱架棚架栽培均可,适合中长梢修剪,注意防病,少施氮肥,多施磷、钾肥。注意果实套袋,提高果实的商品性。

(五)葡萄的加工品种

1.酿酒品种

(1)黑比诺。别名黑品乐、黑美酿,属欧亚种,属比诺系列品种之一,原产于法国。我国引进栽培历史已久,北京、河北、河南、山东、陕西、辽宁等地均有栽培。

果穗圆柱形或圆锥形,较小,副穗大,紧密,平均穗重 170 克。果粒中等大小,圆或椭圆形,平均粒重 1.8 克,果实紫黑色,果皮较厚,果肉软,果汁多,味酸甜。果实出汁率 78%,果汁颜色浅宝石红色,澄清透明。可溶性固形物含量 15.5% ~ 20.5%,含酸量 0.65% ~ 0.85%。带皮发酵可配制出品质优良的干红葡萄酒;去皮发酵酿成的酒,色淡黄,有悦人和谐的果香和香槟酒的香气,酸涩恰当,柔和爽口,余香味清晰,回味绵延。该品种也是酿造香槟酒和干白葡萄酒的优良品种,如与白比诺、白羽、龙眼等品种搭配酿造,则可酿制出优异酒质的香槟酒和干白葡萄酒。

该品种生长势中庸偏弱,结果较早,成花和坐果率都较高,不裂果,无日灼。在北京地区 9 月中旬果实成熟,成熟期一致。结实能力较强,产量中等。适于篱架栽植和中梢修剪。抗寒、抗旱力都较强。适当密植,增加负载量,可提高产量。适宜在石灰质及含磷、钾高的砾质或沙质壤土上栽培。

(2)佳利酿。欧亚种,原产地西班牙。12 世纪传入法国,在法国南部栽培历史悠久,是主要品种之一。1929 年从法国传入我国河北省,后在全国各地曾广泛栽培。

果穗歧肩圆锥形或带副穗,中等大或大,平均穗重 369.5g。果粒着生紧密或极紧。穗梗极短。果粒椭圆形,紫黑色或黑紫色,中等大,平均粒重 2.9 克。果粉和果皮均厚。可溶性固形物含量 13.9% ~ 16.5%,可滴定酸含量 1%,出汁率为 79.4% ~ 81.1%。

植株生长势强。隐芽和副芽萌发力均弱。夏芽副梢结实力极强。果实 9 月底 10 月初成熟。耐涝、抗旱,但抗寒力较弱,抗霜霉病较强,不抗黑痘病、白腐病,果实未着色前易产生日灼。

该品种是酿造红葡萄酒的优良品种,曾是烟台酿酒葡萄基地的主栽品种之一。对肥水条件要求较高,果实着色前要多施磷、钾肥,在有的地区抗病虫害能力弱,须加强防治。

(3)赤霞珠。欧亚种,原产地为法国波尔多,是栽培历史最悠久的欧亚种葡萄之一。1892 年,张裕公司从法国首次引入。赤霞珠在世界上广泛栽培,是全世界最受欢迎的黑色酿酒葡萄,生长容易,适合多种不同气候,较抗寒,抗病性强,已于各地普遍种植。目前,面积居我国酿酒红葡萄品种的第一位。

果穗圆柱形或圆锥形,带副穗,果穗小,平均穗重 175g。果粒着生中等密度,平均粒重 1.3g,圆形,紫黑色,有青草味,可溶性固形物含量 16.3% ~ 17.4%,含酸量 0.71%。

在山东济南地区 10 月上旬成熟。植株长势中等,结实力强,易早期丰产,产量较高。

由它酿制的高档干红葡萄酒,淡宝石红,澄清透明,具青梗香,滋味醇厚,后味好,品质上等。

(4)雷司令。欧亚种,原产地德国,是德国酿制高级葡萄酒的品种。常被用作鉴定其他白葡萄酒品种的标准品种。

果穗圆锥形带副穗,少数为圆柱形带副穗,中等大或小,平均穗重 190g。果粒着色极紧密。果粒近圆形,黄绿色,有明显的黑色斑点,果粉和果皮均中等厚,中等大或小,平均粒重2.4g。可溶性固形物含量为18.9%~20%,可滴定酸含量为0.88%,出汁率为67%。

植株长势中等。副梢结实能力强。早果性较好,丰产,应控制负载量。果实9月下旬成熟。抗寒性强,耐干旱和瘠薄,但抗病力较弱,易感毛毡病、白腐病和霜霉病,须加强防治。

该品种是世界著名的酿酒葡萄品种。用它酿制的葡萄酒,酒体浅金黄微带绿色,澄清透明,果香浓郁,醇和协调,酒体丰实、柔细爽口,回味绵长。

(5)梅鹿辄。欧亚种,原产地为法国波尔多,是近代著名的酿酒葡萄品种。目前,在我国各地普遍栽培,居我国酿酒红葡萄品种的第二位。

果穗歧肩圆锥形,带副穗,中等大,平均穗重189.8g。穗梗长。果粒着生中等紧密或疏松。果粒短卵圆形或近圆形,紫黑色,平均粒重1.8g。果皮较厚、色素丰富。可溶性固形物含量20.8%,可滴定酸含量0.71%,出汁率为74.6%。结果早,极易早期丰产。果实9月中旬成熟。

该品种抗病性较强,但适应性弱,喜土壤肥沃,可重点在西北地区推广,因自根根系垂直生长能力弱,应采用嫁接苗木,适合篱架栽培。

该品种适合酿制干红葡萄酒和佐餐葡萄酒。经常与赤霞珠等优质酒勾兑,以改善成品酒的酸度,促进酒的早熟。

(6)霞多丽。欧亚种,原产地为法国勃艮第。在我国各主要葡萄产区均有栽培。

果穗歧肩圆柱形,带副穗,小,平均穗重142.1g。果粒着生极紧密。果粒近圆形,绿黄色,小,平均粒重1.4g。果皮薄、粗糙。可溶性固形物含量为20.3%,可滴定酸含量为0.75%,出汁率为72.5%。

植株生长势强。早果性好,结实力强,极易早期丰产。9月上中旬果实成熟。该品种适应性强,极易栽培,但抗病力中等,较易感白腐病,应加强病虫害防治。

该品种是世界著名的酿酒品种,主要用于酿造高档白葡萄酒和香槟酒,其酒呈淡柠檬黄色,澄清,幽雅,果香悦人。

2. 制干品种

(1)无核白。欧亚种,原产地小亚细亚。在我国栽培历史久远,西晋时新疆和田一带就有栽培,是我国古老的葡萄品种,为新疆的主栽品种。

果穗歧肩长圆锥形或圆柱形,大,平均穗重227g。果穗大小不整齐,果粒着生紧密或中等密。果粒椭圆形,黄白色,中等大,平均粒重1.2~1.8g。果粉及果皮均薄而脆。果肉淡绿色,脆,汁少,白色,半透明,味甜。可溶性固形物含量为21%~25%,可滴定酸含量为0.4%。鲜食品质上等。制干品质优良,在吐鲁番地区出葡萄干率为23%~25%。

植株生长势强,早果性差,一般定植4~5年开始结果。在新疆吐鲁番地区,果实8月下旬成熟。抗旱、抗高温性强,抗寒性中等。抗病性中等。要求高温、干燥、光照充足的气候条件,宜在西北、华北等地区种植。

此品种为晚熟鲜食、制干兼用无核品种。鲜食、制干品质优良,也可制罐、酿酒,酿酒品质一般。

(2)京早晶。中国科学院植物研究所北京植物园1984年育成,亲本是葡萄园皇后×无核白,2001年通过北京市审定。

果穗大,圆锥形,平均穗重428克。果粒着生中等紧密,平均粒重2.5~3克,卵圆形,绿黄色。果皮薄肉脆,汁多,无核,酸甜适口,充分成熟后略有玫瑰香味,可溶性固形物含量为16%~20%,可滴定酸含量为0.47%~0.62%,品质上等,既是鲜食的美味佳果,又是制干、制罐的原料。7月下旬果实充分成熟。

植株生长势强,宜采用中长梢修剪,最好棚架栽培。产量中等,副梢结实力低。发根力强。抗病力中等。喜肥,多施有机肥,追肥以补充磷、钾肥为主。果刷较短,宜适时采收。适宜北京地区,特别是干旱、半干旱地区栽培。

3. 制汁品种

(1)康可。别名康克、康科、黑美汁。美洲种,原产北美,美国于1843年从野生的美洲葡萄(Vitis Labrusca)实生苗中选育出的。我国1871年从美国引进,现在国内科研单位有零星种植。

果穗圆柱形或圆锥形,多带副穗,小,平均穗重220克。果穗大小整齐,果粒着生中等紧密或疏松。果粒近圆形,紫黑色或蓝黑色,中等大,平均粒重3.1g。果粉厚,果皮中等厚而坚韧。可溶性固形物含量16.6%,可滴定酸含量0.75%,出汁率72%。

植株生长势中等,早果性好,产量中等。在河北昌黎地区,果实9月上旬成熟。果实不耐储运。适应性强,抗寒、抗旱、耐潮湿,不裂果,抗霜霉病、毛毡病、黑痘病和白腐病能力强,抗炭疽病力中等。适宜棚架、篱架栽培,中、短梢修剪。

该品种是世界著名的晚熟制汁品种。浆果有令人不悦的香味,不宜鲜食。用它制成的葡萄汁,加热后不变色,有特殊香味,并能长期保持。在储存过程中变色慢。

(2)康拜尔早生。欧美杂种,原产地美国。在我国东北地区有较多栽培,在陕西、江苏和安徽等地有少量栽培。

果穗圆锥形带副穗,中等偏大,平均穗重445g,果穗大小整齐,果粒着生中等紧密。果粒椭圆形,紫黑色,大,平均粒重5g。果粉厚,果皮厚而韧,无涩味。果肉紫黑色,味酸甜,有浓草莓香味。可溶性固形物含量16%,可滴定酸含量0.67%,出汁率为75%~82%。

植株生长势强,在辽宁兴城地区,果实8月下旬成熟。抗寒力强,抗旱力较差,抗盐碱力差,抗病性强。适合在东北寒冷地区和多雨的黄河故道地区及陕西汉中等地种植。

该品种鲜食和制汁品质均中上等,所制葡萄汁,黑紫色,味较酸,香味较差。用其酿制的葡萄酒,棕红色,澄清,果香浓,并具酒香,口感有中药味,但回味不佳。

4.制罐品种

（1）牛奶。牛奶葡萄又名沙营葡萄、宣化白牛奶、白牛奶、白葡萄、玛瑙葡萄、马奶子、脆葡萄。欧亚种，原产阿拉伯半岛。为我国最早栽培的优良品种之一。

果穗长圆锥形，大，平均穗重350克以上，果粒着生中等紧密。果粒大，长圆形，果粒平均重6克。果皮黄绿色，果皮薄。果肉脆而多汁，味甜、清爽，可溶性固形物含量15%，可滴定酸含量0.5%。

植株树势强，副梢结实力弱，丰产。在河北怀来地区，果实9月下旬成熟，中晚熟品种。牛奶耐寒性差，抗湿性差、抗病力弱，易受黑痘病、白腐病及霜霉病和穗梗肿大症危害。果实成熟期土壤水分过多时，有裂果现象。宜棚架栽培，中、长梢修剪。同时果皮较薄，稍有碰伤容易形成褐斑，采收、储藏中要格外细致小心。适于西北、华北干旱、半干旱地区栽培。

（2）白鸡心。欧亚种，东方品种群，原产地阿塞拜疆。在我国栽培范围广泛。

果穗圆柱形或圆锥形，中等大，平均穗重397g。果粒鸡心状，着生疏密不一致，黄绿色或绿黄色带明显黑色斑点，大或中等大，自然状态平均粒重4.4g，处理后8～10克。果粉薄，果皮薄而坚韧，易剥离。果皮充分成熟后黄绿色，果肉硬而脆，不裂果，可溶性固形物含量16.9%，可滴定酸含量0.35%。鲜食品质上等。

植株生长势较强，副梢生长势强。进入结果期较晚，定植3～4年开始结果。产量高或中等。在河北昌黎，果实8月底成熟。耐储运。该品种适应性强，具有一定的抗寒力，抗白腐病和黑痘病能力较弱，易感炭疽病和霜霉病。有日灼，易裂果。适宜沙滩地种植，须注意病害防治或进行避雨栽培。

该品种为晚熟鲜食品种，是较好的制罐品种，罐头制品的外观、色泽、肉质均优。

五、山楂的优良品种

我国山楂栽培有悠久的历史，由于长期的自然演变和人工选择，形成了很多优良的山楂品种和类型。近年来，通过各地广泛系统的选优利用，到目前为止，已选出70多个优良品种和类型。现将主要优良品种介绍如下：

1.金星（又名小金星）　北京市农林科学院林业果树研究所从怀柔茶坞乡的农家品种中选出，1984年命名。树势中庸，果枝连续结果能力强。果实近圆形，平均单果重9.8g。果皮鲜红色，果肩呈半球状，果点小，鲜黄色，果面光洁，具蜡质。萼片闭合或半开张，萼洼周围有小肉疣状突起。果肉粉白至粉红，甜酸适口，稍有果香，肉细致密，可食率86%。在北京地区，10月上中旬果实成熟。丰产稳产，果实品质上，较耐储藏。适于鲜食、加工和入药。

2.寒露红（又名大金星）（图2-16）　北京市农林科学院林业果树研究所从房山南尚乐乡的农家品种中选出，1984年命名。树势健壮，树体高大，顶端优势强。果实倒卵圆形，最大单果重10.6g。果皮较粗，深红色稍有光泽，果点多，大而突出。果肉绿白，质地硬，可食率87.5%，酸味适口，品质上等。耐储藏，10月上旬成熟。

图 2 – 16 寒露红（引自百度百科）

3. 燕瓢红 河北省地方品种。树势强健，树姿半开张。枝条粗而短，层次明显，自然更新能力强。果实倒卵圆形，平均单果重 8.8g。果皮深红色，果面有残毛。萼片半开张或开张反卷。果肉粉红，甜酸，肉质细硬，可食率 85.1%，可溶性固形物含量 8.23%，可滴定酸含量 3.34%。适于加工，在冀北 10 月上中旬成熟，丰产稳产，耐储性好，抗病性强，抗旱抗寒。

4. 燕瓢青（又名铁楂） 河北省地方品种。树势强健，成树树姿开张。果实方圆或倒卵圆形，平均单果 8g。果皮紫红色，有光泽。果肉厚，粉红色，近果皮、果核处呈紫红色，肉质较硬，致密细腻，甜酸适口，风味佳美，可食率 88.65%，总糖 12.25%，总酸 3.34%。果实加工制品，色、味俱佳，亦宜鲜食及入药。果实在一般储藏条件下，可储至翌年 5 月。10 月中旬成熟。适应性强，抗寒性强，丰产。

5. 敞口 山东省地方品种。果实扁圆形，平均单果重 10.1g。果皮深红色。果点较大而密，黄褐色。果肉绿白，散生有红色斑点，较细硬，味酸稍甜，品质中上。果枝长势极强，果枝连续结果能力强，早期结果，耐旱，抗碱，丰产稳产。果实 10 月下旬成熟。该品种适应性强，适栽地区广，丰产稳产，适于加工山楂干片或入药等，耐储运。

6. 红瓢棉球（山东大金星） 山东省地方品种。树势强健，顶端优势强，层性明显，连续结果能力强，稳产性能佳。幼树容易成花，结果早。果实扁球形，平均单果重 12.5g。果皮深红色，具有蜡光，果点大。果肉粉红，散生红色素小点粒，肉质致密，较硬具有芳香味，酸味强烈，品质上等。耐储藏，10 月下旬成熟。

7. 辽红 辽宁省果树科学研究所从辽阳市灯塔县（今灯塔市）柳河乡栽培山楂中选出的农家品种。1982 年经省级审定，命名为辽红。主产在辽宁省中部各地，分布于北京、河北等地。

果实长圆形,平均单果重7.9g。果皮深红色;果肩部呈五棱状;果点较小,黄白色;果面光洁艳丽;萼片残存,半开张反卷。果肉鲜红至浅紫红,肉质致密,甜酸适口,可食率84.4%,贮藏期180天。百克鲜果可食部分含可溶性糖10.31g,可滴定酸3.56g,维生素C 82.10mg。树势强,萌芽率44.0%,一般发长枝2~3个;自然授粉坐果率32.4%,花序坐果数较少。定植后3~4年始果,果枝连续结果能力较强,10年生树平均株产15kg。在辽宁省中部地区,10月上旬果实成熟,10月下旬落叶。

幼树树势强健,干性强,成龄后树势开张,果枝连续结果能力强,丰产。果实圆形,平均单果重11.6g。果皮深红色,果点中大,黄褐色,有光泽。果肉红或紫红,质地细密,味酸有香气,品质上等。耐储藏。10月上旬成熟。

8. 豫北红(又名大红) 河南技术师范学院从辉县栽培山楂中选出的农家品种。1978年选出,1980年命名。主产于豫北地区,分布于豫西、豫西南等地。

树势中庸,萌芽率和成枝力均较强,连续结果能力强。果实近圆形,肩部呈半球状,平均单果重10g。果皮大红色,果点较小,灰白色,果面光洁,下敷果粉。果肉粉白,酸甜适口,肉质细,稍松软,可食率80%,含可溶性糖13.79%,可滴定酸2.26%。储藏期120天以上。在豫北10月初果实成熟。该品种结果早,丰产稳产。果实品质中上,适于鲜食和加工。

9. 泽州红 山西地方品种,主要分布于晋中地区。树势中庸,连续结果能力较强,耐干旱,丰产稳产。果实圆形,大果可达30g。阳面朱红色,有光泽,阴面红色。果肉粉红色,质地松软,味酸甜,含总糖8.14%,品质中上等,果实适于加工或鲜食。10月上旬成熟,耐储运。

10. 滦红 河北省滦平县林业局从当地栽培山楂中选出的农家品种,1985年通过审定。树姿开张,树势中庸。果实近圆形,平均单果重10g。果皮鲜紫红色,果面光洁艳丽,有光泽。果肉厚,果肉深红,近果皮和近核处呈紫红色,可食率85.3%,肉质细硬,风味浓郁,甜酸适口。耐储藏,适宜加工和制汁。10月上旬果实成熟。适应性强,在-29℃无冻害表现,同时较抗红蜘蛛、白粉病等。

六、杏的优良品种

(一)优良鲜食杏品种

1. 早金蜜 中国农业科学院郑州果树研究所1996年发现,1998年选出的农家株选优良新品系。果实近圆形,果顶平,微凹,平均单果重60.2g,最大果重80.3g,缝合线明显,片肉对称。梗洼圆深。果皮橙黄色,洁净美观。果肉橙黄色,由里向外成熟,肉质细软,汁液多,纤维少,味浓甜芳香,可溶性固形物含量14.6%,果实可食率96.3%,品质上等。离核、核小、仁苦。果实在郑州地区5月16日上市。常温下可储放5~7天。

2. 早红蜜杏 中国农业科学院郑州果树研究所育成,2008年通过审定。树势强健,树姿半开张。果实近圆形,平均单果重68.5g,果顶平,缝合线较深,两半部对称。外观漂亮,果面光滑明亮,果皮黄白色,阳面着红色,裂果不明显。果肉黄白色,肉厚质细,纤维极少,可食率达97.3%,汁液多,香气浓,含可溶性固形物15.3%以上,风味极佳。半离核,核小,苦仁。耐储运。果实成熟期不一致,可持续5~10天陆续上市,在内黄县5月上中旬成熟。

3. 甘玉(图2-17) 河北省农林科学院石家庄果树研究所从河北省杏资源中筛选出的极早熟鲜食杏品种。果个中大,平均果重49.5g,最大果重65g。果实圆形,果顶圆平,缝合线浅,片肉较对称,果形端正。果皮底色黄白,阳面着鲜红晕,外观亮丽,洁净。果肉黄白色,肉质细,纤维少,商品成熟期果肉较硬,充分成熟后柔软多汁,风味酸甜,香气浓,可溶性固形物含量13.04%,最高可达17.6%。果实在常温下可存放5天左右,鲜食品质上等。黏核,仁苦。果实5月下旬成熟。

图2-17 甘玉(引自赵习平)

4. 金太阳。山东省果树研究所从美国引进的材料中选育成,2000年通过品种审定。果实较大,平均单果重66.9g,最大果重87.5g。果实近圆形,端正,果顶平,缝合线浅,不明显,两半部对称。果面光滑,有光泽,果面金黄色至橙红色,极美观。果肉黄色,肉厚1.46cm,肉质细嫩,纤维少,汁液较多,果实完熟时可溶性固形物含量14.7%,可食率96%。离核,仁苦。果实5月下旬成熟。抗裂果,较耐储运,适期采收常温下可存放5~7天。

5. 玫香 果实近圆形,平均单果重97g,最大果重142g。果顶平,缝合线浅,片肉对称。果皮橙黄色,阳面有红晕,果肉金黄,肉质细,汁多,纤维少,味浓香甜,可溶性固形物14.6%,可食率95.2%,品质上。离核,仁甜,较饱满,干仁平均0.51g。果实在郑州地区6月上旬可上市。常温下可储放5~7天。

6. 内选1号杏 河南省内黄县兴农果树栽培有限公司选育,2008年通过品种审定。树势强,树姿半开张型。果实成熟后,外观金黄色,果面有光泽。平均单果重141g,最大果重250g,果实硬度大。离核,种仁大而饱满,口味香甜,单核双仁率30%,单核种仁平均重0.9g,可食用。果实6月上中旬成熟。

7. 凯特杏。美国品种。山东省果树研究所1991年引入中国。果实长圆形,果顶平,微凹,片肉对称。特大型果,平均单果重105.5g,最大果重138g。果面橙黄色,阳面着红晕。果肉金黄色,肉质细软,汁中多,味甜,含可溶性固形物12.7%,总糖量10.9%,可滴定酸0.94%。离核,仁苦。果实6月上中旬成熟。

8. 濮杏1号 河南省濮阳市林业科学院选育,2011年通过河南省林木品种审定委员会审定。树冠半圆形,树姿较开张。果实近圆形,平均单果重145g,最大果重181.5g。果顶平,缝合线浅,较明显,片肉对称。梗洼深广。果皮金黄色,果面有茸毛,果皮厚,易剥离。果肉金黄,可溶性固形物12.9%,可食率95.7%。核卵圆形,核表面较粗,网纹较深。仁甜,较饱满,干仁平均0.55g。常温下可储放7~9天。濮阳果实6月下旬成熟。

9. **大棚王**　山东省果树研究所1993年从美国引进的品种。果实特大,平均单果重120g,大者200g。果实长圆形或椭圆形,果形不正,缝合线一侧中深,明显,一侧近于无。果梗粗而短,采前不落果。梗洼深而广,果顶稍凹,一侧常突起。果面较光滑,底色橘黄色,阳面着红晕。果皮中厚。果肉黄色,肉厚,可食率高达96.9%。离核,核小,苦仁。肉质细嫩,纤维较少,汁多,香气中等,可溶性固形物含量12.5%,可溶性糖含量10.7%,可滴定酸含量1.13%,风味甜,品质中上。6月初果实成熟,抗裂果。

10. **京佳2号**　北京市农林科学院林业果树研究所育成,2011年通过品种审定。树势中等,树姿开张。果实椭圆形,平均单果重77.6g,果顶微凹,缝合线中深,较对称。果皮底色橙黄,阳面着红晕片红。果肉橙黄,汁液中多,风味甜,含可溶性固形物13.1%。离核,苦仁。在北京7月上中旬成熟,抗晚霜能力强。

图2-18　超仁

(二)优良仁用杏品种

1. **超仁**(图2-18)　辽宁省果树科学研究所育成。果实长椭圆形,平均果重16.7g。果面、果肉橙黄色,肉薄、汁极少,味酸涩。离核,核壳薄,出核率41.1%。仁极大,比龙王帽增大14%,含蛋白质26.0%,粗脂肪57.7%,味甜。丰产、稳产,果实7月下旬成熟。

2. **丰仁**(图2-19)　辽宁省果树科学研究所育成。果实长椭圆形,平均单果重13.2g。果面、果肉橙黄色,肉薄,汁极少,味酸涩,不宜鲜食。离核,出核率38.7%,仁厚,饱满,香甜,单仁重0.89g。含蛋白质28.2%,粗脂肪56.2%。

此品种坐果率高,早果性好,极丰产。抗寒、抗病虫能力均强,是有潜力的仁用杏优良新品系。果实7月下旬成熟。

图2-19　丰仁

3.**围仁** 辽宁省果树科学研究所育成。果实扁卵圆形,平均单果重14.1g,离核。干核重2.4g,仁甜,饱满,平均干仁重0.88g,出仁率37.2%。

树势中庸,树姿开张。8~10年生树株产51.3kg,产仁4.1kg,丰产性好,自花不结实。果实7月下旬成熟。

4.**围选1号** 河北省围场县林业局选育,2007年通过河北省林木良种审定委员会审定。果实平均重13.6g(果皮绿色时),阔卵圆形,底色绿黄,阳面有红色。果肉浅黄色,肉质绵,味酸,粗纤维多,果肉适宜加工。离核,核阔卵圆形,核长宽比1:4:1,平均单核重2.6g。种仁饱满,平均单仁重0.93g,出仁率35.7%。仁皮棕黄色,仁肉乳白色,味香甜而脆,略有苦味,杏仁食用、药用均可。花期抗寒性较强,抗杏疔能力强。

5.**优一** 西北农林科技大学选育,2005年通过陕西省林木良种审定委员会审定。河北省蔚县选育。果实圆球形,单果重9.6g,离核。平均单核干重1.7g,出核率17.9%,核壳薄。单仁平均干重0.57g,出仁率43.8%。杏仁长圆形,味香甜。叶柄紫红色,花瓣粉红色,花型较小,花期和果实成熟期比龙王帽迟2~3天,花期可短期耐-6℃的低温。丰产性好,有大小年结果现象。

七、李优良品种

1.**大石早生**(图2-20) 日本品种,辽宁省果树研究所从日本引入。果实卵圆形,平均单果重49.5g,最大单果重106g。果皮底色黄绿,着鲜红色,果皮中厚,易剥离。果粉中厚,灰白色。果肉黄绿色,肉质细、松软,果汁多,纤维细、多,味酸甜,微香,可溶性固形物含量15%,可食率98%以上。黏核,核较小,品质上。果实发育期65天,常温下可储藏7天左右。

图2-20 大石早生

2.**美丽李**(又名盖县大李) 中国原产的古老优良品种。果实近圆形或心形,平均单果重87.5g,最大单果重156g。果皮底色黄绿,着鲜红或紫红色,皮薄,充分成熟时可剥离。果粉较厚,灰白色。果肉黄色,质硬脆,充分成熟时变软,纤维细而多,汁及多,味酸甜,具浓香,可溶性固形物含量 12.5%,可食率 98.7%。鲜食品质上。黏核或半离核,核小,种仁小而干瘪。果实发育期 85 天,在常温下果实可储放 5 天左右。

3. 美国大李 美国品种。果实圆形,平均单果重 70.8g,最大单果重是 110g。果皮底色黄绿,着紫黑色,皮薄,果粉厚,灰白色。果肉橙黄色,质致密,纤维多,味甜酸;含可溶性固形物 12%,可食率 98.1%,品质上等。离核,核长圆形。果实发育期 80 天,常温下可储放 8 天左右。

4. 长李 84 号 吉林省长春市农业科学研究所方玉凤等用跃进李×西瓜李杂交培育而成。1993 年通过鉴定。现分布于黑龙江,吉林、辽宁、甘肃等地。

果实卵圆形,平均单果重 42.5g,最大单果重 59g。果顶圆,缝合线平,片肉对称。果皮底色淡绿,着红色,表面果点明显,黄褐色,皮厚,易剥离,果粉中厚,白色。果肉红色,质松脆,纤维中,汁多,味甜,浓香,含可溶性固形物 12%,鲜食品质上。离核。果实发育期 105 天,在常温下果实可储放 8 天左右。

5. 黑琥珀(图 2 – 21) 美国品,1973 年选出,1980 年发表,山东省果树研究所于 1992 年引进试栽。果实扁圆形,平均单果重 101.6g,最大单果重 158g。果皮底色黄绿,着紫黑色,皮中厚,果点大,明显,果粉厚,白色。果肉淡黄,近皮部有红色,充分成熟时果肉为红色,肉质松软,纤维细且少,味酸甜,汁多,无香气;含可溶性固形物 12.4%,可食率 98%～99%,品质中上。离核。常温下果实可储放 20 天左右。

图 2 – 21 黑琥珀

6. 李王(图 2 – 22) 日本品种,1992 年引入我国。果实近圆形,平均单果重 100g,最大单果重 158g。果皮浓红色,核小。果肉橘黄色,肉质硬脆,爽口,汁液中多,香味浓,风味酸甜,可溶性固形物含量为 13.6%,可食率 96.4%。果实 6 月中下旬成熟。

图2-22　李王

7.**理查德早生**(图2-23)　美国品种,1985年沈阳农业大学从美国引入。果实长圆形,平均单果重41.7g,最大53g。果皮底色绿,着蓝紫色,皮厚,果粉灰白色。质硬脆,纤维多,味酸甜,汁多,微香,含可溶性固形物14.5%,可食率96.5%,品质中。离核,核长椭圆形。果实于8月上旬成熟,常温下果实可储放10天左右。

图2-23　理查德早生

8.**黑宝石**　美国品种,山东省果树研究所1987年从澳大利亚引进。果实扁圆形,平均单果重72.2g,最大单果重127g。果皮紫黑色,无果点,果粉少。果肉黄色,质硬而脆,汁多,味甜,含可溶性固形物11.5%,总糖9.4%,可滴定酸0.83%。可食率

98.9%,品质上。离核,核小,椭圆形。在常温下果实可储放 20~30 天,0~50℃条件下能储藏 3~4 个月。

9. **秋姬** 日本品种,山东省果树研究所从日本引入。果实卵圆形,平均单果重 102g,最大单果重 178g。果实鲜红色,果面有光泽,果粉少,果点密。果肉橙黄色,质地致密、硬脆,汁液丰富,味酸甜可口,有香味,可溶性固形物含量为14.5%,可食率98.6%,品质极上。果核极小,半黏核,成熟期为 9 月上旬。果实耐储存,常温下可储存至元旦。

10. **安哥里那李** 美国品种。果实扁圆形,平均单果重 102g,最大单果重 178g。果实开始为绿色,后变为黑红色,完全成熟后为紫黑色。采收时果实硬度大,果面光滑而有光泽,果粉少,果点极小,不明显,果皮厚。果肉淡黄色,近核处果肉微红色,不溶质,清脆爽口,质地致密、细腻,经后熟后,汁液丰富,味甜,香味较浓,可溶性固形物含量为 15.2%,品质极上。果核极小,半黏核。成熟期为 9 月下旬。果实耐储存,常温下可储存至元旦,冷库可储存至年 4 月底。

八、樱桃的优良品种

1. **春红** 中国农业科学院郑州果树研究所育成,属小樱桃类型,特早熟品种。单果重 2.5~3g,果实扁心脏形,果柄较短,果实鲜红色,采前不落果。在郑州地区花期 3 月中旬,花期不集中,果实发育期约 40 天,4 月 21 日开始成熟。树势强,树姿不开张,早果性好,定植后 2 年结果,3 年丰产,自花结实。

2. **春晓** 中国农业科学院郑州果树研究所育成,极早熟品种。单果重 4~5.5g,果实心脏形,亮丽美观,较耐储运。果实发育期 37~41 天,在郑州地区 5 月 2 日开始成熟。树势中庸,树姿较开张,定植后 3 年结果,早果性能较好。自花不实,丰产,花期早。

3. **维卡** 极早熟品种,来自乌克兰。单果重 8~12g,果实肾形,外观整齐,果柄中短粗,果实亮丽美观。果肉肥厚多汁,酸甜适口,耐储运性较好。果实发育期 37~41 天,在郑州地区 5 月 9 日左右成熟。树势中庸,树姿较开张,定植后 3 年结果,早果性能较好。自花不实,丰产。

4. **早大果** 极早熟品种,来自乌克兰。单果重 8~12g,果实心脏形,紫红色,果肉肥厚,酸甜适口,耐储运性较好。果实发育期 37~41 天,在郑州地区 5 月 9 日左右成熟。树势中庸,树姿较开张,枝条结果后易下垂,定植后 3 年结果,早果性能较好。自花不实,丰产。

5. **红灯**(图 2-24) 早熟品种,大连市农业科学院培育。单果重 8~14g,果实肾形,外观整齐,

图 2-24 红灯

果柄短粗,果实光泽亮丽美观。果肉肥厚多汁,酸甜适口,风味浓厚,耐储运性较好。果实发育期 40~45 天,在郑州地区 5 月 13 日左右成熟,是早熟大果型良种。生长势强,自花不实,丰产。目前,为国内的主栽品种。

6.**春艳** 早熟品种,中国农业科学院郑州果树研究所培育。单果重 8~10g,果实短心脏形,果柄短粗,果实底色黄色,着鲜红色晕,亮丽美观。果肉肥厚多汁,酸甜适口,耐储运性较好。果实发育期 41~47 天,在郑州地区 5 月 15 日左右成熟。树势中庸,树姿较开张,早果性能较好。自花不实,很丰产。

7.**布鲁克斯**(图 2-25) 早熟品种,来自美国。果实肾形,紫红至红色,光泽亮丽。果实大,单果重 8~10g,果实整齐。肉质脆,味甜可口,品质佳。果实发育期为 44~47 天,郑州地区 5 月 18 日前后成熟。耐储运性好,果柄中长中粗。不抗裂果,畸形果率低。树势健壮,早果,很丰产。

图 2-25　布鲁克斯

8.**萨米脱**(图 2-26) 中熟品种,来自加拿大。单果重 8~13g,果实长心脏形,果顶尖,果个均匀一致,果实紫红色,有光泽,果皮中厚。果肉红色,致密、脆,肥厚多汁,可溶性固形物 16.5%,风味酸甜适口,品质上。果实发育期 50 天左右,在郑州地区 5 月 24 日左右成熟。自花不实,花期晚,很丰产。

9.**春秀** 中晚熟品种,中国农业科学院郑州果树研究所培育。单果重 8~10g,果实短心脏形,外观整齐,果实紫红色,着鲜红色晕,亮丽美观。果肉肥厚多汁,酸甜适口,耐储运性好。果实发育期 58 天,在郑州地区 5 月 27 日左右成熟。树势中庸,

图 2 – 26　萨米脱

树姿较开张,早果性好。自花不实,很丰产。

10. **龙冠**　中国农业科学院郑州果树研究所培育。早熟,平均单果重 7.5g,最大可达 12g,果实心脏形,外观宝石红色,晶莹亮泽,艳丽诱人。果肉及汁液呈紫红色,汁中多,酸甜适口,风味浓郁,可溶性固形物 13% ~ 16%,较抗裂果,畸形果率低,极丰产。

九、板栗的优良品种

板栗栽培类型较多,大致上可依对气候的适应性,分为华北系和华中系两大类群。华北系品种以河北、北京的燕山山区和山东沂蒙山区等地所产者为最佳。抗寒能力较强,果粒较小,但耐储藏性强,品质甘美,肉富糯性,最宜炒食。华中系品种主产江苏、浙江、安徽、湖北等长江流域一带,性喜温暖,抗寒力弱,耐多雨湿润的气候。果粒较大,但耐储藏性和品质较差,偏糯性,适于菜用。

(一)华北系品种

1. **京暑红**(图 2 – 27)　北京农学院培育,2011 年通过北京市林木品种审定委员会审定。树体中庸,树体较开张。1 年生枝条绿色,花芽呈扁圆形,叶片长椭圆形,总苞椭圆形,果皮红褐色,果面光滑美观,有光泽。坚果整齐,单粒重 9.2g。果肉黄色,质地细糯,风味香甜,含水量 57.23%,淀粉含量 38.15%、总糖含量 20.41%、蛋白质含量 5.61%、脂肪含量 4.52%。适宜炒食,加工。较耐储藏,8 月中下旬成熟。

图 2 - 27   京暑红

2. **燕平**（图 2 - 28）   北京市农林科学院选育,2007 年通过审定。树冠较开张,1年生枝条灰绿色,花芽大而饱满呈扁圆形,叶片长椭圆形。总苞椭圆形,单苞重58.96g,每苞含坚果2.8 粒,出实率41%,空苞率2.6%。果实椭圆形,红褐色,整齐度高,单粒重12.05g。果肉黄色,质地细糯香甜,含水量49.5%,淀粉含量34.1%,可溶性糖含量7.7%,蛋白质含量5.12%,脂肪含量1.7%。耐储藏,9 月中下旬成熟。

图 2 - 28   燕平

3. 东岳早丰(图2-29) 山东省果树研究所选育,2009 年通过审定。树势中庸。多年生枝灰白色,1 年生枝条黄绿色,花芽饱满,叶片长椭圆形,斜生。总苞椭圆形,单苞重 60g,每苞含坚果 2.7 粒,出实率48.1%,空苞率1%。果实椭圆色,红棕色,整齐度高,单粒重 11.5g。果肉黄色,质地细糯香甜,含水量33.7%,淀粉含量52.6%,总糖含量31.7%,蛋白质含量8.7%,脂肪含量1.7%。适宜炒食,耐储藏,8月下旬成熟。

图2-29 东岳早丰

4. 红栗2号 山东省果树研究所选育,2009 年通过审定。主枝分枝角度40°~60°。多年生枝深褐色,1 年生枝条紫红色,花芽大而饱满近圆形,叶片长椭圆形,叶姿褶皱波状,斜生。总苞椭圆形,单苞重 45 ~ 60g,每苞含坚果 2.5 粒,出实率50.8%,空苞率4%。果实椭圆形,红褐色,整齐度高,单粒重 10.3g。果肉黄色,质地细糯香甜,含水量49%,淀粉含量64.3%,总糖含量22.8%,蛋白质含量7.4%,脂肪含量1.3%。适宜炒食,耐储藏,9月中下旬成熟。

5. 岱岳早丰 山东省果树研究所选育,2010 年通过审定。树势中庸,主枝分枝角度40°~60°。多年生枝灰白色,1 年生枝条黄绿色,花芽大而饱满呈三角形,叶片长椭圆形,叶姿褶皱波状,斜生。总苞椭圆形,单苞重 50 ~ 60g,每苞含坚果 2.7 粒,出实率48%,空苞率2%。果实椭圆形,红褐色,整齐度高,单粒重 10g。果肉黄色,质地细糯香甜,含水量51.5%,淀粉含量55.%,总糖含量28.9%,蛋白质含量2.5%,脂肪含量10.2%。适宜炒食,耐储藏,8月下旬成熟。

6. 遵玉(图2-30) 河北省遵化市林业局魏进河板栗良种繁育场选育,2004 通过审定。树姿开张。1 年生枝条灰绿色,花芽大而饱满呈扁圆形,叶片长椭圆形。总苞椭圆形,每苞含坚果 2.8 粒,出实率40%,空苞率2.6%。果实椭圆形,紫褐色,整齐度高,单粒重9.7g。果肉黄色,质地细糯香甜,含水量49.5%,淀粉含量40.28%,

总糖含量37.91%,蛋白质含量5.12%,脂肪含量2.7%。适宜炒食,耐储藏,9月中下旬成熟。

图2-30 遵玉

(二)华中系品种

1. 艾思油栗(图2-31)　信阳师范学院选育,2002年通过国家审定。树姿开张,幼树枝条生长旺。结果后枝条继续向前生长能力强,花芽饱满,叶片椭圆形。总苞椭圆形,每苞含坚果2.5粒,出实率40%,空苞率3.6%。果实椭圆形,红褐色,具油光泽。单粒重25g。果肉淡黄色,质地糯,味甘甜,含水量52.3%,淀粉含量58.8%,总糖含量20.6%,蛋白质含量8.1%,脂肪含量1.78%。适宜炒食,耐储藏,在信阳地区10月上旬成熟。

图2-31 艾思油栗(引自百度百科)

2. 桐柏红油栗　河南省桐柏县林业局选育,2008年通过审定。树冠紧凑,结果枝比例高。总苞椭圆形,总苞平均重65.6g,每苞平均含坚果2.6粒,出实率42.5%。

坚果红褐色,有光泽,茸毛较少,果肉淡黄色,香甜富糯性,涩皮易剥,平均单果重9.1g,最大果重9.8g。耐储藏,抗病虫性强,丰产稳产,耐瘠薄。在河南桐柏地区果实9月下旬成熟。

3. **节节红** 安徽省林业科学研究所选育,2002年通过安徽省林木品种审定委员会审定。树姿直立紧凑,树势生长旺盛,主枝分枝角度小。1年生枝条灰褐色,花芽肥大扁圆形,叶片长椭圆形。总苞椭圆形,单苞重162.3g,每苞含坚果3粒,出实率43.5%,空苞率2%。果实椭圆形,红褐色,整齐度高,单粒重25g。果肉淡黄色,质地粳性,味香甜,含水量48%,淀粉含量26.3%,总糖含量9.1%,蛋白质含量10.3%。耐储藏,8月中旬成熟。

4. **云红** 云南省林业科学院经济林研究所选育,2009年通过云南省林木品种审定委员会审定。树势中庸,树姿开张。1年生枝条黄绿色,花芽大而饱满呈三角形,叶片宽披针形,叶姿褶皱波状,斜生。总苞椭圆形,单苞重45.4g,每苞含坚果2.7粒,出实率47.4%,空苞率2%。果实椭圆形,紫褐色,整齐度高,单粒重11.95g。果肉黄色,质地细糯香甜,含水量49.2%,淀粉含量40.96%,总糖含量18.59%,蛋白质含量9.13%,脂肪含量4.17%。适宜炒食,耐储藏,8月下旬成熟。

十、枣优良品种

1. **新郑早红**(图2-32) 河南省林业科学研究所选育,2008年通过河南省林品种审定委员会审定。树体中等大,树姿半开张,树冠多自然半圆形。果实中等偏大,卵圆形或短椭圆形。果面平整光洁,平均果重10.56g,最大果重18.6g,大小较整齐。果顶圆,先端略凹下。果面较平整,具光泽,果皮薄,脆熟期时枣果为橙红色。果点

图2-32 新郑早红

小,圆形,稀疏。果肉白绿色,质地细脆,多汁,甜味浓,略酸,着色后含可溶性固形物29.1%~31.3%,完熟期含可溶性固形物31%~33.4%,可食率97.67%,鲜食品质上等。在郑州地区果实8月中下旬成熟。

2. 曙光3号(图2-33) 河北省沧县国家枣树良种基地选育,2012年1月通过河北省林木品种审定委员会审定。树势中庸,干性较强,发枝力弱,树姿开张。果实圆形,平均果重19.3g,成熟后果皮深红。果肉近白色,肉质细,汁液多,味浓酸甜。鲜枣可溶性固形物含量23.1%,维生素C含量为3.67mg/g,可食率93%。抗缩果病能力强,成熟期基本不裂果,是比较理想的制干品种。在河北9月中旬至10月上旬成熟。

图2-33 曙光3号

3. 皖枣1号(图2-34) 安徽省农业科学院园艺研究所选育,2009年12月通过安徽省林木品种审定委员会审定。树姿半开张,树势中等偏旺。果实圆形,平均果重17.04g,成熟后果皮褐红,果点小,不明显,果顶平。果肉绿白色,肉质酥脆,细腻,无渣,汁多,风味极甜。鲜枣可溶性固形物含量28.8%,维生素C含量为3.27mg/g,可食率98%。在合肥9月中旬成熟。早果,丰产,适应性强。

图2-34 皖枣1号(引自农业户网站)

4. **灰枣** 灰枣也称为若羌枣,由于该枣在成熟变红之前,通体发灰,好似挂了一层霜,所以得名"灰枣"。起源于河南新郑,有2 700余年栽培历史,大面积栽培种植于新疆等地。

果实长倒卵形,胴部稍细,略歪斜。平均果重12.3g,最大果重13.3g。果肩圆斜,较细,略耸起。梗洼小,中等深。果顶广圆,顶点微凹。果面较平整。果皮橙红色,白熟期前由绿变灰,进入白熟期由灰变白。果肉绿白色,质地致密,较脆,汁液中多,含可溶性固形物30%,可食率97.3%,品质上等。适宜鲜食、制干和加工,出干率50%左右。干枣果肉致密,有弹性,受压后能复原,耐储运。果核较小,含仁率4%~5%。在若羌地区,4月中旬萌芽,5月下旬始花,9月中旬成熟采收。

5. **李府贡枣**(图2-35) 安徽省农业科学院园艺研究所选育,2009年12月通过安徽省林木品种审定委员会审定。树姿半开张,干性较强。果实圆形,平均果重13.97g,成熟后果皮呈赭红色。果肉绿白色,肉质酥脆,细腻,无渣,汁多,风味甜酸。鲜枣可溶性固形物含量28.85%,维生素C含量为2.9mg/g,可食率97.92%。在合肥地区8月中旬成熟。

图2-35 李府贡枣(引自安徽水果网)

6. **早脆王**(图2-36) 河北省沧州市农林科学院枣业研究所选育,2010年通过国家林业局林木品种审定委员会审定。树姿半开张,树势中等偏旺。果实卵圆形,平均果重30.9g,成熟后果皮褐红,果点小,不明显,果顶圆。果肉白绿色,肉质细嫩、酥脆、汁多,酸甜适口。鲜枣可溶性固形物含量36%,可食率96.7%。在沧州地区9月中旬成熟。早果,丰产,适应性强。

7. **鲁枣4号** 山东省农业科学院果树研究所选育,2010年12月通过山东省林木品种审定委员会审定。树势强,树姿直立。果实长椭圆形,两端齐平,平均果重10.1g,成熟后果皮橙红。果肉绿白色,肉质细、疏松,汁液中多,风酸甜。可溶性固形

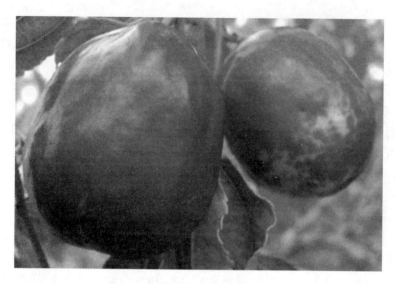

图2-36　早脆王(引自农业户网站)

物含量40.1%,维生素C含量为3.87mg/g,可食率98.2%。在泰安地区9月中旬成熟。连续结果能力强,裂果轻。

8.**相枣1号**　山西省农业科学院园艺研究所于2002年选出,2008年通过山西省林木品种审定委员会审定。树势强,干性强,树姿半开张。果实扁卵圆形或高元宝形,平均果重33.4g,成熟后果皮紫红,果点大而稀,果顶凹。果肉绿白色,肉质紧密,硬度大,汁少,风味极甜。适宜制干,可溶性固形物含量30.7%,可食率98.5%。在运城地区9月下旬成熟。早果,丰产,抗裂果。

9.**京枣60**　北京市农林科学院林业果树研究所选育,2010年12月通过国家林业局林木品种审定委员会审定。树势中强,干性强,树姿开张。果实圆锥形或卵圆形,平均果重25.6g,成熟后果皮红色至紫红色。果肉绿白色,质地酥脆,果肉中细,汁液多,风味甜。可溶性固形物含量26%,维生素C含量为3.24mg/g,可食率96.8%。在北京地区9月中旬成熟。早实性强,丰产性好,抗裂果和枣疯病。

10.**陕北长枣(图2-37)**　西北农林科技大学林学院选育,2011年通过陕西省林木品种审定委员会审定。树势中等,干性强。果实长柱圆形,平均果重14.3g,成熟后果皮红。制干率58%,干枣含糖量72%,核小肉厚。果皮中厚,黑红色,外观美丽。在清涧地区9月下旬成熟。未发现炭疽病、缩果病感染,较抗裂果。

图2-37 陕北长枣(引自王长柱)

十一、柿优良品种及其特点

1. **中农红灯笼**（图2－38） 中国农业科学院郑州果树研究所选育，2007年10月通过河南省林木品种审定委员会审定。树冠中大，直立性强，树干灰褐色，碎片状剥落。平均单果重63.8g，果实扁心形，果皮橘红色。果肉鲜红色，无褐斑，致密，细软多汁，纤维少，黏质，无核或少核，可溶性固形物16%～19%。果面光滑发亮，细腻，无网纹，无裂纹，软化后果面颜色更浓，外观极好看，像红灯笼，果实软化后容易剥皮。最适鲜食，味香极甜，脱涩容易，品质极上等。果实耐储藏性强。在郑州地区果实10月中下旬成熟。

图2－38 中农红灯笼

2. **面柿** 树冠大，直立性强，树干灰褐色，碎块状剥落。果个大，平均单果重167g。果皮橘红色，皮薄，有光泽。果肉橙红色，含水量小，口感面，可溶性固形物17.72%，可溶性总糖15.1%，核较少。在平顶山地区果实10月下旬到11月上旬成熟。

3. **皮匠篓柿** 平顶山市农业科学院、平顶山市林木种苗工作站选育，2011年通过河南省林木品种审定委员会审定。树冠大，枝条稠密，树姿开张，树干灰褐色。果实四方形，果顶平，果底平，下部有缢痕，形似皮匠的篓子，故得名。果个中等，平均单果重132g。果皮橙黄色，皮厚，有光泽。果肉黄色，味甜汁多，纤维少，可溶性固形物16.82%。8心室，核较少。在平顶山地区果实成熟期晚，11月上旬成熟。

4. **小红柿** 植株偏小。枝条稀疏平展，树姿开张，树冠呈圆头形。果实圆形或卵圆形，果顶尖，果底平。蒂座大，四瓣，果柄附近圆形突起。果皮鲜红色，8心室，核较多。果小，平均单果重46g，最大单果重60g。果肉浅黄色，肉细味甜，可溶性固形物19.22%。丰产性好。在平顶山地区果实10月下旬成熟。

5. **无核1号豆柿** 中国林业科学院经济林研究开发中心选育,2011 年通过河南省林木品种审定委员会审定。树姿开张,树势强壮,树冠较大,萌芽率高,成枝力强。果实近圆形,平均单果重 6.6g,最大单果重 7.3g。硬熟期果皮浅黄色,软熟期果皮黄褐色,晾晒后黑色。果顶圆,果粉少。果肉暗紫色,果实无种子,全果可食,肉厚味甜,营养丰富。耐储运。果实 10 月底至 11 月初成熟。

6. **无核2号豆柿** 中国林业科学院经济林研究开发中心选育,2011 年通过河南省林木品种审定委员会审定。树姿半开张,树势前期较旺,树冠大,萌芽率高,成枝力弱。果实长椭圆形,平均单果重 4.9g,最大单果重 5.2g。硬熟期果皮浅黄色,软熟期果皮黄褐色,晾晒后黑色。果顶圆,果粉少。果肉紫黑色,果实无种子或偶有一粒种子,全果可食,肉厚味甜,营养丰富。耐储运。果实 10 月底至 11 月初成熟。

7. **西村早生甜柿**(图 2 - 39) 日本品种,1998 年引入我国。树势强健,树冠开张。不完全甜柿,果实扁圆形略平,果皮淡橙黄色,外观艳丽,有光泽,表面有两条浅果痕。果肉橙黄色,褐斑多,风味脆甜,品质中等,但无涩味,可溶性固形物达 16%。常温下储放 10 天左右不软化,商品性好。果实 9 月上旬成熟。

图 2 - 39 西村早生甜柿(引自王仁梓)

8. **次郎甜柿**(图 2 - 40) 日本品种,20 世纪 20 年代引入我国。树势强健,树姿开张,枝条萌芽率和成枝力均高。完全甜柿,在树上着色后脱涩。果实扁圆形,平均单果重 155g,最大果重 251g。果皮细腻,橙红色,软化后朱红色,果粉多,无网状纹,种子 2 ~ 5 粒。硬柿质地脆而致密,略带粉质,风味甜,含可溶性固形物 16%,品质上乘,宜鲜食。软柿果肉橙色,黑斑小、少,汁少味甜。果实 9 月上中旬开始着色,10 月中旬成熟。

图2-40 次郎甜柿

9.兴津20号甜柿(图2-41) 日本甜柿新品种,山东省果树研究所引入。树势中庸,树体健壮,枝条萌芽率高,树姿开张。果实呈高圆形,平均单果重191g,最大单果重230g。果顶平,果面橙黄色,果皮细腻,果粉中等偏多,无网状纹,果面无裂纹。果肉橙黄色,肉质脆硬,自然放置变成软柿后,肉质软黏,汁液少,味浓甜,可溶性固形物含量16%~20%。10月中下旬成熟,耐储藏,货架期长。

图2-41 兴津20号甜柿

10.**富有甜柿**　日本品种。树冠圆头形,树姿开张,树势强健。果实扁圆形,果实平均重 151.6g,最大果重 196.5g。果面橙黄色,有白色果粉。果肉在果皮着色前为白色,以后逐渐转为黄色,果顶平。成熟期果实硬度高,质脆,汁液中等偏多,味甜,肉质细。耐储运。10 月下旬充分成熟。

十二、核桃优良品种

1.**中林 5 号**　中国林业科学院育成,1989 年定名。树势中庸,树冠圆头形。分枝力强,多短果枝结果,侧生果枝率 98%。属雌先型。坚果圆球形,壳面光滑美观,缝合线平且窄,结合紧密。单果重 13g 左右,壳厚 1mm 左右,出仁率 60% 左右。可取整仁,仁皮色浅,种仁充实饱满,单仁重 7.8g。丰产性强,抗病性强。

2.**辽核 5 号**　辽宁省经济林研究所育成,1990 年定名。树姿开张,生长量大,树体生长快。以短枝结果为主。属雌先型。平均单个鲜果重 71.2g,出实率 24.38%。坚果呈圆形,壳面较光滑,缝合线稍隆起。平均单果重 13.6g,壳厚 0.9mm 左右,出仁率 71% 左右。易取整仁,种仁皮色为浅琥珀色,味香,品质佳。早果性强,特丰产,抗病抗寒。

3.**薄丰**　河南省林业科学研究所育成,1989 年定名,2011 年通过河南省林木品种审定委员会审定。树姿开张,分枝力较强。雄先型。侧生果枝率达 90% 以上。坐果率在 64% 左右,多为双果。坚果卵圆形。单果重 13g 左右,壳厚 1mm,出仁率 58% 左右。可取整仁,味浓香。早期产量较一般早实品种高,盛果期产量中等,大小年不明显,耐旱。

4.**香玲**　山东省果树研究所育成,2011 通过河南省林木品种审定委员会审定。树势中庸,树姿直立呈半圆形,成果率高。雄先型。坚果椭圆形,壳面光滑,壳厚 0.9mm 左右,单果重 12.4g,出仁率 53% ~61.2%。果仁饱满,仁皮色浅,种仁充实饱满,风味香而不涩。对肥水条件要求严格,肥水不足果实变小,地上管理较差,容易导致结果部位外移。丰产性良好,盛果期产量较高。较抗寒、抗旱,抗炭疽病及黑斑病力强。

5.**西扶 1 号**　西北农林科技大学选育,1999 年通过陕西省林木良种审定委员会审定。树势强壮,树姿较开张。分枝力强,短果枝结果为主。属雄先型。坚果长圆形,壳面光滑,缝合线窄而平。平均单果重 12g,出仁率 55% 左右。壳厚 1.2mm 左右,仁色浅,风味好。丰产性强。较抗寒、抗旱、抗病。

6.**清香**(图 2 -42)　日本品种,20 世纪 80 年代初由河北农业大学从日本引进。树势中庸,树姿半开张。枝条粗壮,结果枝率 37.39%,有侧花芽结果。属雄先型。坚果近圆锥形,壳皮光滑淡褐色,外形美观,果较大,平均单果重 13 ~16g,出仁率 52% ~53%。种仁饱满,取仁容易,仁色浅黄,风味极佳。抗病性极强。

7.**新早丰**　新疆林业科学院选育,1999 年通过新疆维吾尔自治区林木品种审定委员会审定。树势中庸,树姿开张,树冠圆头形。发枝力极强,果枝率 80.3%。属雄先型。坚果卵圆形,壳面光滑美观,单果重 13g,壳厚 1.2mm 左右,出仁率为 55% 左

图2-42　清香(引自德胜农林网站)

右。仁皮黄白色,种仁充实饱满,缝合线较不紧密。该品种早期丰产性强,坚果品质优良,较耐干旱、抗寒、抗病力较强。

8. 温185(图2-43)　新疆林业科学院选育,1995年通过新疆维吾尔自治区林木品种审定委员会审定。树势中等,树姿较开张。枝条粗壮,发枝力强,有二次雄花序,短果枝结果为主,果枝率76%。属雌先型。坚果圆形,单果重15g,壳厚0.9mm左右,出仁率60%左右。仁皮色浅,种仁充实饱满,品质上等。早期丰产性显著,较抗寒、抗旱、抗病。

图2-43　温185

9. 扎343(图2-44)　新疆林业科学院选育,1995年通过新疆维吾尔自治区林木品种审定委员会审定。树势强旺,树姿开张。发枝力强,果枝率85%。属雄先型。坚果卵圆形,壳面光滑美观,缝合线较平而窄。单果重16g,壳厚1.0mm,出仁率55%。可取整仁,仁皮颜色中等,种仁充实饱满。优质丰产,抗寒、抗旱、抗病力强。

图2-44　扎343

10. 薄壳香(图2-45)　北京市农林科学院林业果树研究所选育,1984年通过审定。树势较旺,树姿较开张。分枝力中等。坚果长圆形,平均坚果重12g,壳厚1mm,出仁率60%左右。易取整仁,核仁充实饱满,味香而不涩,仁香而适口,生食加工均可。生长快,结果早,较丰产稳产。

图2-45　薄壳香(引自中国林业网)

十三、石榴新优品种

1. **突尼斯软籽** 突尼斯品种,河南省农业科学院1986年引入。果实圆形,微显棱肋,平均单果重400g,最大的650g,近成熟时果皮由黄变红,成熟后外围向阳处果面全红。籽粒红色,软,百粒重56.2g,出籽率61.9%,肉汁率91.4%,含糖15%,含酸0.29%,风味甘甜,质优,成熟早,9月中下旬完全成熟。该品种抗旱、抗病,适应范围广,择土不严,无论平原、丘陵、浅山坡地,只要土层深厚,均可生长良好,温度低于-10℃时,易受冻害。

2. **豫大籽**(图2-46) 果实近圆球形,棱肋较明显,单果重多在250~600g,最大可达850g。成熟时果皮向阳面由黄变红,果皮光洁明亮,无锈斑。籽粒红色,特大,百粒重75~90g,可食率为67.1%,可溶性固形物含量为15.5%,汁多,风味甜酸,品质优良。该品种抗旱,适应范围广,

图2-46 豫大籽

择土不严,无论平原、丘陵、浅山坡地,只要土层较厚,都可生长良好,特别是抗寒性、抗裂果性好。

3. **红如意软籽**(图2-47) 河南省农业科学院选育,2002年通过河南省林木品种审定委员会审定。果个较大,平均单果重475g,最大700g以上。该品系外观漂亮,果实圆球形,果皮光洁明亮,浓红色,红色着果面积可达95%,裂果不明显。籽粒紫红色,特软,汁多味甘甜,出汁率87.8%,含可溶性固形物15%以上,风味极佳。该品种择土不严,无论平原、丘陵、浅山坡地均可生长,抗冻性能较差,温度低于-10℃时,易受冻害。

4. **红玛瑙籽** 安徽农业大学选育,2003年通过安徽省林木品种审定委员会审定。果实近圆形,平均单果重301g,果梗部稍尖突。果皮底色橙黄,阳面有红晕及红色斑点,果面常有少量褐色疤痕,果皮中厚。籽粒呈马齿状,红色,内有针芒状放射线,

图2-47 红如意软籽

味甘甜,品质佳,可溶性固形物含量17%,籽粒出汁率82.2%,百粒重量65.4g,核软。在安徽中部地区,果实10月上旬成熟,耐储运。该品种适应性较强,我国北纬37°以南能够栽培石榴的地区均可种植该品种。植株抗褐斑病、干腐病,丰产性能好。

5. **白玉石籽** 安徽农业大学选育,2003年通过安徽省林木品种审定委员会审

定。果实近圆形,平均单果重469g。果皮黄白色,果面光洁。果棱不明显,萼片直立。可食率58.3%,百粒重84.4g。籽粒多呈马齿状,无色,内有少量针芒状放射线,籽粒出汁率81.4%,可溶性固形物含量16.4%。9月中下旬果实成熟,较耐储运。该品种适应性较强,陕西、山东、河南、安徽、四川和云南等主要石榴产区均可栽培。降水量较大的地区,注意及时排涝,并加强对早期落叶病、干腐病的防治。

6.淮北软籽(图2-48) 2002年通过安徽省林木品种审定委员会审定。果实近圆台形,果形指数0.89,略显棱筋,果大而均匀,平均果重324.8g,最大650g。果皮光洁,较薄,成熟后阳面呈古铜色。籽粒白色,有红色针状晶体,品质上等,百粒重71.6~76.0g,出籽率70.7%,籽粒出汁率81.4%,可溶性固形物15.5%。9月中旬即可采收食用,完全成熟期为10月上旬,耐储运。该品种抗性强,耐旱耐瘠薄,在石灰岩冈地上生长良好,经济寿命长。

图2-48 淮北软籽

7.青皮软籽(图2-49) 四川省会理县石榴研究所选育,2006年通过四川省林木品种审定委员会审定。果实大,近圆球形,平均单果重467.3g,最大的达1 121g,黄绿红晕。籽粒大,百粒重57.9g,籽水红色,核小而软,可食率53.6%。风味甜香,含可溶性固形物15.3%,品质优。在攀西地区2月中旬萌芽,3月下旬至5月上旬开花,7月末至8月上旬成熟,较抗病,耐储藏。

8.陕西大籽 杨凌稼禾绿洲农业科技有限公司选育,2010年通过陕西省果树新品种审定委员会审定。果实扁球形,极大,平均单果重1 200g,最大单果重2 800g。萼筒圆柱形,细长,萼片5~8裂。果皮粉红色,果实表面棱突明显,果面光洁而有光泽,无锈斑,外形美观。籽粒大,百粒重93.63g,红玛瑙色,呈宝石状,汁液多,味酸

图2-49 青皮软籽

甜,品质上等,可溶性固形物 16% ~20%,籽粒出汁率 89%,属鲜食加工两用品种。陕西地区 4 月上旬萌芽,5 月上旬至 6 月中旬开花,10 月中下旬成熟。极耐储藏,高抗裂果。抗旱、耐寒、耐瘠薄,适应性强。

9. **泰山红**(图 2-50) 山东省果树研究所选育,1996 年通过山东省林木品种审定委员会审定。果实近圆球形或扁圆形,艳红,洁净而有光泽,极美观。果实较大,一般单果重 400~500g,最大 750g。籽粒鲜红色,粒大肉厚,平均百粒重 54g,汁液多,出汁率 65%,核半软,口感好,可溶性固形物含量为 17.2%,风味佳,品质上等。耐储运。9 月下旬至 10 月初成熟,丰产,稳产。在山东泰安地区,6 月上中旬一次花开放,6 月底二次花开放,自花授粉,9 月下旬至 10 月初为采收适期。该品种早实性强,适应性强,抗旱,耐瘠薄,抗涝性中等,抗寒力较差,抗病虫能力较强。

10 **三白石榴**(图 2-51) 果实中小型,山东省果树研究所选育,2011 年通过山东省林木品种审定委员会审定。近圆球形或扁圆形,平均单果重 263.0g,最大果重 620.0g,裂果重。果皮白色,果皮薄,果棱不明显,有锈斑,筒萼圆柱形。籽粒白色,百粒重 34.25g,汁液多,核较硬,口感好,出汁率 57%,含可溶性固性形物 15.2%。果实 9 月底成熟。该品种抗旱,耐瘠薄,抗涝性中等,抗寒力较差,抗病虫能力较弱。

图 2-50 泰山红

图 2-51 三白石榴

十四、猕猴桃的类群与品种

(一)中华猕猴桃

1. **红阳**(图 2-52) 四川省自然资源研究所选育,1997 年通过四川省农作物品种审定委员会审定。该品种果实短圆柱形,平均单果重 68.8g,最大单果重 87g。果皮黄绿色,光滑。果肉呈红和黄绿色相间,髓心红色,肉质细嫩多汁,酸甜适口,有香气,可溶性固形物含量 19.6%,总糖 13.45%,总酸 0.49%,鲜果肉维生素 C 含量 1.36mg/g。鲜食、加工均佳,耐储性能强,可储至第二年 2 月。

图 2 - 52　红阳

2.**金农**　湖北省农业科学院果树茶叶研究所从野生中华猕猴桃实生后代中选育,2004 年通过湖北省农作物品种审定委员会审定。果实卵圆形,平均果重 80g 左右,最大果重 161g。果实端正,果面光滑,果皮薄,绿褐色,无毛光洁,外形美观。果顶微突,果底平。果肉金黄色,果心小,肉质细,汁多,酸甜可口,香味浓,品质上,可溶性固形物含量 14% ~ 16%。8 月中下旬成熟。

3.**金艳**　中国科学院武汉植物园从毛花猕猴桃(为母本)、中华猕猴桃(作父本)杂交后代中选育而成。2005 年通过国家林业局林品种审定委员会审定。果实长圆柱形,均单果重 101g,最大果重 141g。果皮黄褐色,少茸毛。果实大小匀称,外形光洁。果肉金黄,细嫩多汁,味香甜。耐储藏,在常温下储藏 3 个月好果率仍超过 90%。树势强旺,枝梢粗壮,嫁接苗定植第二年开始挂果,9 月下旬至 10 月上旬成熟。

4.**豫皇 1 号**　河南省西峡县猕猴桃生产办公室选育,2009 年通过河南省种子管理站品种鉴定。在西峡县寨根乡界牌村的山上进行野生资源选种。该品种果实圆柱形,平均单果重 88g,最大单果重 148g。果皮浅棕黄或棕黄色,果面光洁,果顶稍凹或平,果形端正、漂亮。果柄长 3 ~ 6cm,果心小而软,与果柄连接处有一小木质核。种子较少,硬果时果肉黄白色,软熟后果肉黄色。肉质细嫩,汁多,香甜味浓,可溶性固形物 16.5% ~ 17%,果实成熟期 9 月中旬,自然条件下可存放 2 个月左右,冷藏条件下可储 6 个半月,货架期 20 ~ 30 天。

(二)美味猕猴桃

1.**翠香(西猕九号)(图 2 - 53)**　西安市猕猴桃研究所选育,2008 年通过陕西省果树品种审定委员会审定。在秦岭北麓野生资源普查中发现。该品种果实美观端正、整齐、椭圆形(与新西兰"Hort - 16A"相似),平均单果重 82g,最大单果重 130g,

株树上有 70% 的果实单果重可达 100g,商品率 90%。果肉深绿色,味香甜,芳香味浓,品质佳,适口性好,质地细而果汁多,硬果可溶性固形物 11.57%,较软果可溶性固形物可达 17% 以上,总糖 5.5%,总酸 1.3%,鲜果肉维生素 C 含量 1.85mg/g。具有早熟、丰产、口感浓香、果肉翠绿、抗寒、抗风、抗病等优点。

图 2-53 翠香

2. 金硕　湖北省农业科学院果树茶叶研究所选育,2009 年通过湖北省林木品种审定委员会审定。从野生猕猴桃神农大果实生后代中选育。果实长椭圆形,整齐美观,单果重 120g 左右。果面密被黄褐色短茸毛,果点小。果实后熟后易剥皮,食用方便,果心呈浅黄色、长椭圆形。果肉翠绿,肉质细腻,风味浓郁,可溶性固形物含量最高达 17.4%,可滴定酸 1.8%,总糖 9.2%,维生素 C 724~1 040mg/kg,耐储性强,常温条件下可储藏 20~30 天,货架期 7~10 天。

3. 红什 1 号　四川省自然资源研究所选育,2011 年通过四川省农作物品种审定委员会。是红阳与 SF1998M 杂交选育而成。该品种平均单果重 85.5g。果皮较粗糙,黄褐色,具短茸毛,易脱落。果肉黄色,子房鲜红色,呈放射状。可溶性固形物含量 17.6%,维生素 C 含量 1 471mg/kg,总糖含量 12%。抗旱性和抗病力较强,抗涝力较弱。定植后第三年全部结果,第四年进入盛果期,株产 20~30kg,每 667m² 产量达 900~1 400kg。

4. 徐香(图 2-54)　江苏省徐州市果园 1975 年从中国科学院北京植物园引入的实生苗中选出。果实圆柱形,单果重 75~110g,最大单果重 137g。果皮黄绿色,有黄褐色茸毛,皮薄,易剥离。果肉绿色多汁,有浓香,可溶性固形物含量 13.3%~19.8%,鲜果肉维生素 C 含量 0.99~1.23mg/g,采后室温条件下可储藏 20 天左右。果实采收期 10 月上中旬。

图2-54 徐香

(三)其他种

1. 红宝石星（图2-55） 中国农业科学院郑州果树研究所选育,2008年通过河南省林木良种审定委员会审定,同时进行了农业部新品种保护登记。从野生河南猕猴桃群体中选育出的新品种。果实长椭圆形,平均单果重为18.5g,最大单果重34.2g。果实横截面为卵形,果喙端形状微尖突,果面上均匀分布有稀疏的黑色小果点,果肩方形。总糖含量12.1%,总酸含量1.12%,可溶性固形物含量为14%。果心较大,种子小且多,果实多汁。果实成熟后光洁无毛,果皮、果肉和果心均为诱人的玫瑰红色,而且无须后熟可立即食用。这是它与常规猕猴桃相比最主要的优点。果

图2-55 红宝石星

实在 8 月下旬至 9 月上旬成熟。适于带皮鲜食、做成迷你猕猴桃精品果品,并适于加工红色果酒、果醋、果汁等。该品种抗逆性一般,成熟期不太一致,有少量采前落果现象,不耐储藏(常温下储藏 2 天左右),所以栽培时需要分期分批采收,所以推荐搞休闲果园时可以栽培。

2. **天源红**　中国农业科学院郑州果树研究所选育,2008 年通过河南省林木良种审定委员会审定,同时进行了农业部新品种保护登记。从野生软枣猕猴桃群体中选育出的新品种。该品种果实卵圆形或扁卵圆形,无毛,成熟后果皮、果肉和果心均为红色,且光洁无毛。平均单果重为 12.02g,平均果梗长度 3.2cm,可溶性固形物含量为 16%,果实味道酸甜适口,有香味。果实在 8 月下旬至 9 月上旬成熟。适于带皮鲜食、做成迷你猕猴桃精品果品,并适于加工成果酒、果醋、果汁等。推荐搞休闲果园时可以栽培。

第二节　砧木品种

一、苹果砧木品种

人们很早就发现,不同类型的苹果砧木对苹果树冠的大小有巨大的影响。18 世纪末期英国东茂林试验站对此进行了较系统的试验观察,并于 20 世纪 20 年代选育了系列砧木,以罗马数字做了编号。这些砧木很快在欧洲得到推广并很快以 Malling 命名,同时将罗马数字改为常用的阿拉伯数字。其中最著名的如 M9、M7、M2 等,在生产上得到广泛应用。后人以此为基础,通过杂交、筛选等多种手段,培育出了 M26、MM106、M111 以及俄罗斯的 B 系、波兰的 P 系、美国纽约 Geneva 试验站的 G 系、CG 系以及从美国密执安大学引入的"马克"(MARK)等(这些砧木正在进行生产试验中),日本的 JM 系、加拿大的 O 系等一大批矮化程度各异、生产性状更优良的苹果砧木。苹果矮化砧木的应用给苹果栽植制度的发展带来了革命性变化,是现代果园的一项重要标志。有了这一系列矮化程度不同的砧木,人们从此可以按照不同设计的主观要求进行果园栽植方式及密度的规划设计。依矮化程度不同,一般把苹果砧木分作 5 级。

(一) 乔化砧木

包括以安托诺夫卡为代表的种子实生砧及 MM111、A2、M11、P18 等生长旺盛的营养系砧木,在我国,主要指西府海棠、山定子、海棠果及新疆野苹果等以种子繁殖的实生砧。

1. **西府海棠**　又名小果海棠、海红、子母海棠、实海棠。主要分布在山东、河北、陕西、北京、内蒙古、云南等地。西府海棠是苹果的理想砧木。小乔木，多呈半栽培状态。该种根系深、发达，抗旱，耐湿涝力中等，较耐盐碱，嫁接亲和性好，植株生长一致，结果早，经济效益寿命长，丰产。优良类型有八棱海棠、平顶海棠、红果、莱芜难咽等。适用于我国中部地区及南方部分浅山丘陵地区。陕西北部的果黄、果红等能适应当地干旱、贫瘠的风土条件，对苗期立枯病也有较强的抵抗力。

2.**山定子**（图2-56）又名荆子、山丁子。主要分布在黑龙江、吉林、辽宁、内蒙古、河北、山西、陕西、甘肃、宁夏等地，是苹果砧木最早的一个种类。根系完整，侧根发达，耐贫瘠，喜湿但不耐涝碱，在pH值7.8以上的土壤中栽培易出现黄叶病，抗寒性极强，可耐-50℃以下的低温。幼苗较抗立枯病和白粉病，须根多，枝条细，播种当年嫁接率低，嫁接树生长旺，树冠大，结果晚，产量较高。适用于东北各地及渤海湾地区，不适用于黄河故道地下水位高的盐碱地区以及西北酸碱较高的地区。

图2-56 山定子

3.**海棠果** 又名楸子、冷海棠、奈子、铃铛果、海红等。主要分布于华北、东北、西北以及长江以南各地，但以河北、山西、山东、陕西、吉林、内蒙古、四川、新疆较多。根系发达，对土壤适应性强，抗寒能力强，较山定子抗旱，耐盐碱，对苹果绵蚜和根部癌肿病也有一定的抗性。与苹果嫁接亲和性强，接口无风折现象，植株生长强健，适应性广，适用于西北黄土高原。

4.**新疆野苹果** 又称塞威苹果。集中分布在我国新疆伊犁及中东地区。根系发达，耐旱、抗寒、耐盐碱能力较强，耐贫瘠，适应性广。与苹果亲和力强，嫁接苗生长旺盛，易于育苗。在我国西北地区广泛使用。

5.**八棱海棠** 主要分布在华北、西北地区，以河北省张家口地区的怀来、涿鹿一带为主产地。具有抗旱、耐涝、耐盐速生等优点。以八棱海棠嫁接的国光、红星等品种，生长势强，结果较晚。嫁接的金冠，生长健壮，结果早，产量高。与苹果嫁接亲和力强,但有时也有上粗下细的"大脚"现象。

6. **湖北海棠**　主要分布在华中、华东和西南地区。为小乔木,适应性强,根系浅,须根较少,抗旱性差,但抗涝性强,还有一定的抗盐能力,对根腐病、白粉病、绵蚜有抗性。在黄河故道地区实生苗生长粗壮,嫁接成活率高,黄叶病和早期落叶病率极低,是该地区有希望的砧木。湖北海棠的某些类型和植株,还具有孤雌生殖的特性,可以从中培育若干优良的无性系砧木。

7. **沙果**　主要分布在华北、西北地区,长江以南也有分布。江苏溧阳的茅尖花红,与苹果嫁接亲和力强,比一般砧木提前结果2～4年,有一定的矮化作用。是适于我国南方应用的优良砧木。

(二)半乔化砧木

半乔化砧木的树体大小相当于乔化砧木的60%～80%。主要代表性砧木有M7、MM106、M2、M4、V4等。在我国仅M7、MM106得到过系统试验及少量应用。

1. **M7**　英国东茂林试验站选出。半乔化砧,1985年引入我国。生长势中等,枝条较软。压条生根容易,繁殖系数较高,根系发达,但易患根部癌肿病。对土壤适应性强,抗寒,能耐－33℃低温。较抗旱、耐贫瘠,但抗涝性差。与苹果嫁接亲和力强,矮化效应好,一些地区做自根砧应用,也可做中间砧应用。嫁接树树冠大小介于M4与M9之间。结果早,产量高,较丰产,一般品种栽后3年结果,5～6年进入盛果期。适于嫁接生长势较强的品种。

2. **MM106**　英国约翰英斯园艺研究所与东茂林试验站共同育成。半乔化砧,1974年引入我国。扦插繁殖生根能力较强,压条生根良好,根系较耐寒,苗期易感白粉病。适应性强,固地性好,在瘠薄干旱条件下易矮化,抗苹果绵蚜及病毒病。与一般的苹果品种嫁接亲和力强,早果、丰产,但易感茎腐病。嫁接于MM106上的苹果树,其树冠和产量居M9与M7之间,果实成熟期比M7树上的早。可做自根砧和中间砧应用。

(三)半矮化砧木

半矮化砧木的树体大小相当于乔化砧木的40%～60%。主要代表性砧木有M26、P1、P14、CG44。在我国仅M26在生产上得到推广作用(图2－57)。

M26半矮化砧木,英国东茂林试验站选出。1974年引入我国。可用硬枝或半木质化枝扦插,繁殖系数高,根系比较发达,根蘖少,抗寒力强,短期能耐－27～－26℃低温。抗白粉病、花叶病,但不抗绵蚜、茎腐病和火疫病。与苹果主要品种嫁接亲和力强,嫁接树体大小介于M7与M9之间,比M7砧木结果早,比M9砧木丰产,果实个大、整齐,适于嫁接结果晚的品种,如新红星、红富士等。早果性和丰产性都强。作为自根砧,由于根系较浅,固地性差,需立支撑物,因此常做中间砧。

图2－57　半矮化砧木M26

（四）矮化砧

树体大小相当于乔化砧木的 20%～40%，代表性砧木有 M9、P59、P16、B9、V3 等。在我国仅 M9 得到过较系统的试验观察及少量的生产应用（图 2-58）。

M9 矮化砧，英国东茂林试验站选出。1958 年引入我国。枝条粗壮，压条繁殖率低，根系不发达，固地性差，不耐干旱和瘠薄，根系在 -6℃左右的土温下能越冬。与苹果嫁接亲和力一般，有"大脚"现象，嫁接口较脆，易倒伏。M9 自根砧的品种树高 2m 左右，M9 做中间砧的品种树高 2.5m 左右，一般品种嫁接后 2～3 年结果，果实成熟期较其他砧木提前 7 天左右，且果大、质优、色艳。M9 在生产上做自根砧嫁接品种需用支柱，因此，宜做中间砧应用。

图 2-58　矮化砧木 M9

（五）极矮化砧

树体大小不超过乔化砧木的 20%。代表砧木有 M27、P22、B195 等。在我国极矮化砧仅有少量引进试验，还没有生产应用。图 2-59 为砧木矮化效果示意图。

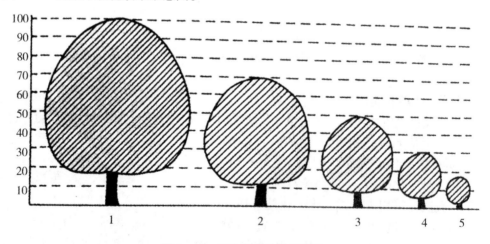

图 2-59　砧木矮化效果示意图

1.乔化砧木　2.半乔化砧木　3.半矮化砧木　4.矮化砧木　5.极矮化砧木

近些年来，随着矮化密植栽植模式的兴起，世界各地培育了很多类型矮化砧木，主要矮化砧木及其矮化程度见表 2-1，不同苹果砧木对几种主要病虫害和病毒病的抗性见表 2-2。

表 2 - 1　世界各地培育的矮化砧木及其矮化程度

极矮化砧木		矮化砧木		半矮化砧木		半乔化砧木		乔化砧木	
砧木	矮化程度*	砧木	矮化程度	砧木	矮化程度	砧木	矮化程度	砧木	矮化程度
Nr	8	M8	21	62 - 396	±41	M7	61	MM111	81
Nra	11	Polan59	23	J9	42	J - TE - C	64	P18	85
SJM - 118	±13	V3	23	Marioca2	±42	MM106	65	57 - 232	90
B491	14	J - TE - F	25	Maricoca3	±44	AR86 - 1 - 20	66	A2	90
Marioca - 5	±14	M9	26	CG57	47	M7EMLA	67	M11	91
M20	15	P16	28	C	48	M2	69	57 - 490	92
B195	15	J - TE - E	29	CG44	50	Mac1	72	M25	98
M27	15	Lancep	32	M26	50	J - TE - B	75	MAC4	98
Nr81	16	B9	34	Nr47	51	M4	76	S. Anton	100
SJM - 180	±18	M9EMLA	35	P1	53	57 - 545	77	Novole	100
P22	19	MarK	35	P14	54	V4	80	YP	100
B146	20	P60	35	M26EMLA	55	54 - 118	80	MM104	102
CG65	±20	Cepiland	35	V7	57			MM109	105
J - TE - G	20	O3	36		60				
SJM - 15	±20	V1	37						
		Nr92	37						
		J - TE - H	37						
		D - 2	37						
		Bemali	±39						

*矮化程度以用作矮化砧木时的树冠大小相当于安托诺夫卡(Antonavoca)乔化树的百分比表示。

表 2 - 2　不同苹果砧木对几种病虫害和病毒病的抗性

砧木	颈腐病	火疫病	苹果黑星病	白粉病	潜隐性病毒病	绵蚜
A2	中度敏感	敏感	中抗	中度敏感	抗	敏感
B9	极抗	敏感	中等	中度敏感	抗	敏感
M2	中抗	中抗	中等	中抗	抗	敏感
M4	抗	中抗	中等	中等	抗	敏感
M7	中等	抗	中等	中抗	抗	敏感
M9	抗	敏感	中等	中抗	抗	敏感
M11	抗	中等	中等	中抗	抗	敏感
M26	中度敏感	敏感	中等	中抗	中度敏感	敏感
M27	抗	中度敏感	中等	中抗	中度敏感	敏感
MM106	中度敏感	中等	中等	中抗	抗	抗
MM111	中等	中等	中等	中度敏感	抗	抗
Ottawa3	抗	中度敏感	中等	中抗	敏感	极度敏感

砧木	颈腐病	火疫病	苹果黑星病	白粉病	潜隐性病毒病	绵蚜
P2	抗	中度敏感	未检测	中抗	未检测	中度敏感
P22	抗	中度敏感	未检测	中抗	未检测	中抗敏感

（六）我国选育的苹果矮化砧木

自 20 世纪 70 年代开始,我国也开展了苹果矮化砧木的选育研究,先后培育出不少性状优良的苹果矮化砧木,如郑州果树研究所培育的 U8、U9;中国农业科学院果树所培育的 G 系砧木以及青岛农业科学院培育的无融合矮化砧木等。其中 SH 系及 GM256 砧木已在不少地方得到生产应用。

1. **SH 系** 山西果树研究所用国光×河南海棠种间杂交育成。压条生根好,易繁殖。嫁接苹果品种矮化性和亲和性均好,并有早花、早果、丰产、果实外观艳丽和品质好等优点。比 M7、M9 抗逆性强,不但抗旱性突出,而且抗抽条、抗倒伏,也较抗黄化病。

2. **GM256** 吉林省农业科学院果树所育成的半矮化砧,常作为中间砧,在东北、内蒙古等地应用。压条繁殖较难,不易生根。嫁接亲和力强。嫁接树结果早,比用山定子为砧木的树丰产,果实品质有所提高。

3. **中砧 1 号**（图 2-60） 北京农业大学园艺植物研究所 1987 年从小金海棠中初选出优系后,经复选、田间试验验证,于 2009 年通过北京市林木品种审定委员会审定并命名为中砧 1 号。

中砧 1 号属于半矮化苹果砧木,可用作自根砧,其根系发达,生长一致性好,整齐度高;与栽培品种嫁接亲和性好,耐旱性、抗寒力强。在现有苹果砧木常出现缺铁黄化现象的土壤中正常生长,不表现缺铁黄化现象。

图 2-60　中砧 1 号

4.**青砧2号**　山东省青岛市农业科学研究院果树茶叶研究所1996年用γ射线处理平邑甜茶种子获得的矮生突变体,经扩繁和栽培比较试验,认为嫁接树表现亲和性好,分枝角度大,树势中庸,适应性强。2007年通过山东省科技厅组织的专家鉴定。

青砧2号属于半矮化砧,种子小,为保证当年夏季达到嫁接粗度,可于早春,在温室内利用穴盘集中播种,待苗木长到5~6片真叶,室外温度适宜时,移栽到室外,这种方式可以促发须根,提高苗木质量。青砧2号与目前主栽品种富士、嘎拉和乔纳金亲和性好。做基砧嫁接品种时,1年生实生苗嫁接高度10~15cm,2年生实生苗嫁接高度40~50cm。提高嫁接高度可以利用砧木树干抗病性强的特点,减轻病虫害的危害,增强嫁接树的抗病能力。

二、梨砧木品种

1.**杜梨**　山东又称毛杜梨、刺杜梨,江苏、安徽、河北、河南称棠梨。产于我国的华北、西北各省,河南、河北、山东、山西、陕西、甘肃等为最多。乔木,现在各地为小乔木或灌木。嫩梢及2年生枝条均有白色茸毛,短枝常有刺状枝。叶片小,(5~7)cm×(3~5)cm,叶片菱形或长卵圆形,叶缘为粗锯齿,幼叶有白色茸毛,长成后正面脱落,背面残存或后期脱落。花序外被柔毛,每个花序有花7~12朵,花柱2~3个。果实小,果形为圆球形,褐色,直径0.5~1cm,萼片脱落。2~3个心室。出籽率为2%~2.5%。在北方表现好,在南方的表现不及砂梨、豆梨。豆梨为长江流域及以南地区广泛应用,属亲和力强的砧木,植株比杜梨矮,根系比杜梨浅。杜梨根系较大,须根很多,幼龄苗木发育生长旺盛。嫁接后苗木生长健壮,结果早,丰产,寿命长,抗旱,耐涝,抗盐碱。与砂梨、白梨和西洋梨品种亲和力强,表现好,是我国应用最广泛的砧木类型。生产上多用于砂梨进行品种嫁接。

2.**豆梨**(图2-61)　又名明杜梨、鹿梨。主要产于山东、河南、江苏、浙江、湖南、

图2-61　豆梨

湖北等地。乔木,但现在仅为灌木。与杜梨主要区别是嫩枝及1～2年生枝、叶片等均无毛,也无刺状枝;叶阔卵形或近圆形,先端突尖,基部多数圆形,锯齿浅而钝圆。果小,球形,褐色;萼片窄狭,稍短于萼筒,成熟后脱落。枝条褐色无毛,嫩叶红色。抗腐烂病,抗旱力强,耐盐碱、耐涝,可以适应黏土及酸性土壤,南方高温多湿地区,与砂梨、西洋梨品种亲和力强。

3. **秋子梨**(图2-62) 辽宁等东北地区称为山梨,河北称为野梨、酸梨。产于我

图2-62 秋子梨

国的黑龙江、吉林、辽宁、河北、陕西等地。秋子梨植株高大,叶片光亮,枝条黄褐色。果实较小,单果重30～80g,圆形或扁圆形,黄绿色,萼片宿存。抗干旱能力强,极耐寒,能耐－52℃的低温。抗腐烂病,不耐盐碱。与砂梨、白梨、秋子梨亲和力强,与西洋梨亲和力差,是目前较为理想的砧木。在东北、内蒙古、山西、陕西等寒地梨树栽培区广泛应用,但在温暖湿润的南方不适应。自20世纪90年代末期,山东省的胶东地区从辽宁省引进山梨进行梨树嫁接,表现抗根瘤、抗干旱、抗寒冷、丰产、结果早以及与黄金、水晶、华山、圆黄、秋黄等砂梨新品种亲和力强等优点,是近几年胶东地区应用较广泛的梨树砧木。

4. **麻梨**(图2-63) 又称麻梨子、黄皮梨。产于湖北、湖南、江西、浙江、四川、广东、广西。乔木,高达8～10m。叶片卵形至长卵形,基部宽楔形或圆形,边缘有细锐锯齿,齿尖常向内合拢。果实近球形或倒卵形,长1.5～2.2cm,深褐色,有浅褐色

图2-63 麻梨

果点,3~4室,萼片宿存,或有时部分脱落,果梗长3~4cm。对外界环境的适应性强,耐寒、耐旱、耐涝、耐盐碱。有少数栽培品种,品质均不佳,常做梨的砧木。

5.榅桲 原产于欧洲,我国的云南、新疆也有分布。云南榅桲对水分要求很高,耐热,不抗寒。新疆榅桲抗寒,抗干旱,耐盐碱,抗腐烂病中等。近年来我国从欧洲国家引入了与西洋梨亲和性较好的榅桲种类,如EMC和Farold40等,上述两种类型通常用作西洋梨的基砧,用OHF51、OHF97、OHF333做中间砧,其亲和性和矮化作用更加明显。

6.中矮1号 梨属矮化中间砧木中矮1号是中国农业科学院果树研究所1985年从锦香梨(南果×巴梨)的实生后代中筛选出的紧凑型单系。树冠呈半圆形,树姿开张,树体矮化紧凑,株高只相当于乔化型对照的49.9%,矮壮参数为91.97,是典型的紧凑矮壮型。抗病性和抗寒性强,高抗叶片黑星病,抗枝干腐烂病,高抗枝干轮纹病。抗寒性强,在吉林晖春地区大冻害年份未受冻害。中矮1号与基砧山梨、杜梨及栽培品种亲和性良好,无大小脚现象。成枝力强,一般剪口下抽生长枝3~4个,接穗繁殖系数高。可在温暖半湿区和冷凉半湿区的白梨系统栽培区推广。在南方和北部寒地可引种试栽。

7.中矮2号 梨属矮化中间砧木中矮2号由中国农业科学院果树研究所选育而成,系香水梨×巴梨杂交单株的自然实生后代。树冠为乱头形,树姿半开张。以杜梨为基砧,中间砧段长20cm,嫁接早酥梨5年生嫁接树平均树高1.19m,矮化程度为乔砧对照的35.4%,较美国极矮化砧木OHXF51还矮31.7%。具有促进嫁接树早结果的能力,栽后第二年就开花,开花株率22.2%,最高达95%;第三年结果株率达70%。在高度密植下,第三年结果株率高达100%。抗寒力较强,在吉林晖春地区无冻害;高抗枝干腐烂病、枝干轮纹病,抗这两种病害指数均为零。中矮2号做中间砧与基砧山梨、杜梨及接穗品种早酥梨、锦丰梨、砀山酥梨、鸭梨等品种亲和性良好,接口上下干粗无明显差异。适宜在我国北部地区日光温室和日光大棚中栽培。

三、桃砧木品种

毛桃和山桃是目前我国广泛采用的桃树砧木,也有用杏、李、樱桃、稠李等异属植物作为桃砧木的。国外育种工作者针对本国的实际,选育了一批优良的桃树砧木品种,有的已在生产上广泛应用。

1.毛桃 小乔木,根系发达,生长旺盛,具有一定的抗旱、抗寒性,耐高温多湿气候。耐湿性好于山桃,与栽培桃品种嫁接亲和力强,是我国南北各桃产区应用最为广泛的桃树砧木。

2.山桃(图2-64) 小乔木,抗寒、抗旱性强,耐涝性差,与栽培桃品种嫁接亲和力强,是我国东北、华北、西北地区主要的桃树砧木。因耐涝性不及毛桃,多雨湿润地区及灌水过多易发生根部病害。

图2-64　山桃

3. GF305　法国1945年从Montreuil地方古老品种中选育出来的砧木品种。树体健壮,个体间差异小,耐碱性土壤,是目前欧洲应用最为广泛的桃树砧木品种。

4. 宝石　法国1960年从美国引进种子,从其自花授粉后代中选育而成。用宝石做砧木的桃树比用GF305做砧木的矮化15%~20%,结果早,丰产性好,但耐湿性较差。

5. GF677　法国用桃和扁桃杂交育成,绿枝扦插繁殖容易。用其做砧木嫁接的桃树生长势强,耐碱性土壤,抗重茬,但结果稍晚。

6. GF557　法国用桃和扁桃杂交育成,可扦插繁殖。用其做砧木嫁接的桃树生长势强,抗线虫,但耐湿性差。

7. 西伯利亚C　加拿大从我国北部收集的毛桃实生苗中选育出来的矮化砧木品种。优点是以其做砧木嫁接的桃树树体矮化,结果早,但株间差异较大。

8. 筑波4号、5号　日本用红叶和寿星桃杂交育成的红叶砧木品种。用其做砧木嫁接的桃树结果早,丰产,抗线虫。

9. 李　李砧根系浅,较耐湿,嫁接后苗木生长缓慢,有矮化作用,但结果稍小。在辽宁、黑龙江等地常用李做桃树砧木。

10. 杏　用杏做砧木嫁接的桃树树冠大,结果早,产量高,寿命长。杏砧耐旱不耐湿,对砾石或碱土耐力强。

四、杏砧木品种

1. 西伯利亚杏(图2-65)　又名山杏、蒙古杏。广泛分布于我国华北、东北和西北地区。多为灌木或小乔木,极抗寒,能耐-50℃低温,又极耐干旱,在干旱多石砾的阳坡山地也能生长结果。西伯利亚杏是我国北方主要的杏砧木资源,与杏的嫁接亲和力强,以其为砧木能提高杏树的抗寒、抗旱及耐瘠薄能力,但不耐涝。

图2-65　西伯利亚杏

2.**普通杏**　广泛分布于我国南北各地。乔木,我国杏品种多属于该种,其野生类型也叫山杏,果小、核小,广泛用作杏树的砧木。普通杏耐旱、抗寒,与栽培品种的嫁接亲和力强,以其做砧木的杏树生长快,树势强健,树冠高大,寿命长,对土壤的适应性强。

3.**辽杏**　又名东北杏、山杏。分布于我国东北地区,河北、山西西北部也有零星分布。乔木,生长势强,抗寒。与栽培品种的嫁接亲和力强,以其做砧木可提高杏树的抗寒能力。

4.**藏杏**　又名毛叶杏。分布于我国西藏东部和四川西部的高海拔地区,小乔木。与杏的嫁接亲和力强,以其做砧木可提高杏树的抗旱能力,但耐寒力不强,在低海拔地区表现不良。仅适宜供高海拔地区做砧木用。

5.**梅**　广泛分布于我国江淮流域地区。梅与杏的嫁接亲和力较差,但以其做砧木可提高杏树的抗湿热和耐涝能力,提高杏树抗真菌病害和抗根结线虫病能力,对根癌病也有较强的抗性。但不抗寒,仅适宜供我国南方做杏的砧木。

6.**桃**　桃属植物种类繁多,嫁接反应不尽相同。圆桃、新疆桃和毛桃与杏的嫁接亲和性好;而山桃、甘肃桃的嫁接亲和性较差;碧桃虽有较好的早期亲和性,但后期亲和性严重不良。桃砧可以增强杏树对细菌性溃疡病、轮纹病、根线虫病和根癌病的抗性,一般可以使杏树矮化,但矮化的程度随种类不同有很大差异。桃砧对土壤的适应性不如杏砧,尤其对石灰性土壤的适应性更差。

7.**李**　李砧可提高杏对黏重土壤的适应能力和对涝害的抵抗能力。因李属植物种类繁多,与杏的嫁接反应不尽相同。法国已由李中选出 Torinel 砧木品种,不仅与杏有良好的亲和性,而且在耐涝性和易繁殖方面都有良好的表现,并可使杏树矮化

20%左右。

五、李砧木品种

1. **小黄李**　属中国李的半野生类型,主要分布在黑龙江、吉林、辽宁省的长白山脉和松花江流域。小黄李极为抗寒,冬季可耐-40℃的低温。抗涝性强,与栽培品种嫁接亲和力强,树冠较大,树体寿命长。其缺点是抗旱力较弱。

2. **山桃**　生长势强,与李树嫁接亲和力好,树冠高大,分枝较多,树体成形快,抗病、耐寒、耐旱性强,在碱性土壤中亦能生长。是较理想的抗寒、抗碱性砧木资源。其缺点是不耐涝、寿命短。

3. **毛桃**　在我国长江以南、云南、贵州、四川和西北干旱地区以及河南、河北、山东等地均以毛桃做砧木。毛桃根系发达,生长旺盛,与李树嫁接亲和力强,接后生长迅速,成形快。适应性较广,适合在沙质壤土栽培。缺点与山桃基本相同,但耐旱力与耐寒力较山桃弱。

4. **毛樱桃**　种核小而整齐,种子播种后出苗率高,与栽培李嫁接亲和力好,矮化效果明显。结果早,抗寒、耐旱,适应性强,在我国北方各省、市均有分布。其缺点是抗旱、抗涝性差,嫁接后的李品种果实变小,树体寿命较短。

5. **山杏**　与中国李和欧洲李嫁接亲和力强,表现生长结果良好,树体寿命长,耐旱、耐瘠薄,但不耐涝。嫁接部位过高时有小脚现象。

六、樱桃砧木品种

1. **大叶草樱桃**　属中国樱桃。叶片小而厚,根系分布较深,粗根多、毛根较少。嫁接甜樱桃后固地性好,长势强,不易倒伏,抗逆性较强,寿命长,是甜樱桃的优良砧木。

2. **莱阳矮樱桃**　属中国樱桃。树体矮小、紧凑,仅为普通型樱桃树冠大小的2/3。用莱阳矮樱桃嫁接甜樱桃,亲和力强,成活率高。1年生的嫁接苗,生长量比较小,有明显的矮化性能,但随树龄增加,矮化效果不明显,且有小脚现象。在低洼积水处,或多雨年份有因涝死树现象。

3. **青肤樱**　又名山豆子。在辽宁本溪、河北北部及山东昆嵛山区有野生分布,是日本和我国辽宁省常用的甜樱桃砧木。青肤樱主要以种子繁殖,用实生砧嫁接甜樱桃亲和力强,根系发达,抗寒性强,嫁接苗生长势旺。因其萌蘖力极强,也可采用分株、扦插和压条繁殖,嫩枝扦插容易生根,硬枝扦插不易生根。青肤樱耐旱性也较差,对根朽病和紫纹羽病的抵抗力较弱,且易感染根癌病。

4. **毛把酸**　欧洲酸樱桃的一个品种。种子发芽率高,根系发达,固地性强。实生苗主根粗,须根少而短,与甜樱桃亲和力强。嫁接树生长健旺,树冠高大,属乔化砧木。丰产,寿命长,不易倒伏,耐寒力强。但在黏性土壤上生长不良,并且容易感染根癌病。

5. **马扎德樱桃**　产于欧洲西部,为甜樱桃的野生种。与甜樱桃、酸樱桃的亲和力均强。比较耐瘠薄土壤和寒冷气候条件,在黏重土壤上反应良好,对根腐病有抗性。嫁接树树体高大,寿命长,产量高。缺点是树冠大,进入盛果期晚,根系浅,易感根癌病、树脂病、枝枯病等。

6. 马哈利樱桃 原产地欧洲和西亚。根系发达,耐旱,适应性强,种子出苗率高,生长健壮,有矮化作用,结果较早。但在黏土地上表现不良,嫁接亲和力较差,嫁接20年后常表现早衰,容易感染根癌病。

7. 考特(Colt) 1958年英国用甜樱桃与中国樱桃杂交的一个半矮化砧木。嫁接甜樱桃4~5年内,树冠大小和普通砧木无明显差别,以后随树龄的增长,表现出矮化效应,其生长量与马扎德樱桃实生砧木相比矮20%~30%,目前是欧美各国的主要甜樱桃砧木之一。考特砧木根系十分发达,特别是侧根及须根生长量大,固地性强,较抗旱和耐涝;嫁接亲和力好,成活率高。缺点是不抗根癌病。考特分蘖、生根能力均较强,可通过扦插或组织培养繁殖。

8. 吉塞拉五号(Gisela 5) 为欧洲酸樱桃与灰毛叶樱桃的杂交后代,是目前德国种植最多、最有名的Gisela砧木。Gisela 5与50多个樱桃品种嫁接效果都比较理想,早结果,其树体大小相当于马扎德的30%~60%。根系发达,适于黏重土壤和多种土壤类型,耐李属矮缩病毒和李属坏死环斑病毒,中等耐水渍,在非常贫瘠的土壤和自然降水少以及栽培不良的条件下,枝条生长量小,果实小。Gisela 5抗寒性优于马扎德和考特,但不如其他的Gisela品系。

9. 吉塞拉六号(Gisela 6) 为欧洲酸樱桃与灰毛叶樱桃的杂交后代。与大多数甜樱桃品种亲和,嫁接后早结果性强,根系发达,适于黏重和广泛的土壤类型。在良好的土壤条件下,嫁接长势旺的品种生长较旺。耐李属矮缩病毒和李属坏死环斑病毒,高度耐水渍,抗旱性强。

10. ZY-1 中国农业科学院郑州果树研究所1988年从意大利引进的樱桃半矮化砧木。与樱桃嫁接亲和力强,嫁接后树体矮化,早结果。ZY-1根系发达,分蘖极少。

七、葡萄砧木品种

1. 华佳8号 东亚种与欧亚种杂种。由上海市农业科学院园艺研究所育成。植株生长势强,枝条生长量大,副梢萌芽率强。成熟枝条扦插成活率较高,根系发达,与欧美杂种藤稔、先锋等品种嫁接亲和力好。较抗黑痘病,对土壤的适应性强,抗湿,耐涝。是我国自行培育的第一个葡萄砧木品种。能明显增强嫁接品种的生长势,并可促进早期结实,丰产,稳产。可增大果粒,促进着色,有利于浆果品质的提高。

2. 达格里吉 原产地美国。生长势极旺盛。扦插难生根。对根瘤蚜和石灰性土壤抗性中等,抗线虫能力良好。常应用于疏松、沙质、可灌溉的土壤。

3. SO4 美洲种群内种间杂种。原产德国。生长势旺盛,初期生长极迅速。与河岸葡萄相似,利于坐果和提前成熟。适潮湿黏土,不抗旱,抗石灰性达17%~18%,每1kg土壤抗盐能力可达到0.4g氯化钠,抗线虫。产条量大,易生根,利于繁殖,嫁接状况良好。

4.5BB 原产奥地利。生长势旺盛,产条量大,生根良好,利于繁殖。适潮湿、黏性土壤,不适极端干旱条件。抗石灰性土壤(达20%),抗线虫。

5.420A 美洲种群内种间杂种。抗根瘤蚜,抗石灰性土壤(20%)。喜肥沃土壤,不适应干旱条件。生长势弱,扦插生根率为30%～60%。可提早成熟,常用于嫁接高品质酿酒葡萄或早熟鲜食葡萄。

6.抗砧3号 由中国农业科学院郑州果树研究所育成,为抗盐砧木优系。抗砧3号全年无任何叶部和枝条病害发生,无须药剂防治。极抗葡萄根瘤蚜和根结线虫,中抗葡萄浮尘子,仅在新梢生长期会遭受绿盲蝽危害。有极强的栽培适应性。

7.抗砧5号 由中国农业科学院郑州果树研究所育成,高抗根瘤蚜。抗病性极强,在郑州和开封地区,全年无任何病害发生。盐碱地和重线虫地均能保持正常树势,嫁接品种连年丰产稳产,表现出良好的适栽性。

8.山葡萄 原产于我国东北,属东亚种群,多雌雄异株。其特点是抗寒性极强,是葡萄属中最抗寒的一个种,枝条可耐-50～-40℃低温,根系可抗-16～-15℃低温。但不耐盐碱,不抗线虫,不抗根癌病。扦插不易生根,生产上多用实生砧木。但实生苗发育缓慢,根系不发达,须根少,移栽成活率较低。另外山葡萄与大部分葡萄主栽品种嫁接小脚现象明显。在黑龙江及吉林北部应用最广。

第三章

果树苗木繁殖技术

本章导读：本章系统介绍了果树苗木繁殖常用的方法，对实生苗、自根苗、嫁接苗、组织培养苗与脱毒苗等不同类型苗木的繁育技术进行了较为详细的介绍并指出了实践操作中易遇到的问题和注意事项。

第一节　实生苗的繁殖

一、实生苗的特点和利用

（一）实生苗的特点

用种子繁殖的苗木,称为实生苗。实生苗的主要特点包括:一是主根强大,根系发达,入土较深,对外界环境条件适应能力强。二是实生苗的阶段发育是从种胚开始的,具有明显的童期和童性,进入结果期较迟,有较强变异性。三是因大多数果树为异花授粉植物,故其后代有明显的分离现象,不易保持母树的优良性状和个体间的相对一致。四是少数果树种类具有无融合生殖特性或称无配子生殖,如湖北海棠、锡金海棠、变叶海棠、三叶海棠等,可产生无配子生殖体,其后代生长性状整齐一致。五是柑橘和杜果的同一粒种子内有多胚现象,除一个有性胚外,其余均为营养胚(或称珠心胚)。营养胚长成的苗子表现生长势强,能稳定遗传母本特性。

（二）实生苗的利用

种子繁殖是古老的果树繁殖方式,目前应用最广泛的是利用近缘野生种或半栽培种作为嫁接果树的砧木,以增强抗逆性和适应性。少数果树,如核桃、板栗等在过去生产上用实生苗建园。果树杂交育种对杂交后代选择、鉴定,需使用种子繁殖。引种驯化利用实生苗遗传保守性不强、可塑性大的特点,将种子作为引种材料,在实生后代中进行选择。

二、实生苗繁殖的原理和方法

（一）种子的采集

种子的质量关系到实生苗的优劣。繁殖实生果苗或砧木苗,均应选择品种纯正、砧木类型一致、生长健壮、无严重病虫害的植株作为采种母树,同时还应注意其丰产性、优质性和抗逆性。

采种时期,对种子的质量影响很大,必须充分注意。要根据果实成熟特征,确定不同砧木树种的采收适期。充分成熟时采收的果实,种仁饱满,发芽率高,生命力强,层积沙藏时不易霉烂。未充分成熟的种子,种仁发育不完全,内部营养不足,生活力弱,发芽率低,生长势弱,不宜采集。

果树种子成熟过程分为生理成熟和形态成熟两个时期。多数果树种子是在生理成熟以后进入形态成熟,生产苗木所用的种子多采用形态成熟的种子。鉴别种子形态成熟,主要根据果实颜色转变为成熟色泽,果肉变软,种皮颜色变深而具有光泽,种子充实,含水量减少,干物质增加等确定。主要果树及砧木种子采集时期见表3-1。

表3-1 主要果树及砧木种子采集时期

树种	采种时期	树种	采种时期
山定子、海棠果	9~10月	枣和酸枣	9月
杨梅	5~7月	君迁子	11月
板栗	9~11月	秋子梨、杜梨	9~10月
榛子	9月	砂梨	8月
核桃、核桃楸	9月	豆梨	8~9月
山葡萄、贝达葡萄	8月	山桃、毛桃	7~8月
枳及柑橘类	7~12月	山杏	6月下旬至7月中旬
龙眼	7~8月	毛樱桃	6月
荔枝	6~7月	甜樱桃	6~7月
番木瓜	周年	山樱桃	6月中旬至7月上旬
枇杷	4~6月	山楂	8~11月

种用果实采收后,应根据各种果实的特点,取出种子。如仁果类或核果类果实采下以后,凡果肉无利用价值的,可堆放在棚下或背阴处堆积,使果肉、果皮软化。堆积过程中要经常翻动,防止发热损伤种胚,降低种子的发芽能力,堆放7~8天后,即可用水淘洗的方法取种。果肉可以利用的,可结合加工过程取种。如果在加工过程中果实曾在50℃以上的温水或碱液中处理过,则无采种价值。因为这种种子常会在沙藏过程中霉坏或发芽率不高。

种子取出后,要用清水冲洗干净,并漂去空瘪种子,然后,薄薄地摊放在阴凉通风处晾干,以防种子霉烂变质。种子不能受烈日暴晒,这样晒干的种子,常因受热过大,失水过快,造成种皮皱缩,使种子失去发芽能力。如限于场所或阴雨天气,则应及时进行人工干燥,一般可在热炕或干燥的室内晾干,但温度不应超过35℃,并且要逐步增温,使种子均匀干燥。含油量高的种子,如核桃等,应先晾晒至充分干燥,然后降温,再储于阴凉干燥处。含淀粉量大的种子,如板栗等,采收后应立即沙藏,防止失水,才能保证种子的生命力。种子干燥后,按照标准要求精选和分级,使种子纯度达到95%以上,以提高出苗率、苗木整齐度和便于苗木管理。

(二)种子的储藏

种子干燥后应进行精选分级,筛去杂物,去除破粒,并根据种子大小、饱满程度加以分级。选择粒大、饱满、均匀、无病虫害、不发霉的种子用于沙藏,以使播种后出苗率高,苗木整齐,生长均匀,有利管理。陈旧的种子不可采用。各种砧木果实,出种量各不相同。三叶海棠每40~50kg果实出种子1kg,小海棠约为每130kg果实出种子1kg,山定子约每25kg果实出种子1kg。

经过精选分级后的种子要妥善储藏,储藏过程中影响种子生理活动的主要因素是种子的含水量、温度、湿度和通气状况。多数果树种子的安全含水量和充分风干的含水量大致相等。如海棠果、杜梨等种子含水量为13%～16%,李、杏、毛桃等种子含水量最高可达20%～24%,而板栗、银杏、柑橘、龙眼、荔枝等种子则以保持在30%～40%。储藏期间的空气相对湿度宜保持在50%～80%,温度0～8℃为宜。大量储藏种子时,应注意种子堆内的通气状况,通气不良时加剧种子无氧呼吸,积累大量二氧化碳,使种子中毒。特别是在温度、湿度较高的情况下更要注意通气和防止虫、鼠害。

储藏方法因树种不同而异,落叶果树中大多数树种,如山定子、海棠、杜梨、秋子梨、山桃、山杏、酸枣、核桃等的种子宜在充分阴干后干藏。简单常用的保存方法,是将种子装入布袋内或缸、桶、木箱内,放到通风干燥的房屋里,扎好口或盖严盖,以防止种子生虫或受鼠害。但板栗、甜樱桃和绝大多数常绿果树的种子,采种后必须立即播种或湿藏,才能保持种子的生活力,干燥以后将丧失生活力或降低发芽力。人工低温、低湿、低氧环境条件,亦可使不适于干藏的种子延长其生活力。

(三)种子的休眠与沙藏处理

1. **种子的休眠**　是指有生命力的种子生命活动微弱,生长发育表现停滞的时期。是果树在长期系统发育过程中形成的一种特性和抵御外界不良环境条件的适应能力。根据生态表现和生理活动特性,可分为两个阶段,即自然休眠和被迫休眠。

(1)自然休眠。又称为生理休眠、内休眠等,它是由植物遗传特性决定的,要求一定的低温条件才能顺利通过。种子在自然休眠期间,即使给予适宜的环境条件也不能发芽。北方落叶果树的种子大都有自然休眠的特性,南方常绿果树则无明显的休眠期或休眠期很短。果树种子在休眠期间,经过外部条件的作用,使种子内部发生一系列生理生化变化,从而进入萌发状态,这一过程称为种子后熟。

(2)被迫休眠。也叫强迫休眠、外休眠,是指通过自然休眠后,由于外界环境条件不适宜,仍不能萌芽生长的状态。

2. **种子休眠的原因**

(1)种胚发育不完全。有些果树种子外观似已成熟并已脱离母体,但胚尚处于幼小阶段,还需继续生长发育,才能正常发芽生长,如桃和杏的早熟品种、银杏等。

(2)种皮和果皮的结构障碍。如山楂、桃、橄榄以及葡萄的种子虽已成熟,但因其种壳坚硬、致密,具有蜡质或革质种皮,不易透水和透气而妨碍种子吸水膨胀和气体交换,造成发芽困难而处于休眠状态。只有利用物理或化学方法,或经沙藏处理,才能使其种壳或种皮软化,增加透水透气性,并在一定的温度条件下,才能萌发。

(3)种胚尚未通过后熟。苹果、梨、桃、杏等许多温带果树种子成熟以后,需要在低温、通气和一定湿度条件下,经过一定时间才能促使胚内部发生一系列生理生化变化,使复杂的有机物水解为简单的可利用物质,这样种胚通过后熟过程以后,才能萌发。大多数常绿果树种子没有后熟过程。

3. **种子的沙藏(层积)处理**　大多数果树砧木种子,春播前都需要经过沙藏层积处理,才能正常发芽和生长。沙藏是落叶果树种子在适宜的外界条件下,使其种子完成一系列生理后熟过程和解除休眠、促进萌发的一项措施。因处理时常以河沙为基质与种子混合或分层堆放,故又称层积处理。

每种果树种子沙藏时间的长短,要根据各地播种时间的早晚、砧木种类、种子大小及种皮厚薄而定。仁果类种子需时较短,核果类种子需时较长。甜樱桃和板栗种子不能干燥,从果实内取出应立即放入湿沙中,在阴凉处沟藏。

沙藏需要良好的通气条件,通气不良会导致二次休眠或种子霉烂。树种不同,种子层积时间长短有差异,应通过科学试验和生产实践不断加以总结、提高。常见落叶果树及砧木种子层积时间见表3-2。

表3-2　主要果树及砧木种子层积天数(2~7℃)

树种	层积天数(天)	树种	层积天数(天)
湖北海棠	30~35	猕猴桃	60
新疆野苹果	70~90	枣、酸枣	60~100
山定子	25~90	山桃、毛桃	80~100
八棱海棠	40~60	山葡萄	90~120
秋子梨	40~60	杏	100
杜梨(小粒)	60	中国李	80~120
杜梨(大粒)	80	甜樱桃	100
沙果	60~80	板栗	100~180
核桃、核桃楸	60~80	酸樱桃	150~180
平榛	60~80	山楂	200~300
山杏	45~100	山樱桃	180~240
扁桃	40-60	杨梅	150~180

种子沙藏多在秋、冬季节进行,常采用沟藏。沙藏沟宜选在背阴高燥处,沟深0.8m左右,长、宽视种子量而定。河沙选用洁净的粗河沙。沙藏时,先在沟底部铺5cm厚的湿河沙,然后按照种沙比1:(5~10)(体积比)的比例将种子和沙子充分混匀后平铺沟内,接近地面时再铺10~20cm厚的河沙。沙藏沟上面需再盖土20~30cm成屋脊状,使其高出地面,四周挖排水沟。为保证通气,每平方米表面上插上1个直径10cm粗的草把深达沟底部,上部露出地面。

少量种子可用瓦盆、木箱或编织袋等容器进行沙藏。做法是将容器底穿孔,孔上覆瓦片,先在容器底铺一层湿沙,再将沙与种子混匀后放入花盆、木箱或编织袋等容器,放入地窖中(图3-1)。

1. 挖大小合适的地窖。

2. 准备好的容器放入地窖内。

3. 沙藏用的细沙用杀菌剂杀菌。

4. 细沙加水，以手握成团但不滴水为标准。

5. 在盆内将种子与细沙拌匀。

6. 将拌匀种子
的细沙装入容器。

7.将地窖封平，
做好标记。

图 3-1 种子的沙藏

有冷库条件的,可将种子与湿河沙混合后装入编织袋中,堆码在冷库里。注意保湿和通气。冷库沙藏容易控制温度,调控萌发时间。

沙藏期间要保持沙藏沟内空气相对湿度为60%左右,温度2~7℃。沙藏后期要经常观察种子的萌动情况,防止种子过早发芽或霉烂。通常预防种子过早发芽的措施有:一是沙藏地点要背阴。二是在早春气温回升时,白天遮阳覆盖沙藏场所,夜间揭开,以减少热量的蓄积。有条件的地方,在沙藏处理的后期,可将种子装于编织袋中,放在0℃左右的冷库中,可以有效防止种子发芽,并可延迟播种时间。冷库储藏时,装种子的袋间要保持一定的距离,以利于散热,同时监测袋内沙子的温度,使其保持在0℃左右。在储藏期间经常检查,不使过干、过湿或者发霉,上下翻动,有助通气,并使温度均匀。同时,还要防止鼠害。

沙藏处理的后期,温度过高会导致已经通过后熟的种子发芽。如接近播种期,种子还未萌动,可提高沙堆温度,或连同沙子取出,放在温暖处催芽。待层积的种子有30%左右露白时,即可取出播种。山楂种子在正常采收的情况下,通常要经过2个冬季的层积处理才能发芽。

层积处理是解除种子休眠的较好途径,但需较长的时间。为了缩短时间,生产上还常采用快速处理方法打破种子休眠,常用的方法有化学药剂处理(植物生长调节剂、微量元素等)和物理因素处理(电离辐射、激光、超声波、电磁波等)。

4. 浸种催芽 冬季来不及沙藏的海棠、核桃、杏、桃等种子,可在播种前1个月进行浸种处理,以促进萌发。经过沙藏但未萌动的种子,再经浸种,则萌发得更快。浸种方法因种子而异,常用的有以下几种方法。

(1)开水浸种。核桃、山桃、山杏等硬壳的大粒种子,可在播种期紧迫时,放在缸中,一边倒入开水,一边用木棍搅拌,5~7min后,再捞到冷水中泡2~3天,再进行沙藏,种壳有一半裂口时即可播种。

(2)冷水浸种。把选好的核桃、毛桃、山杏等硬壳大粒种子放入缸内,加水,用木板把漂浮种子压下,浸入水中,每天搅动1次,另换清水1次,经5~7天,或将种子装入草袋,放在流水中,使其种子吸水膨胀,待部分种子裂口,即可播种。

(3)冷浸日晒。将种子用冷水浸5~7天,中间换水1次,待种子隔膜和内种皮充分吸水后,捞出放在阳光下晒2h,大部分种子裂口即行播种。

(4)温水浸种。对小粒种子,如海棠、山定子、杜梨等,如来不及沙藏,可在播种前1个月,用2份开水对1份冷水的温水浸5min,充分搅拌。自然降温后,放在清水中浸泡2~3天(每天换水)。捞出后,拌上5倍湿沙,摊在暖炕头上,保持18~25℃,种子上盖湿麻袋,每天翻动和加水2次,进行催芽,待大部分种子膨胀,少量种子裂嘴时,就可播种。

(四)种子生活力的鉴定

种子生活力又叫种子生命力,反映种子潜在的发芽能力,是评价种子质量的重要指标。一批种子的生活力不仅决定这批种子的使用价值、使用期限,而且还是计算苗床播种量、出苗率的重要因素。因此,鉴定种子生活力是播种育苗前的一项重要准备工作,常用的方法有目测法、染色法和发芽试验法。

1. **目测法** 就是直接观察种子的外部形态。凡种粒饱满、种皮有光泽、种粒重而有弹性、胚及子叶呈乳白色的种子具有生活力。核果类种壳坚硬,应检查胚及子叶状况,然后计算有生活力种子的百分数。

2. **染色法** 常用的染色剂有氯化三苯基四氮唑(TTC)、碘—碘化钾、靛蓝等。

(1)TTC染色法。应用种子在呼吸作用中对TTC的还原作用而伴随的颜色变化来测定种子的生活力,是一种简单、快速测定种子生活力的方法。将供检种子浸泡处理后,取出种胚(和胚乳),浸入0.1%~1%TTC溶液中,置黑暗或弱光下保持30℃左右染色3h以上,有生活力的被染成红色,根据观察结果,计算种子生活力。

(2)碘—碘化钾染色法。将供检种子浸18~24h,并催芽3~4天,取出种胚,浸入碘—碘化钾溶液中(1.3g碘化钾,0.3g碘溶于100ml水中)。浸20~30min后,取出用清水冲洗种胚后观察,如果种胚全部变黑或胚根以上2/3的胚变黑,表明种子具有生活力;否则,表明种子无生活力。

图3-2 TTC染色法测种子活力

(3)靛蓝或红墨水染色法。靛蓝或红墨水为大分子,不能透过细胞膜,但死组织的细胞膜选择透过性丧失,从而被靛蓝或红墨水染色。以此为依据,被染色的种胚是无生活力的,有生活力的不能被染色。

3. **发芽试验法** 将无休眠期或经过后熟的种子样本,均匀放在铺有湿滤纸的培养皿中,置于 20 ~ 25℃ 条件下促其发芽,计算种子发芽力。种子发芽力是播种质量最重要的指标,包括发芽率和发芽势两个方面,发芽率反映种子的生命力,发芽势反映种子发芽整齐程度。

图 3 - 3 种子放入培养皿

图 3 - 4 种子放入培养箱培养

图 3 - 5 种子发芽率统计

种子发芽率是在规定的时间内,正常发芽的种子占供检种子总数的百分比,计算公式为:

$$发芽率(\%) = 发芽种子粒数/供检种子总数 \times 100$$

发芽势是发芽试验规定时间的 1/3 ~ 1/2 时间内种子的发芽数,占供检种子总数的百分比。计算公式为:

$$发芽势(\%) = 种子发芽达到最高峰时发芽种子粒数/供检种子总数 \times 100$$

此外,还有用 X 线探测种胚与子叶发育状况和损伤程度。用分光光度计测定光密度判断生活力等方法,但目前应用较少。

(五)播种

播种是培育果树实生苗和实生砧木的基本环节,对育苗成败和苗木质量都有重要影响。

1. **准备播种地** 应选壤土或沙壤土作为播种地，并施入足量的腐熟有机肥，一般每 $667m^2$ 地均匀撒施优质腐熟有机肥 $4 \sim 6m^3$，全园深翻 $25 \sim 30cm$，然后整平除去杂物，做畦或做垄。多雨地区或地下水位较高时，宜用高畦，以利于排水，少雨干旱地区宜做平畦或低畦，以利于灌溉保墒。畦的宽度以有利于苗圃人工或机械作业为准，长度可根据地形和需要而定。为防止病、虫、杂草等危害，育苗前要对土壤消毒。常见的消毒方法为高温消

图 3-6 土壤消毒

毒和药剂处理。高温消毒是在圃地表面焚烧秸秆等杂物，通过加热土壤表层而达到杀灭杂草和病虫的目的。药剂处理是在圃地喷洒适当浓度的农药或撒毒土后，再用塑料薄膜密封的一种土壤消毒方法，在播种前 1 周左右揭开薄膜，使药剂挥发。

2. **播种时间** 分为春播、秋播和采后立即播种。春播时间，长江流域一般在 2 月下旬至 3 月下旬，西北、东北、华北地区在 3 月中下旬至 4 月上中旬。秋播时间，长江流域在 11 月上旬至 12 月下旬，华北地区 10 月中旬至土壤结冻前。播种时期应根据当地气候和土壤条件以及不同树种的种子特性决定。冬季严寒、风沙大、土壤干旱、土质黏重或鸟鼠害严重的地区，多进行春播。春播的种子必须经过沙藏或其他处理，使其通过后熟解除休眠才能播种。冬季较短且不甚寒冷和干旱，土质较好又无鸟、鼠危害的地区可秋播，使种子在土壤中通过后熟和休眠。秋播种子翌年春出苗早，生长期较长，苗木健壮。近年来北方地区也常采用秋播，播种后在播种沟上面覆土，起 $5 \sim 8cm$ 高的垄，以利于保持土壤湿度和防止早春地温上升快而萌芽过早，为保持湿度应在土壤解冻前灌水，土壤解冻后灌水土壤表面容易结硬壳，影响出苗，种子萌芽期应撒土平垄。有些常绿果树种子，采后干燥失水易丧失发芽力，应随采随播。

3. **催芽处理** 如因层积期间温度偏低，种子出芽少或没有出芽，可在播种前进行催芽处理，即将种子放在温度较高的环境中促进种子发芽，等种子露白时再行播种。实践中多用火炕或电热温床催芽，具体做法是在火炕或电热温床上铺一层 $2 \sim 3cm$ 厚的湿沙或湿锯末，然后均匀撒布种子，其上再铺一层湿纱布，撒些湿锯末保湿，温度控制在 $20 \sim 28℃$，经 $1 \sim 2$ 天后，小粒种子可以发芽，大粒种子需要时间较长。

4. **播种量** 单位面积内计划生产一定数量的高质量苗木所需要种子的数量。播种量不仅影响产苗数量和质量，也与苗木成本有密切关系。为了有计划地采集和购买种子，应正确计算播种量。计算播种量的公式是：

每 $667m^2$ 播种量（kg）＝每 $667m^2$ 计划出苗数/（发芽率×纯度×1kg 种子粒数）

公式计算出的是理论播种量，在实际育苗过程中，影响成苗出圃数量的因素很多，如播种质量、田间管理和病虫害等，故实际生产播种量要比理论值高 10% ~ 20%。主要落叶果树及砧木每 1kg 种子粒数及播种量见表 3-3。

表 3 - 3　主要落叶果树及砧木每 1kg 种子粒数及播种量

树种	每 1kg 种子粒数（万）	播种量（kg/667m²）	树种	每 1kg 种子粒数（万）	播种量（kg/667m²）
山定子	15 ~ 22	1 ~ 1.5	酸枣	0.4 ~ 0.6	4 ~ 6
海棠果	4 ~ 6	2.5 ~ 3.5	枣	0.2 ~ 0.3	7.5 ~ 10
沙果	4.5	3 ~ 4	毛樱桃	0.8 ~ 1.4	7.5 ~ 10
秋子梨	1.6 ~ 2.8	4 ~ 6	甜樱桃	1 ~ 1.6	7.5 ~ 10
杜梨	2.8 ~ 7	2 ~ 4	山樱桃	1.2	7.5 ~ 10
野生砂梨	2 ~ 4	2 ~ 4	核桃	0.007 ~ 0.01	100 ~ 150
毛桃	0.02 ~ 0.04	30 ~ 50	山核桃	0.01 ~ 0.016	150 ~ 175
山桃	0.026 ~ 0.06	30 ~ 50	山葡萄	2.5 ~ 3.0	1.5 ~ 2.5
山杏	0.08 ~ 0.14	15 ~ 30	板栗	0.012 ~ 0.03	100 ~ 150
山楂	1.3 ~ 1.8	7.5 ~ 15	君迁子	0.34 ~ 0.8	5 ~ 10

5. **播种方法**　多采用条播或点播。条播是在地面或畦床内按计划行距开沟播种，出苗后密度适当。生长比较整齐，便于施肥、中耕、除草、起苗出圃等作业，应用较为广泛。点播是按一定行、株距播种于圃地上，用种量较少，苗木分布均匀，生长健壮，田间管理方便，起苗出圃容易，但单位面积产苗较少。山定子、海棠、杜梨等小粒种子采用多行条播，桃、杏、李、栗、核桃等大粒种子多用点播。

6. **播种深度**　播种深度与出苗率有密切的关系。播种过深，地温低，氧气不足，种子发芽困难，出土过程中消耗养分过多，造成出苗率低，出苗不整齐，幼苗细弱。播种过浅，种子得不到足够和稳定的水分，也不利于出苗。

播种深度因种子大小，气候条件和土壤性质不同而有差异，覆土深度以种子最大直径的 1 ~ 5 倍为宜。干燥地区比湿润地区播种应深些，秋冬播比春夏播应深些，沙土、沙壤土比黏土应深些，大粒种子比小粒种子应深些。为保持土壤墒情，有利于种子发芽出苗，可采取播后覆膜或覆草保墒。

（六）实生苗的管理

1. **间苗、移栽**　幼苗出土时多疏密不均，要通过间苗调整密度，改善幼苗的通风和光照条件。第一次间苗在 3 ~ 4 片真叶时进行，去劣存优，去除过密幼苗。20 天后进行第二次间苗，并结合间苗按计划株距定苗，同时拔除杂草和补栽缺苗。为提高产苗量，可将第二次间出的小苗移栽，要随间出随移栽。间苗、移栽后立即灌水，使泥土淤满间苗后留下的孔隙，防止苗根漏风受害。

2. **施肥**　一般播种前每 667m² 施厩肥 3 000kg 做基肥，同时加入过磷酸钙和尿素等。在幼苗 3 ~ 4 片真叶时可以进行根外追肥，促进幼苗生长，前期以速效氮肥为主，后期喷施磷酸二氢钾或光合微肥。叶面喷肥的总浓度一般为 0.2% ~ 0.4%。幼苗长到 20cm 以上时可结合降雨或灌水土壤追肥 1 ~ 2 次，每次每 667m² 追施5 ~ 10kg

尿素或多元复合肥,前期追肥量宜小。

3. **灌水和排水** 种子萌发和幼苗生长需要大量的水分,因而充足的水分供应十分重要。在北方,播种前一般先灌水,待土壤墒情适宜时再播种,至出苗期一般不再灌水,若是特别干旱,可淋水或喷洒,不宜大水漫灌。幼苗期灌水要适时适量。垄作的在垄沟灌水,让水洇到垄上。雨季降水过多时应及时排涝,防止苗木徒长。南方常绿果树播后用草、秸秆等覆盖,随即淋水保湿,并根据土壤墒情,经常灌水保湿。雨季注意排水。每次下雨或灌水后要中耕,以利于土壤通气和保墒。

4. **摘心与去分枝** 为防止砧木苗徒长,促进加粗,以提早达到嫁接粗度,当苗木达到一定高度时摘心。同时,去掉砧木苗嫁接部位附近的分枝,使嫁接部位光滑,以方便嫁接,提高嫁接成活率。

5. **防治病虫草害** 苗圃地主要病害为幼苗猝倒病或立枯病。虫害中,常见的地下害虫有蝼蛄、蛴螬、地老虎等,地上害虫有螨类、卷叶蛾、蚜虫、刺蛾等,应根据具体发生情况进行防治。另外,苗圃杂草较多,应及时中耕除草。

第二节 自根苗的繁殖

自根苗是用优良母株的枝、根、芽等营养器官生根繁殖而来,包括采用扦插法、压条法和分株法培育的苗木,利用组织培养繁育的果苗也属于自根苗。自根苗和嫁接苗均是由无性繁殖方法获得的苗木,故又称无性系苗木或营养系苗木。

一、自根苗的特点和利用

自根苗繁殖方法简便,能保持母体的遗传特性,变异较少,生长一致,进入结果期较早,缺点是自根苗无主根且根系分布较浅,适应性和抗逆性均不如实生苗和实生砧嫁接苗,而且寿命短,繁殖系数也较低。果树生产中葡萄、无花果、石榴等可用硬枝扦插法繁殖,枣、银杏、石榴、草莓、香蕉、菠萝、杜梨等可用分株繁殖法。自根苗也可用作砧木,成为自根砧,常用于因实生变异大不能保持后代一致性的砧木树种,也可用于种子甚少且发芽率低的树种。苹果和梨的营养系矮化砧多采用压条、扦插或组织培养法繁殖。

二、主要繁殖方法

(一)扦插繁殖法

切取植物的枝条、叶片或根的一部分,插入基质中,使其生根、萌芽、抽枝,长成新植株的繁殖方法。根据用于扦插的器官不同,可将扦插分为枝插、根插和叶插,其中枝插在果树上应用最广。

1. **硬枝扦插** 用充分成熟的1年生枝条扦插,方法简单易行,成活率高。当前果树生产上应用硬枝扦插最广的是葡萄。

(1)插穗的采集。从生长迅速、干性好、无病虫害的健壮幼龄母树上采集发育阶段年幼、生活力旺盛、粗壮充实、无机械伤的根部或树干基部发育充实的1年生枝条,也可用1~2年生的苗干作为插穗。采集时间在秋冬落叶以后至翌年春发芽以前的休眠期,可以结合冬季修剪采集插条。插条储藏在地窖或储藏沟内,用湿沙封存越冬,具体方法参照种子的沙藏处理,或用塑料布包裹在0~1℃的环境中储藏,冬季储藏期间注意保持适宜的温湿度,防止插条抽干和水浸。

图3-7 采集的插条

(2)插条的剪切。扦插前将插条按需要的长度剪切成插穗,对大多数树种应剪取枝条的中下部分作为插穗。插穗的长度应依据树种生根难易、枝条状况及土壤条件而定。易生根的树种稍短、难生根的稍长,粗枝稍短、细枝稍长,黏土地稍短、沙土地稍长。一般以10~25cm为宜。条件较好,技术水平高的苗圃,种条来源不足时也可用短穗扦插,即将插穗剪成长度为3~5cm,仅有一芽的短穗进行扦插。

插穗的剪口要平滑,上剪口应在上芽以上1cm左右平剪,下剪口应在下芽下1cm左右处剪成平口或马耳形。剪切时注意保护芽子,不要剪劈种条。剪后按插穗小头直径分级,50~100根捆成1捆,并使插穗的方向保持一致,以利于以后储藏和催根。为防止插穗干燥,应在背阴处或室内剪截插穗。

(3)扦插。扦插在春、秋季均可进行,北方地区以春插为主。春插宜早,在土壤解冻后叶芽萌动前进行,华北、西北地区在3月上中旬,东北地区在4月中下旬扦插较好。常绿果树于生长期进行。

扦插前应细致整地,施足基肥,使土壤疏松、水分充足。扦插可采用垄作或床作,以垄作较为普遍。垄距50~60cm,株距20~25cm。扦插前插穗要在水中浸泡一段时间,使其充分吸水。扦插角度有直插和斜插2种。一般生根容易,插穗较短,土壤疏松、通气保水性差的采用直插;而生根困难、插穗较长,土壤黏重、通气不良、地温较低时宜斜插,倾斜角度45°~60°。扦插时注意极性,切勿插反。扦插深度一般要求

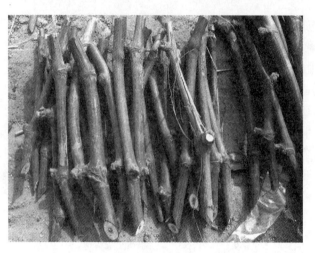

图 3 - 8　插条剪截

扦插后上端露出地面1/4～1/3,但也要因树种和环境条件而异,干旱或沙地插穗全部插入土中,上端与地面平齐。气候温和湿润地区,插穗上端可露出 1～2 个芽。寒冷而干旱地区插穗全部插入土中,上端与地表平,其上再覆盖松土,以保温、保墒,待发芽之前再将覆土分数次扒去。

图 3 - 9　扦插

扦插后要对圃地加强管理。适时灌水、追肥、松土、除草,还应注意摘除过早萌发的叶片,剪除多余的萌蘖,以减少插穗体内水分和养分的消耗。

2. 绿枝(嫩枝)扦插　在生长期内利用半木质化带叶的绿枝进行扦插。因为绿枝薄壁细胞组织多,含水量大,可溶性糖和氨基酸含量多,酶活性高,再生能力较强,易于生根,所以凡生根较难、硬枝扦插不易成活或虽较易成活但硬枝插穗不足时,均可应用绿枝扦插。但绿枝扦插对空气和土壤湿度要求严格,因此,多用室内弥雾扦插,使插条周围空气相对湿度保持 100%。生产上应用绿枝扦插较多的果树有柑橘类、油橄榄、葡萄、猕猴桃等。

(1)插穗的采集。一般在夏季,选生长健壮的幼龄母树,于无风的阴天或清晨,采集当年生半木质化的健壮枝条做插穗。

(2)插条的剪切。插穗的长度主要由树种和嫩枝节间长度确定。一般长 10～15cm(2～4 节)。适当摘除插穗下部的叶片,保留先端 1～2 个叶片,以减少蒸腾,对大叶树种可将保留的叶片剪去一半。插穗下切口在叶或叶芽之下剪成平面或斜面,上切口剪成平滑平面。剪好后立即用湿润材料覆盖保湿。

(3)扦插。选择夏季无风的阴天或晴天的早晨或傍晚,最好随采、随剪、随插,扦插深度一般为穗长的1/3～1/2。对不易生根的树种,插前可用生长素类植物生长调节剂处理,如 IBA、NAA、ABT 生根粉等。为减轻生根期间管理工作和减少损失,可将嫩枝插穗先在温床或大棚、温室等处集中培养生根,然后再移至大田培育。插后遮阴并勤喷水,待生根后逐渐除去遮阴设备。大面积露地绿枝扦插以雨季进行效果为好。

3. **根插法** 即切取果树的根插入或埋入土中进行繁殖的方法。凡是根部易生不定芽的树种,都可以进行根插繁殖。枝插不易成活或生根缓慢的树种,如枣、柿、核桃等根插较易成活。李、山楂、樱桃、醋栗等根插较枝插成活率高。杜梨、秋子梨、山定子、海棠果、苹果营养系矮化砧等砧木树种,可利用苗木出圃剪下的根段或留在地下的残根进行根插繁殖。

根插以春季为主,可结合春季起苗,将挖掘出来的根系剪截成根段来育苗,也可以选健壮的中龄母树,从其根部截取种根扦插。方法是在秋季距树干一定距离,挖半圆形沟,掘出直径0.3~1.5cm的侧根,每株树不宜挖根太多,以免影响

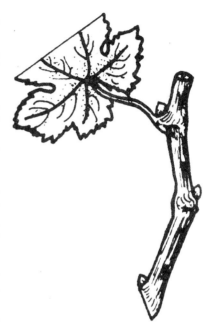

图 3-10 葡萄嫩枝扦插示意图

母树生长。取根后可在沟内施肥、填土,再灌水,促生新根,恢复生长。将挖出的根段剪成 10cm 左右长,上口平剪,下口斜剪。可用垄插,也可平插。直插或斜插均可,以直插容易发芽。因根也有极性,故不可倒插。

(二)压条繁殖法

在枝条不与母体分离的状态下压入土中,促使压入部位生根,用充实的 2~3 年生枝条,在枝近基部进行环剥,宽 1~2cm,注意刮净皮层和形成层,在环剥处包以保湿生根基质,如细沙、蛭石等,广东省多用椰糠、锯末屑做高压基质,用塑料薄膜或棕皮、油纸等包裹保湿。也可用稻草与泥混合做填充材料,成本低。生根效果良好。约 2 个月后即可生根,8~9 月即可剪离母树,连同生根材料假植 1 年,待根系发育强大后定植(图 3-11)。

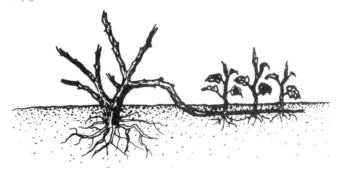

图 3-11 水平压条示意图

（三）分株繁殖法

将母株上的根蘖、匍匐茎、吸芽等器官分离开来，使之成为新植株的方法，称为分株繁殖法。依据其分离的器官不同，可分为根蘖分株法、吸芽分株法、匍匐茎分株法、根状茎分株法等。

1. **根蘖分株法**　适用于根系容易大量发生不定芽而长成根蘖苗的树种，如枣、山楂、树莓、榛子、樱桃、梨、石榴、杜梨、山定子、海棠果等。生产上多利用自然根蘖进行分株繁殖（图3-12）。为促使多发根蘖，可于休眠期或发芽前将

图3-12　桃树的根蘖

母株树冠外围部分骨干根切断或创伤，生长季施以肥水，促使发生健壮根蘖，在秋季或翌年春挖出分离栽植。

2. **匍匐茎分株法**　草莓地下茎的腋芽生长当年可发生匍匐茎（图3-13），在匍匐茎的节上发生叶簇和芽，下部生根，长成一幼株，夏末秋初将幼株挖出，即可栽植。

图3-13　草莓匍匐茎分株

三、影响扦插与压条生根成活的因素

扦插与压条繁殖方法中，插穗与种条生根的难易是育苗成败的关键，了解影响生根的因素，以采取有效措施，促进插穗和种条生根，对提高育苗成活率具有重要的意义。

（一）内部因素

1. **果树种类与品种**　树种遗传特性不同，枝条发生不定根或根发生不定芽的难易有所不同。山定子、秋子梨、枣、李、山楂、核桃等，其枝条再生不定根的能力很弱，而根再生不定芽的能力较强，因此枝插不易成活而根插则容易成活。同属不同种的果树，枝插发根难易也不一样，如欧洲葡萄和美洲葡萄比山葡萄、圆叶葡萄发根容易。

同一树种不同品种枝插发根难易也有差别。

2. **树龄、枝龄、枝条部位** 树木的新陈代谢作用和生活力都随着树龄的增加而减弱。幼龄母树新陈代谢旺盛,生命力强,抑制生根物质含量少,枝条再生能力强。所以,从幼龄树或壮龄母树上剪取的枝条扦插较易发根,随着树龄的增大,发根率降低。

大多数树种 1 年生枝条的再生力强,2 年生次之,2 年生以上枝条生根力明显变弱,而且枝上极少有芽,萌发不定芽也很困难,所以扦插成活率极低,一般不宜做插穗。但醋栗中大多数的种用 2 年生枝扦插容易发根,主要原因是醋栗 1 年生枝纤细,营养物质含量较少。

在同一株母树上,着生在不同部位的枝条,发育阶段不同,生活力的强弱也有差异。一般根颈处及着生于主干基部的枝条,发育阶段年幼,分生能力强,可塑性大,扦插易生根,成活率高。相反,树冠部分,特别是多次分枝的侧枝做插穗,因为发育阶段年老,扦插后生根力弱,成活率低,生长也差。因此,生产上应从幼壮龄母树上采集靠近树干基部根颈部位的枝条做插穗,而避免用树冠上部的枝条扦插育苗。

同一枝条的不同部位,生长发育的状况也不同。一般来说,枝条下部粗壮,木质化程度好,但芽子小且发育不良。枝条上部则细弱,木质化程度较差,储存的营养物质较少,而且根原始体数量也少。枝条中部,不仅粗壮,而且芽子饱满,储藏营养丰富,生命力强,生根发芽都比较容易,扦插成活率较高。

3. **枝条营养物质和水分含量** 枝条内储藏营养物质多少与扦插和压条生根成活有密切的关系。枝条发育好,营养物质含量多,扦插容易成活。一般认为,碳水化合物含量高,其生根率也高,如葡萄插条中淀粉含量高的发根达 63%,含量中等的为 35%,而含量低的仅为 17%。氮素化合物也是发根必要的营养物质,如葡萄插条用人工合成的色氨酸处理可提高发根的百分率。在苹果、酸樱桃和穗状醋栗插条中含有 14 种氨基酸,其中最多的是天门冬氨酸和脯氨酸,它们在根的形成过程中起促进作用。

插穗水分对扦插成活率至关重要。种条切离母体后,便失去了水分供应的正常渠道,从水分平衡状态转入到水分不断耗散的状态。因此,种条采集前最好先对母树进行灌水,以增加种条的含水量;采集后,要及时处理,妥为保存,防止水分散失。扦插前用清水(流动水更好)浸泡 1～2 天,以补充损失的水分。

4. **激素** 植物体内不同种类激素,如生长素、细胞分裂素、赤霉素、脱落酸等对根的分化有影响。生长素对植物茎的生长、根的形成和形成层细胞的分裂都有促进作用。吲哚乙酸(IAA)、吲哚丁酸(IBA)、萘乙酸(NAA)都有促进不定根形成的作用。细胞分裂素在无菌培养基上对根插有促进不定芽形成的作用。脱落酸在矮化砧 M26 扦插时有促进生根的作用。因此,凡含有植物激素较多的树种,扦插都较易生根。所以在生产上对插条用植物生长调节剂(如吲哚丁酸、ABT 生根粉等)处理可以促进生根。

5. **维生素** 植物在叶中合成并输导至根部参与整个植株的生长过程。维生素 B_1、维生素 B_2、维生素 C 和烟碱在生根中是必需的。维生素和生长素混合使用,对促进发根有良好的效果。

6. 插穗上保留的芽和叶 无论硬枝扦插或绿枝扦插,凡是插条带芽或叶片的,其扦插生根成活率都比不带芽或叶片的插条生根成活率高。原因是插穗上的芽和叶通过光合作用不仅能制造一定的营养物质,供应插穗生根的需要,并能产生一定数量的生长素和维生素物质,输送到插条下部促进根的分化和生长。但是,过多留叶增加蒸腾耗水,不利于水分平衡,也影响扦插成活率。保留芽和叶的数量可根据树种(品种)和扦插条件,通过试验加以确定。一般小叶种类保留 2～4 片叶,大叶树种保留 1～2片叶,甚至将保留叶片剪去一半或一半以上。

(二)外部因素

1. 温度 白天气温 21～25℃,夜间约 15℃时有利于硬枝扦插和压条生根。气温高,空气饱和差增大,叶面蒸腾加剧,容易造成水分亏缺;而且气温高,呼吸作用增强,消耗养分多,不利于扦插生根。适宜的土温是保证插穗维持正常的呼吸作用、进行营养物质分解、运输、合成的必要条件,也是愈伤组织形成和生根不可缺少的条件。但各树种插条生根对温度要求不同,如葡萄在 20～25℃的地温条件下发根最好,中国樱桃则以 15℃为最适宜。多数树种扦插适宜的地温为 15～20℃。北方春季气温升高快于地温,所以解决春季插条成活的关键在于采取措施提高土壤温度略高于平均气温 3～5℃,使插条先发根后发芽,以利于根系水分吸收和地上部分水分消耗的平衡。

2. 湿度 土壤湿度和空气湿度对扦插、压条成活影响很大。插穗从切离母体之后直到生根成活之前,由于没有根系供水,吸水力减弱,加之蒸腾量大,失水较多,而细胞的分裂、分化、根原体的形成,都需要一定的水分供应,所以插穗经常处于水分亏缺状态。扦插时应加强水分管理,尽力保证插床处于湿润状态,使插穗充分吸水,以保证扦插成活。但插床水分过多,则插床温度低,通气不良,妨碍插穗呼吸作用,往往抑制伤口的愈合或导致插穗腐烂。合理的土壤含水量最好稳定在田间最大持水量的 50%～60%。除了保证插床湿润外,还应经常喷水或弥雾,保持空气湿度越大越好,以降低蒸腾强度。有时可采取抹芽、摘叶、遮阴等措施以降低插穗的蒸腾,有利于成活。

3. 光照 光照对插穗有多种影响。光照既可以促进植物生长激素的形成和碳素的同化作用,同时又能促使生根抑制物质的形成。光照可以间接地引起插床温度升高,促进生根,但另一方面,随着温度的升高,会引起插床干旱,空气湿度降低等不利情况,甚至过强的光照还可能引起插穗干燥或灼伤。一般认为,强烈的直射光不利于生根,而散射光是进行同化作用的良好条件,所以扦插发根前期、发根初期,适当遮阴,尤其是对嫩枝扦插和常绿果树扦插是必要的。扦插生根后,逐步撤除遮阴,增强光照,以培育壮苗,增强苗木的抵抗力。

4. 扦插基质 应具有良好的质地,能协调水分、空气、温度之间的关系,满足插穗生根所必需的水分、热量和氧气,而且无病虫害感染。目前生产上常用的有沙、工业炉渣、蛭石、泥炭、珍珠岩、石棉以及木炭粉、锯屑、砖屑、苔藓、稻壳等,国外也有用水藓或椰壳纤维等做扦插基质。这些基质可以单用,也可以混合使用,构成混合基质。

图 3-14　蛭石　　　　　　　　　　图 3-15　珍珠岩

图 3-16　泥炭

5. **插床的通气性**　基质中的氧气是插穗生根过程中进行呼吸作用所必需的条件,如根原始体的形成和发育都离不开氧。因此,插床必须注意通气。假如水分过多,通气不良,插穗可能会因窒息、腐烂而死亡。插穗中空气与水分常处于矛盾之中,而又受扦插基质质地的影响,黏重的土壤易积水,通气不良,地温也较低;沙质土通气性良好,但保水力弱,易于干燥。所以,选结构疏松、通气良好、湿度适宜的沙壤土或壤土较好,上面提到的非土壤基质,如工业炉渣、蛭石、泥炭、珍珠岩等,都能满足插穗对氧气的需要。

综上所述,各种影响扦插与压条生根的因子,并不是单独、孤立地起作用,而是互相影响,综合发挥作用。因此,改善和创造适宜的外界环境条件,协调好各种因素的关系,可以促进插穗生根,提高成活率,这是进行扦插、压条繁殖技术管理工作的重要任务。

四、促进生根的方法

（一）机械处理

1. **剥皮** 对枝条木栓组织比较发达的果树，如葡萄中难发根的品种，扦插前先将表皮木栓层剥去，对发根有良好的促进作用。

2. **纵刻伤** 在插条基部 1～2 节的节间刻 5～6 道纵伤口，深达韧皮部（见到绿色皮为度）。刻伤后扦插，不仅使葡萄在节部和茎部断口周围发根，而且在通常不发根的节间也能发出不定根。

3. **环状剥皮** 压条繁殖前在枝条上环剥，也可在生长期采插条前 5～20 天，对拟作插条的枝梢基部剥去一圈皮层，宽 3～5mm。待环剥伤口长出愈伤组织而未完全愈合时，剪下扦插。

图 3－17　苹果树皮环剥

剥皮、纵刻伤和环剥促进生根，是由于生长素和碳水化合物积累在伤口区或环剥口上方，使种条充实，储藏物增加，过氧化氢酶活性提高，从而促进细胞分裂和根原体的形成，有利于插条或压条生根。

（二）黄化处理

在新梢生长初期将根颈上的萌蘖条及地面的枝条培土，使其完全避光，其他部分用黑布、黑纸等包裹，使叶绿素分解消失，枝条黄化，皮层增厚，薄壁细胞增多，延缓木质化进程，保持组织的幼嫩性，还可抑制枝条中生根阻碍物质的生成，增强生根物质的活性，有利于根原体的分化。黄化处理时间必须在扦插前 3 周进行。浙江奉化果农对桃树枝条进行黄化处理，能使桃树扦插生根。国外对旭苹果黄化处理后扦插生根率达 70%。花嫁、黄魁、醇露、金冠等可达 30%～40%。

图 3 - 18　苹果树剥皮后产生的愈伤组织

(三) 加温处理

早春扦插因地温较低而生根困难,可以用阳畦、塑料薄膜覆盖、火炕或电热线等热源增温,促进发根。在背风向阳、排水良好的地方挖深 30cm、宽 80～100cm 的低床,其长度视种条的数量而定。底部铺 5cm 厚的洁净河沙,将用植物生长调节剂处理过的插条基部向上倒放床中,上面再覆一薄层净沙,适量喷水后用塑料薄膜搭成小拱棚,使之增温,维持棚内温度为 10～25℃,经一定时间插穗即可形成愈伤组织,并有根原始体出现,此时即可取出扦插。扦插葡萄时,常利用火炕增温的办法促进插条生根,插条基质温度保持在 20～28℃,空气温度在 10℃ 以下时,可使根原体迅速分生,而芽延缓萌发。

内蒙古自治区四子王旗农业技术站对葡萄插条采用冰底冷床催根法进行催根处理,取得良好效果。先将葡萄插条倒置于冰底冷床内,用木屑埋好,使其极性顶端处于 5℃ 以下。插条的极性下端向上,在锯木屑上面铺有马粪,用喷水调节温度,保持在 20～28℃,经过 20 多天处理即可发根。

(四) 药剂处理

对不易发根的树种、品种,采用某些药剂处理,可促进插条生根。常用的药剂有植物生长调节剂(图 3 - 19)、高锰酸钾、维生素、杀菌剂等。

1. **植物生长调节剂**　可促进插条内部的新陈代谢,使呼吸作用增强,水分吸收能力提高,储藏物质迅速分解转化,可塑性物质在插穗下部聚积,同时,可促进形成层细胞分裂,加速插穗愈伤组织形成,对插穗切口的愈合和形成不定根有良好的作用。植物生长调节剂种类很多,主要包括吲哚丁酸、吲哚乙酸、萘乙酸和 2,4 - D 等。植物生长调节剂应用的效果与其种类、使用浓度、处理方法、处理时间、插穗生理状态及环境因素有很大关系。通常使用的方法包括溶液浸渍和粉剂粘蘸 2 种。

(1) 液剂浸渍。又分为低浓度慢浸法、高浓度速蘸法 2 种。慢浸法一般是用 5～

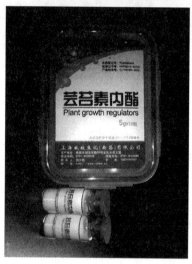

图 3 – 19　生长调节剂

100mg/L 浓度的药液,将插穗基部浸泡数小时至数天。浸泡的时间因树种和药液浓度而异。硬枝扦插时所用浓度一般为 5 ~ 100mg/L,浸渍 12 ~ 24h;嫩枝扦插浓度一般为 5 ~ 25mg/L,浸渍 12 ~ 24h。慢浸法因为处理时间较长,受环境因素影响较大,药液浓度因蒸发而变化,所以应注意遮阴或提高空气湿度,以保证慢而稳定的吸收。高浓度速蘸法是将插穗基部放入高浓度溶液(500 ~ 2 000mg/L)中,快速浸蘸数秒钟,然后立即将插穗插于插床中。高浓度速蘸法操作简便,处理快捷,插穗基部接触药量均匀,且避免长时间浸泡受环境条件的干扰,对于不易生根的树种有较好的作用。

（2）粉剂粘蘸。使用时先将插条基部用清水浸湿,然后蘸上药粉,抖去多余的药粉即行扦插。这种方法使用方便,无须处理容器,随蘸随插,节省时间,药物蘸在插穗基部,作用持久而稳定。如需用糊剂处理,只需将粉剂加水稀释即可。为了增强黏附力,不至于造成生长素流失,有时也将植物生长调节剂配成油剂,即将植物生长调节剂溶于加热的载体羊毛脂、棕油、胶子油中。

2. **高锰酸钾**　用 0.03% ~ 0.1% 高锰酸钾溶液浸渍插条基部数小时至一昼夜,

可以活化细胞,增强插条基部的呼吸作用,使插条内部的养分转化为可给状态,加速根原始体的形成。此外,高锰酸钾是强氧化剂,可抑制有害微生物的繁殖,起到消毒灭菌的作用。

3. **维生素**　据报道,应用维生素处理插穗,效果较好的是生物素,即维生素 H、维生素 B_1、维生素 C 也有一定作用。普遍认为维生素适用范围不如生长素,且一般不单独使用,而与植物生长调节剂配合使用。多数情况下,先用生长素处理,然后用维生素,效果才好。

4. **杀菌剂**　插穗切离母体之后,已经不能从母树根部得到维持其生理活动所需的水分和养分,对病原菌的抵抗能力也大为减弱。扦插时,为了加快生根,人为提高插床的温度和湿度,客观上给病原微生物的繁殖提供了有利条件,加之一些果树生根时间较长,扦插环境复杂,更易于引起感染。为了克服插穗成活期间的感染与腐烂,除了选择合适的圃地与插壤,进行土壤消毒,控制土壤及空气的温湿度之外,比较有效的方法是扦插前对插穗进行杀菌处理。常用的杀菌剂有多菌灵、敌磺钠等。中国林业科学院研制的 ABT 生根粉对促进插条和苗木生根具有良好效果。但应根据不同树种生根难易采用不同剂型。

第三节　嫁接苗的繁殖

嫁接繁殖,就是将优良品种的枝或芽,嫁接到砧木植株的枝、干等适当部位上,成活后形成新的植株。用嫁接繁殖法培育出的苗木称为嫁接苗(图 3 - 20、图 3 - 21)。

大部分果树如苹果、梨、桃、杏、李、甜樱桃、柿、核桃、板栗等,都用嫁接法繁殖。这主要是为了保持原品种的优良性状。果树嫁接用的接穗,是采自成龄树上的枝条或芽,在阶段发育上已经成熟,遗传性状稳定,因而后代一般不会发生变化和分离。如果用种子播种繁殖,由于果树大都是异花授粉才能结果,在自然情况下,很容易发生变异,不能保持母本的优良特性。其次,通过嫁接,还可以使果树生长发育快,提早结果。有些果树如板栗、核桃用种子繁殖,必须经过 7～8 年才能开花结果,而用嫁接法 2～3 年就可结果。此外,嫁接还可增强果树的抗性。由于嫁接所用的砧木,都是野生和半野生的,它们分别具有抗旱、抗寒、耐涝、耐盐碱、抗病虫以及乔化、矮化等特性,因而嫁接后,也可增强果树对不良条件的适应能力,以利扩大栽植范围。此外,利用矮化砧木嫁接良种,还可使植株矮小,利于密植。

图 3 – 20　苹果嫁接苗　　　　　　图 3 – 21　葡萄嫁接苗

一、嫁接的用途

嫁接的用途包括以下几个方面。

（1）繁殖接穗及苗木。嫁接具有方便、快捷、成活率高等优点，是目前苗木生产中广泛应用的繁殖方法，通过嫁接可以迅速培育大量性状一致的接穗和苗木，从而为果树生产奠定基础。

（2）增强抗逆性。可以利用砧木的乔化、矮化、抗寒、抗旱、耐涝、耐盐碱、抗病虫等特性，增强接穗品种的适应性、抗逆性，并调节其生长势，有利于扩大栽培范围和选用栽植密度。

（3）品种更新。随着生产的发展和人民生活水平的提高，果树新品种不断问世，淘汰不适宜品种、更换新品种是果树生产中经常遇到的问题。对于已有果园，刨树重栽既浪费土地，园貌和产量恢复也比较慢。而采用高接换种（图 3 – 22 ~ 图 3 – 24）措施，一般 2 ~ 3 年即可恢复到原树冠大小，而且产量恢复也比较快。

（4）挽救垂危果树。生产中，果树的枝、干等经常受到病虫危害或兽害，导致地上、地下营养交流受阻，果树生长衰弱，甚至危及生命，采用桥接（图 3 – 25）方法，将伤口两端的健康组织重新连接起来，恢复伤口上下营养交流，进而增强树势。

（5）改善授粉条件。许多果树品种需要异花授粉才能正常结实，但在实际生产中许多果园未配置授粉树或授粉品种配置不合理，致使产量较低，通过高接授粉品种，可有效改善授粉条件，从而实现丰产优质。

（6）提早结果。在果树育种中可以通过嫁接的方法提早结果，早期鉴定育种材料的价值，缩短育种周期。有些果树，生产上应用实生繁殖，结果比较晚，采用结果树

114

图3-22 梨树高接换种

图3-23 柑橘高接换种

上的枝、芽为接穗,嫁接后可以提早结果。

(7)促进相关理论研究。可以利用嫁接技术对植物组织极性,砧木与接穗的互相影响及其亲和力,营养物质在果树体内的吸收、合成、转移、分配,内源激素对果树生长、开花和根系生理活动等方面进行研究。

二、影响嫁接成活的因素

(一)砧木和接穗的亲和力

指砧木和接穗经嫁接能够愈合成活,并正常生长结果的能力,是嫁接成活的关键因子和基本条件。

1.砧木和接穗亲和力强弱的表现形式

(1)亲和力良好。砧、穗生长一致,或虽表现一定的大小脚现象,但结合部愈合良好,生长发育正常。

(2)亲和力差。砧木粗于或细于接穗,接合部膨大或呈瘤状,生长发育受阻。

(3)短期亲和。嫁接成活几年后枯死,后期不亲和对果树生产和经济效益影响

图 3 - 24　苹果高接换种多年后

图 3 - 25　苹果桥接

图 3 - 26　矮砧嫁接苹果树 3 年生结果树

图 3 - 27　亲和力良好(砧、穗生
长一致)

图 3 - 28　亲和力良好(大小脚)

严重。

　　(4)不亲和。嫁接后接穗不产生愈伤组织并很快干枯死亡。

　　2. 影响嫁接亲和力的因素　嫁接亲和力强弱是植物在系统发育过程中形成的特性,主要与砧木和接穗双方的亲缘关系、遗传特性、组织结构、生理生化特性和病毒等有关。

　　(1)砧木和接穗的亲缘关系。通常砧、穗亲缘关系越近,亲和力越强;亲缘关系越远,亲和力越弱,甚至无亲和力。如同种、同品种间的亲和力最强,其嫁接成活率最高,同属异种间则因果树种类而异,多数果树亲和力都很好(如苹果做接穗接于海棠或山定子砧木上,白梨做接穗接于杜梨砧木上,柿做接穗接于君迁子砧木上等)。同科异属间的亲和力则比较弱(如山楂砧接苹果),属间嫁接亲和力良好并用于生产的有榅桲砧嫁接西洋梨、枳砧嫁接柑橘等。因此,生产中一定要注意选择经过检验并认为亲和力良好的砧、穗组合。

(2)砧木和接穗的组织结构。主要是指砧木和接穗双方的形成层、输导组织及薄壁细胞的组织结构相似程度,相似程度越大,亲和力越强;反之,亲和力越弱。

(3)砧木和接穗生理与生化特性。主要表现在砧木和接穗在营养物质的制造、新陈代谢以及酶活性方面的差异,造成砧、穗间不亲和。砧木和接穗任何一方不能产生对方生活和愈合所需要的生理生化物质,甚至产生抑制和毒害对方的某些物质,从而阻止或中断生理活动正常进行。

某些生理功能的协调程度也可影响亲和力。如中国板栗嫁接在日本栗上,由于后者吸收无机盐较多而表现亲和力差。而中国板栗接在中国板栗上则亲和力良好。

(4)砧、穗携带病毒。砧木和接穗任何一方有病毒、病毒复合物、类菌质体,都可使对方受害,甚至死亡。这些病毒或类菌质体均可通过嫁接传播。如苹果高接带有病毒的接穗2~3年后,植株长势变弱,树皮龟裂,木质部异常或表现叶片褪色、花叶等,明显影响树体生长发育。美国发现用黑核桃做砧木嫁接核桃,由于樱桃卷叶病毒传播危害,使接合部产生一圈黑色木栓组织(称为黑线病),隔断上下营养和水分通路而造成树势衰弱而死亡。

3. **亲和力的预测鉴定** 通过一些可靠的方法预测嫁接组合是否亲和,在生产实践中是很重要的。

(1)显微检测法。通过解剖测量砧木和接穗的最小细胞的大小相似度来推断亲和力,可以克服田间试验判断亲和力时间过长的缺点。用显微镜检查接合部上下部分淀粉的分布和积累情况,或测定接合部水分传导能力的大小和接合部断裂程度,来推断亲和力的大小。章文才(1937)研究提出,砧木和接穗形成层细胞生长速度和分生能力与木质化相互适合程度,可以预测砧、穗间亲和力。

(2)生化检测法。测定砧、穗过氧化氢酶活性的差异,来预测亲和力,两者的关系成反比,砧、穗过氧化氢酶活性的差异越大,亲和性就越小。

(3)田间观测法。拉宾斯(Lapins)(1959)在研究杏/实生桃砧的基础上,提出用目测检查嫁接2年生幼树接合部内皮层断续性的方法,确定嫁接亲和力的强弱。凡在内皮层产生纹孔式纹路属亲和力差。这个方法简单易行,而且不至损毁幼树。

(二)砧木、接穗质量和嫁接技术

1. **砧木、接穗的质量** 砧、穗产生愈伤组织及愈合需要双方储存有充足的营养物质,因此砧木和接穗的质量对嫁接成活的影响较大,接穗的质量主要包括营养物质和水分含量。不同树种嫁接成活对接穗含水量要求有所差异,但多数果树均表现为接穗失水越多,愈伤组织形成量越少,嫁接成活率也越低。因此,应选取生长充实、芽体饱满的枝、芽做接穗,选择生长发育良好、粗壮的砧木进行嫁接。

2. **嫁接技术** 熟练的嫁接技术是提高嫁接成活率的重要条件。要求平、准、快、紧。即砧穗削面要平,砧、穗双方形成层要对准,嫁接操作要快,绑缚要紧。

(三)温度、水分和接口保湿

1. **温度** 影响果树嫁接成活的主要因子之一。气温和地温与砧木、接穗的分生组织活动程度有密切关系。早春温度较低,形成层刚开始活动,愈伤缓慢。时间过晚,气温升高,接穗芽萌发消耗营养,不利愈合成活。各种果树愈伤组织形成的适宜温度不同。苹果形成愈伤组织的适宜温度为22℃左右,3~5℃愈伤组织形成甚少,超过32℃不利于发生愈伤组织并可引起细胞受伤,40℃以上愈伤组织死亡。核桃形成愈伤组织的最适温度为22~27℃,低于17℃愈伤组织形成很少,超过35℃枝条变黑。葡萄形成愈伤组织的最适温度为24~27℃,超过29℃愈伤组织柔嫩易损,低于21℃形成愈伤组织缓慢。因此,根据不同果树愈伤组织形成对温度的要求,选择适宜的嫁接时期,是嫁接成功的另一重要条件。

2. **土壤水分** 土壤水分含量与砧木生长势和形成层分生细胞活跃状态有关。当砧木容易离皮和接穗水分含量充足时,双方形成层分生能力较强,愈伤和结合较快,砧、穗输导组织容易连通。当土壤干旱缺水时,砧木形成层活动滞缓,必然影响嫁接成活率。因此,嫁接前应灌水,使砧木处于良好的水分环境中。但土壤水分过多,将导致根系缺氧而降低分生组织的愈伤能力。

3. **接口湿度** 愈伤组织是由壁薄而柔嫩的细胞群组成,在其表面保持一层水膜(饱和湿度),有利于其形成。如苹果接穗切面形成愈伤组织的适宜空气相对湿度为95%~100%。蜡封接穗和接口缠塑料薄膜等保湿措施,都是为接口形成愈伤组织并进一步愈合成活创造有利的条件。

(四)嫁接的极性

植物体或其离体部分的两端具有不同生理特性的现象称为极性。任何砧木和接穗都有形态上的顶端和基端,常规嫁接时,接穗的形态基端应插入砧木的形态顶端部分(异极嫁接),这种正确的极性关系对接口愈合和成活是必要的。如桥接时将接穗极性倒置,虽然能愈合并存活一段时期,但接穗不能加粗生长。而极性正确,嫁接的接穗则正常加粗。

(五)伤流、流胶和单宁

有些根压大的果树如葡萄、核桃等,春季根系开始活动后地上部有伤口的地方产生伤流(图3-29),直至展叶后才停止。在伤流期嫁接,伤流会使切口处细胞呼吸窒息,影响愈伤组织的形成,在很大程度上降低了嫁接成活率,因此应避免在伤流期嫁接或采取措施减少伤流。

有些果树如桃、杏嫁接时往往因伤口流胶而窒息切口面细胞的呼吸,妨碍愈伤组织

图3-29 葡萄伤流示意图

的形成而降低成活率;有些树种如柿枝条含有较多的单宁,在砧、穗削面单宁易氧化缩合成不溶于水的单宁复合物,它与细胞内的蛋白质接触会使蛋白质沉淀,影响愈合成活。

三、砧木和接穗间的相互关系

嫁接成活后,砧、穗双方成为一个新的植株,在其生活过程中,均可互相产生影响。主要表现如下。

(一)砧木对接穗的影响

砧木对接穗影响范围较广,如对生长发育、结实能力、抗逆性和对环境的适应能力等方面,都有着重要的作用和影响。

1. **对生长的影响** 有些砧木能促使树体生长高大,称为乔化砧。如海棠果、山定子是苹果的乔化砧,山桃和山杏是桃的乔化砧,青肤樱、野生甜樱桃是甜樱桃的乔化砧。

有些砧木能使树体生长矮小,称为矮化砧。如以崂山奈子做砧木,嫁接伏花皮、倭锦、红星等苹果品种,可使树体矮化;烟台沙果(属海棠果)、武乡海棠(属河南海棠)嫁接苹果后,有半矮化的表现;从国外引入的如 M9 为矮化砧,M2、M4、M7、M26、MM106 等为半矮化砧;榅桲是西洋梨的矮化砧。

砧木还可影响树体寿命,矮化砧能使果树的寿命缩短。如浙江黄岩用枸头橙做乔化砧木嫁接朱红橘,寿命可达 100 年以上,嫁接在小红橙砧上寿命仅为 70~80 年,嫁接在枳上,30 年后根系即表现衰退;用共砧嫁接的枇杷寿命不过 40~50 年,而用石楠做砧木,80 年以上还能盛产果实。

2. **对结果的影响** 砧木对果树进入结果期的早晚、果实大小、成熟期、色泽、品质和储藏性等都有一定影响。嫁接在矮化砧和半矮化砧上的苹果和嫁接在榅桲上的西洋梨开始结果早。不同种类的乔化砧对同一品种接穗的结果期早晚的影响也有差异。河北农业大学(曲泽州等,1974)研究发现,金冠苹果嫁接在难咽(属西府海棠)、茶果(属海棠果)、河南海棠、山定子砧木上结果较早,而嫁接在三叶海棠砧木上则结果较晚。桃接在毛樱桃砧木上比接在其他砧木上(毛桃、李、杏)开始结果早,成熟期早 10~15 天。苹果矮化砧有使果实着色早、色泽好、成熟早的作用。用林檎(中国苹果)做砧木嫁接红玉,果实品质较好;用武乡海棠嫁接红星苹果,果实色泽鲜艳。

3. **对抗逆性和适应性的影响** 果树砧木多为野生或半野生的种类,具有较广泛的适应性,表现为不同程度的抗寒、抗旱、抗涝、耐盐碱和抗病虫等特性,可提高嫁接果树的抗逆性和适应性,有利于扩大果树栽培区域。如山定子原产自我国东北,抗寒力极强,有些类型可抗 -40℃ 以下低温,苹果嫁接在山定子上,能减轻冻害。但山定子对盐碱的抗性差,而且不耐涝,在黄河故道地区,用山定子做砧木的幼树,易患失绿病,而用海棠果、西府海棠和沙果做砧木则生长正常。用扁棱海棠和小金海棠做苹果砧木,对黄叶病抵抗能力较强,而且抗旱、抗涝。圆叶海棠和君袖苹果做苹果砧木,对苹果绵蚜有较强的抗性。杜梨做梨砧木抗盐碱能力增强;毛桃砧比山桃砧更耐水涝;

李做桃的砧木能提高耐水涝能力;河岸葡萄和沙地葡萄做欧洲葡萄的砧木可抗根瘤蚜;山葡萄、贝达做葡萄砧木可提高抗寒性;君迁子做柿树砧木可提高抗寒和抗旱性。

(二)接穗对砧木的影响

苹果实生砧嫁接红魁,砧木须根非常发达而直根发育很少,嫁接初笑或红绞品种,则砧木成为具有2~3叉深根性的直根系。用益都林檎砧嫁接祝苹果,其根系分布多,须根密度大,而嫁接青香蕉则次之,嫁接国光又次之。

此外,在接穗影响下,砧木根系中的淀粉、总氮、蛋白态氮的含量,以及过氧化氢酶的活性都有一定变化。

(三)中间砧对基砧和接穗的影响

中间砧是位于品种和基砧之间的一段枝干,对品种和基砧都会产生一定影响。如以山定子为基砧,以M9矮化砧为中间砧,其上接苹果品种,可使树冠矮小,提早进入结果期,表明矮化中间砧和矮化自根砧一样能使树体矮化和早结果。矮化中间砧的矮化效果和中间砧的长度在一定范围内呈正相关。中间砧还能影响果品质量、嫁接亲和力、固地性及抗逆性等。

四、砧木的选择和培育

(一)砧木的类型

依据不同的分类方法,将果树砧木分为不同的类型。

1. 依砧木的繁殖方法分类

(1)实生砧木。果树砧木苗有实生苗和营养苗之分。实生砧木就是用种子播种的方法培育的苗木,是当前广泛应用的繁殖乔化砧木的方法。如栽培的核桃,板栗等,大多是实生苗。实生砧木,植株生命力强,根系发达,对环境适应性强,在土层浅薄而又干旱的条件下,用直接播种,根系入土深,可更多地吸收水分和营养物质,提高果树的抗旱和耐瘠薄的能力。所以,用种子播种是许多果树培育砧木的主要方法。

(2)无性系砧木。又称营养系砧木,营养系砧木的根系,多由果树营养器官形成不定根或不定芽而发生,缺乏主根,对环境的适应性不如实生砧木,但用扦插、分株、压条3种方法繁育的营养系砧木,能保持母株的优良性状与特性。如有些矮化砧苗,为了保持它们的矮化特性,就必须利用其营养系植株做砧木。因此,在苹果、西洋梨和甜樱桃生产中,利用营养系砧苗就成为培育矮化果树的主要方法。

2. 依砧木对树体生长的影响分类

(1)乔化砧木。指嫁接后使树体生长较快而高大的砧木,目前在我国广泛应用。其特点是根系发达,抗逆性强,固地性好,生长健壮,但进入结果期较晚。既有实生乔化砧木(如山定子、海棠、杜梨等),也包括无性系乔化砧木(如M16,M25等)。

(2)矮化砧木。凡嫁接果树后,树高和冠径都比正常树矮小的砧木,叫作矮化砧。近年来,随着矮化密植栽培的发展,矮化砧木的利用,已成为一项重要的增产措施。目前,矮化砧木主要是在苹果栽培上利用最为广泛。用矮化砧木嫁接苹果具有以下特点:一是树体矮小,适于密植。在不采用人工致矮措施的情况下,比普通砧木的树体小 1/3。二是结果早,投产快,产量高。用矮化砧嫁接的金冠苹果,2 年生结果株率能达到 50% 以上,进入全面结果时,单位面积产量一般可比乔砧树高 25% ~ 35%。三是果实品质好。矮化砧嫁接苹果树,在同样栽培管理条件下,因树冠小,光照充足,比乔化砧着色好,糖分高。四是管理方便。树冠高 2 ~ 3 米,容易修剪、打药除虫,便于管理。基于以上 4 项优点,矮化密植果园的经济效益一般都比乔化果园高 50% 以上,受到广大果农的欢迎。

但矮化砧也有缺点。一是砧木的矮化性越强,树势越弱,寿命越短。尤其在土壤瘠薄和干旱地区表现更为明显。二是由于根系浅,对风、旱等自然灾害抵抗力弱。三是矮化砧木繁殖比较困难。四是矮化密植栽培建园成本高。然而,这些缺点大都是可以通过加强管理和运用科技成果而加以克服的。

3. 依砧木利用方式分

(1)共砧。又称本砧,就是用栽培品种的种子播种培育砧木再嫁接栽培品种的接穗。栽培品种的种子大而饱满,播种出苗率较高,砧苗也比较整齐、粗壮。但根据多年来各地的实践证明,用共砧嫁接繁殖的苗木,由于自然杂交的缘故,实生苗的生长情况差异很大,因而嫁接树的表现也不一致,对土壤适应能力差,抗涝性和抗寒性也差,而且还容易发生烂根病等根部病害。结果后树势容易衰退,结果年限和树的寿命也相应缩短。特别是在沙滩地上,移栽成活率也低。因此,在生产中繁殖苹果、梨、桃、杏、李、甜樱桃的砧木时,一般不提倡使用共砧。

(2)自根砧。采用砧木植物某一器官、组织或体细胞,经过人工培养生根并成活,具有自身根系的砧木。因从母株分离再生,其阶段发育年龄和遗传特性均与母株相同。但缺少主根,根系分布浅,抗逆性较差。除常用扦插、压条、分株等方法培育自根砧外,还可用组织培养的方法培育。

矮化自根砧,就是通过营养繁殖(扦插、分株、压条、组织培养等)的途径培育出矮化砧木苗,然后再用来嫁接果树品种,这样培育出来的苗木就叫矮化自根砧苗(图 3 - 30)。它不仅繁殖方法简单,成苗时间快,而且具有显著的矮化作用。但是,采用这种方法繁殖出的果苗,不太耐寒,根系较浅,不抗旱,易受风害,必须立支柱支撑果树,不适宜在山区、沙地推广利用。且建园投资较大,

图 3 - 30 苹果矮化自根砧苗

目前在我国尚难全面推广。但是,这种果园易管理,土地利用率高,果实品质好,回收投资快,经济效益高,在经济发达、水土条件好的地区,还是可以采用的。

矮化自根砧果苗,以苹果应用居多。砧苗繁殖常用扦插法、压条法或组织培养

法。在我国当前的条件下,以压条法较为实用,效果较好。压条又分水平压条和垂直压条两种。水平压条多用于枝条细长、柔软的矮砧;垂直压条多用于枝条粗壮、硬而较脆的矮砧。水平压条于4月下旬芽萌动前,将1年生枝条水平压倒在预先挖好的浅沟中,用钩固定。萌芽后,选母枝上方或侧方的壮芽,每隔5~6cm留1芽,其余抹去。5月中下旬,当新梢长到20cm左右进行培土,培土高度为新梢的1/3~1/2。1个月后,再培土一次,培土前灌水,两次培土厚度约30cm。在培土的同时,6~7月在新梢适当部位进行芽接栽培品种,成活后及时剪砧,促使嫁接苗生长健壮。还需要随时注意加强肥水和除草等田间管理。垂直压条,就是利用矮砧母株发生的根蘖或将母株离地面8~10cm处剪除,待芽萌发生长到20cm左右后灌水培土。1个月后再进行第二次培土,厚度也为30cm。这样,就可以培育出自根砧苗。

（3）中间砧。指位于接穗和基砧之间的一段砧木,是砧木利用的一种形式。因为有的矮化砧根系浅、固地性和抗逆性差,而常将其作为中间砧使用。有些果树的品种与砧木亲和性较差或不亲和,而加入一段品种、砧木都亲和的中间砧,则可克服品种与砧木的不亲和。利用中间砧繁殖的成苗称为中间砧果苗,由品种接穗、中间砧、基砧三部分组成。中间砧果苗既能够保持基砧的优良特性,提高嫁接亲和力,克服矮化基砧固地性、抗逆性差的缺点,又利用了中间砧的特性,达到矮化、早果、优质的目的。利用中间砧繁殖矮化果苗或培育具有某种抗性的果苗的方式,在我国被广泛采用。

矮化中间砧苗,就是先把矮化砧木作为接穗,嫁接在普通乔化砧木苗上面,以它为基砧,待接上的矮化砧长成苗后,再在矮化砧上嫁接所需的品种。基砧以上和品种以下的这一段矮砧,叫作矮化中间砧,这样培育成的果苗就叫矮化中间砧苗（图3-31）。也就是说,矮化中间砧果苗是由3个不同的个体嫁接组成,下边长根系的部分是普通砧木,叫基砧;中间接上的矮化砧段,是树干的一部分,叫中间砧;上边接上的品种,生长成部分树干和整个树冠。

品种接穗

矮化中间砧

基砧

图3-31　苹果矮化中间砧苗

利用矮化中间砧繁殖果树苗木的优点:繁殖中间砧木苗所用的基砧,一般都是在当地表现良好、适应性强、根系发达的乡土砧木。在基砧上接上一段矮化砧段,能够使接在矮化砧段上面的果树品种实现矮化,达到适合密植,结果早,产量高,品质好,便于管理的目的。但利用矮化中间砧的果树,矮化程度不如利用自根砧的明显,其矮化程度随中间砧段长短的不同而异,大致上是中间砧段越长,矮化程度越明显。矮化中间砧苗的繁殖周期较长,一般比普通苗长 1 年。

矮化中间砧苗,可以采用单芽接、枝、芽接和二重砧嫁接等 3 种方法繁殖。单芽嫁接,一般是 3 年出圃,第一年春播种普通砧实生苗,秋季再在矮化砧苗上芽接苹果品种接芽,第三年春剪砧。这样秋末就可育成矮化中间砧苹果苗。枝、芽接,就是在第二年秋季,在矮化砧苗上芽接时,每隔 15~20cm 分段芽接苹果品种,翌年春除留最下面一个品种接芽外,其上部分段嫁接在普通砧木上,2 年即可培育成矮化中间砧苗。二重砧嫁接,就是把苹果和矮化砧的接穗相互嫁接后,再把矮化砧接穗部分分接在普通砧木上,1 年就可培育出矮化中间砧苗木。

当前,我国的苹果矮化苗主要是利用以矮化中间砧苗,这有利于扩大矮砧应用范围,增强树体固地性,提高抗寒力,且易于取材加速繁殖,从而加快了苹果矮化苗的普及和推广。

(4)基砧。又称根砧,指二重嫁接或多重嫁接承受中间砧的带有根系的基部砧木。基砧有实生砧木和自根砧木 2 种,两种砧木各具特点。前者繁殖容易,根系发达,抗逆性强,但个体间变异较大(无融合生殖实生砧除外)。后者苗木生长整齐,栽培性状稳定,但繁殖系数低,苗木成本较高。

(二)砧木的选择

1. 砧木区域化 确定适合某一地区的果树砧木种类,是培育优良苗木的重要条件,也是关系到建立规范化果园并获得良好经济效益的关键。在发展果树生产区域内,根据当地生态环境条件,注意选用适宜的果树砧木,实现果树砧木区域化,才能充分发挥果树的生物学特性,达到高产、优质、高效和低成本的生产目的。

果树砧木区域化的原则:因地制宜,适地适树,就地取材,育种和引种相结合,经过长期试验比较确定当地适宜的砧木种类。从当地原产树种中选择适宜砧木种类,因其适应性强,通常均能表现良好,也适于环境条件差异不大的地区应用。从外地引入的砧木种类,应该首先对其生物学特性进行充分了解和栽植试验,观察其对当地土壤、气候条件的适应能力后,再进行大面积推广。

2. 砧木的选择条件 我国地域辽阔,各地气候、土壤条件差别较大,果树砧木种类繁多,一种果树可有几种砧木,每种砧木又有多种类型,其对外界环境条件的适应性也各不相同。应根据拟嫁接果树种类、需要哪些特性和当地生态条件特点,选择适宜的砧木。优良的砧木应具备以下条件:一是与品种接穗有良好的亲和力,愈合良好,成活率高。二是对当地气候、土壤及其他环境条件适应性强,根系发达,生长健壮。三是对接穗有良好的影响,利于品种接穗生长结果,提高果实品质。四是具有某些符合栽培目的的特殊性能,如控制树体生长的矮化、乔化特性,以及抗逆性(抗病虫害、抗寒、抗旱、耐盐碱)等。五是砧木材料来源丰富,容易大量繁殖。

每种果树都有许多砧木。一般可做苹果砧木的有山定子、平顶海棠、八棱海棠、沙果、奈子以及各种矮化砧木等,可做梨砧木的有杜梨、山梨、豆梨、褐梨等,可做桃砧木的有山桃、毛桃等,可做樱桃砧木的有酸樱桃、马哈利和本溪山樱等,可做杏砧木的有山杏、土杏等,可做核桃砧木的有核桃楸、枫杨(枰柳)、野核桃、核桃共砧等,可做柿子砧木的有君迁子(黑枣)、柿子共砧等,可做板栗砧木的有板栗、野板栗等,可做枣砧木的有酸枣、枣共砧等。

有些果树虽然有好多种砧木,但是具体到一个地区来说,不一定都适宜。东北和华北北部以山定子为好,西北地区以楸子为好,山东胶东以当地的楸子(沙果)表现最好。华北南部和黄河故道地区则以八棱海棠和楸子(河南称奈子)为佳。又如东北山定子在东北表现很好,但到华北大部分地区则表现黄化现象。再如沙果种子在山西晋中一带做砧木,苗木常常遭受冻害,而在山西晋南地区则反应良好。河南海棠、花叶海棠等砧木具有矮化树冠和提早结果的作用。

砧木对干旱的适应能力也不一样。据青岛市农业科学研究所的观察,栽培在沙地的不同砧木,抗旱能力表现不同,如崂山奈子、烟台沙果、三叶海棠和八棱海棠抗旱能力较强,东北山定子和山西山定子抗旱能力最差。砧木对水涝的能力也不相同。桃树砧木中毛桃的耐涝能力强于山桃,据河北省农林科学院昌黎果树研究所1955年报道,在1949年和1953年夏季多雨之后,山桃砧的幼苗几乎全部死亡,而毛桃砧幼苗涝害较轻。

不同砧木对盐碱的适应能力也不相同。东北山定子砧木,如在盐碱地利用,易发生严重的黄叶病,不同砧木对病虫害的抗性也不同。如用圆叶海棠和MM系营养砧木,对苹果绵蚜有较强的抗性;用河岸葡萄和沙地葡萄做砧木,可抗根瘤蚜。不同砧木对结果、果实产量影响也不同。毛樱桃做桃的砧木,比用毛桃、李、杏等其他砧木开始结果早,果实成熟期提早10～15天。一般矮化砧木可提早果实成熟,着色较好,如花红砧的苹果产量低于山定子砧,但果形大,味甜,色泽美观。

不同品种接穗对砧木也有一定的影响。据山东农学院观察,用益都林檎砧嫁接的祝,其根系分布多,须根密度大,而嫁接青香蕉则次之,嫁接国光的根系最少。因此,在选择果树砧木时,一定要选择和接穗亲和力强,对接穗生长结果影响好,对当地自然条件适应性强,对主要病虫害有抵抗能力,抗逆性强,容易大量繁殖,具有某种特性,如矮化、半矮化的砧木。

(三)砧木苗的培育

培育砧木苗的方法有实生繁殖和无性繁殖2种。实生繁殖即播种繁殖,应用广泛,主要过程包括种子采集、储藏、层积处理、催芽、播种、砧木苗管理等。无性繁殖主要包括扦插、压条、分株及组织培养等,主要应用于矮化砧木及特殊砧木的培育。

1. **实生繁殖** 苹果、梨、桃、樱桃等大多数果树的基础都是实生砧木,实生砧木苗的繁殖方法与实生苗的繁殖方法相同,需注意的是砧木种子的选择和处理根据自身特点会有一些变化。

砧木种子应当从生长健壮、抗逆性强、无严重病虫害的成年母株上采集。采种时期,对种子的质量影响很大,必须充分注意。要根据果实成熟特征,确定不同砧木树种的采收适期。充分成熟时采收的果实,种仁饱满,发芽率高,生命力强,层积沙藏时不易霉烂,未充分成熟的种子,种仁发育不完全,内部营养不足,生命力弱,发芽率低,生长势弱,不宜采集。

各种砧木果实,出种量各不相同。三叶海棠每40～50kg果实出种子1kg,小海棠约为130kg果实出种子1kg,山定子约25kg果实出种子1kg。

大多数落叶果树,如山定子、海棠、杜梨、秋子梨、山桃、山杏、酸枣、核桃等,宜在晾干后干燥保存。简单常用的保存方法,是将种子装入布袋内或缸、桶、木箱内,放到通风干燥的房屋里,扎好口或盖严盖,以防止种子生虫或受鼠害。

砧木实生苗的播种方法可参考实生苗。

2. **无性繁殖**　苹果矮化砧、葡萄砧木、樱桃矮化砧等砧木的繁育,以无性繁殖为主,葡萄主要是扦插法,苹果、樱桃的矮化自根砧繁育主要是压条法、分株法,组织培养法目前应用较少。

砧木的无性繁殖具体方法可参考苗木的无性繁殖。

五、接穗的选择、处理和储藏

(一)采穗母树的选择

接穗品种的选择不但要考虑市场的需求,还要考虑品种的产量、品质、成熟期、适应性等,新品种的引入必须先进行引种试验,不能盲目大量推广。确定品种后,最好从接穗扩繁圃中,选择性状典型、生长健壮、结果性状良好、无病虫害,尤其是不带检疫病虫和病毒病的优良植株作为采穗母树。

(二)接穗采集

接穗宜选用树冠外围中上部生长充实、节间较短、芽体饱满的1年生枝条(或新梢),不使用生长在树冠内膛的徒长枝。正规苗圃要求从采穗圃采取枝条。生长季芽接一般随采随用,春季枝接所用接穗应随冬季修剪时采集。

果树嫁接成活率的高低,与接穗质量好坏关系极大。嫁接成活的关键,是依靠砧木和接穗双方长出愈伤组织。在生产实践中,嫁接不能成活或成活率不高的原因,除了嫁接技术方面的原因之外,接穗细弱,储存不当会造成接穗失水干枯或湿度过大而发霉或提前萌动。

春季枝接和芽接用的接穗,可结合冬季修剪,选择树势强健、品种纯正、丰产、稳产、优质的性状,无检疫对象和病毒病害(苹果锈果病、苹果绵蚜、花叶病、枣疯病、柿疯病等)的树,用发育充实的1年生发育枝,取其中段做接穗,不选膛内徒长枝,最好选用春梢。早春或初夏芽接,用休眠枝上的芽;一般夏、秋季进行芽接,用当年新梢,最好是随采随用。

用枝接繁殖苹果、梨、板栗时,也有用结果母枝做接穗进行嫁接的,可提早结果,早期丰产。核桃接穗需要在秋末采取,储藏到砧木展叶后再接;也可以在早春休眠期采取接穗。如在核桃树萌芽后剪取接穗,会出现严重伤流(剪口流水),对树势造成不良影响。所用接穗,最好在上午或傍晚采取。

(三)接穗的处理

1. **芽接接穗** 生长季芽接(或绿枝嫁接)所用接穗,剪下枝条后立即剪去叶片,保留叶柄。经剪叶处理的接穗按一定数量、品种扎捆,系上品种标签,用湿麻袋或湿布包好,暂时存放在阴凉处,随接随取,如需暂时储藏可置阴凉处,下部插于水中或埋于湿沙中。

2. **枝接接穗** 春季枝接所用接穗随冬季修剪采集,按品种打捆并系上品种标签后埋于沟内(窖内)的湿沙中(储藏条件同种子沙藏处理)。也可放入冷库中并用塑料布密封保湿。春季嫁接时取出。

(四)接穗的储藏

如果接穗需要储藏,要放在潮湿、冷凉、温度变化小而通气的地方,如深窖、深井或山洞内;少量的也可直接装入塑料袋内,放在温度为2~5℃的冷藏库内储存。不论哪种方法,储存期间要注意防止接穗干枯、发热、发霉和萌芽。窖藏的接穗要立放在地上,捆与捆之间相隔一定距离,然后用湿沙囤埋,埋至稍露顶芽为止。在储藏期间窖口要盖严,保持窖内冷凉。

春季硬枝嫁接前接穗蘸蜡保湿,可提高嫁接成活率,嫁接后只要以塑料条绑严接口即可,不需套塑料袋或培土保湿,省工省时。具体方法是将枝条洗净,拭干枝条上的水分,并根据需要剪成一定长度的枝段。选用高熔点的工业石蜡,蜡温控制在95~100℃;在熔好的蜡中速蘸,使种条外面蘸上一层薄蜡。蘸蜡后的枝条单摆晾凉、以免相互粘连。

六、主要嫁接方法

果树嫁接的方法很多,按所用接穗或砧木的器官不同,可分为芽接法、枝接法、根接法。常用的是芽接法和枝接法。

(一)芽接法

果树芽接,就是从选做接穗的枝条上先削取饱满充实的芽片,再把砧木的皮部剥开,把芽片嵌入剥开的皮层内,然后绑缚(图3-32)。因为芽接法每次只用1个芽,所以接穗的利用最经济,成活率高,操作方便,工效高,出苗快,同时可接时期也长,还可及时补接。在春、夏、秋3季皮层能够剥离时均可进行芽接,而以秋季为主要时期。北方各地一般在7月初到9月初,这时砧木已达到要求的粗度,接芽也已发育充实,接后当年不萌发,翌年剪砧后发育成苗。有"T"字形、方块形、带木质、环状等芽接方法。

1. **"T"字形芽接法** 在接芽上方0.4cm处横切一刀,深达木质部,然后从芽的下方1.5cm处,用芽接刀由浅至深向上推,深达木质部的1/3,刀向上一撬,随手捏起盾形芽片;接着在砧木距地面5cm的光滑处,将砧木压斜,横切皮层1.2~1.5cm的横口,在横切口中间下方,垂直向下划1cm的刀口,顺势将接芽插入,上切口与砧木横切口对齐,用塑料条包扎严紧即成。

1. 选芽饱满的健壮枝条做接穗。

2. 在接芽上方横切一刀，从芽下开始往上切，直到切下芽片。

3.削好的接芽。

4. 在砧木嫁接位置,先横切,再竖切,挑开皮层。

5. 将接芽插入砧木切开的皮层。

6. 接芽完全插入后，按紧，用嫁接膜绑扎。

7. 嫁接膜将接芽全部覆盖，只留出芽眼。

图3-32　芽接

"T"字形芽接，如把竖口割得过长，绑缚时容易引起盾状芽片背面突起，形成瘤子，甚至造成接口边沿枯干等愈合不良。如果用芽接刀割木质部割得较深，那么从根部上来的水分就会在这个地方受到抑阻，引起该部接芽在当年秋季就萌发，甚至影响芽接的成活。

为了克服用"T"字形芽接的缺点，保证芽接质量和提高工作效率，河北省农林科学院昌黎果树研究所将砧木割口改成"一横一点"形。采用这种割口的砧木芽接不仅能克服"T"字形芽接法的缺点，节省时间，提高工作效率，而且接芽也夹得较紧，有利于成活，平均成活率达到90%以上，最高成活率达到99.59%。

"一横一点"形割口芽接的时间、砧木的大小、接穗的选取和取芽方法与"T"字形芽接法相同。芽接的位置在离地面 3～4cm 的地方为最好，但也要根据砧木平滑面酌量下降或提高，一般应该低一些，以利成活。这样可以使接芽少受养分的刺激，防止过早萌发，减少砧木部分发生新梢的机会，绑扎起来也比较稳固。无论是阴面或阳面都可以芽接，但必须要在同一方向进行芽接，以便于检查成活率。

芽接时先用左腕将砧木压斜，在离地面 3～4cm，表皮光滑的部分先割 1cm 左右的横口，随即用刀尖在横口中间的下方点划 1 个 0.1～0.2cm 长的小口，然后用刀尖向左右两边拨弄，微微撬开皮层，右手将盾状芽片尖端紧随刀尖插入小口，再向下推，到接芽全部嵌入砧木皮层为止。要尽量缩短接芽在空气中暴露的时间，芽片上端要与砧木横口对齐，并使接芽从竖口的中间外露，以利萌发。接好后应立即用塑料条绑扎接口，扎紧包严。

2. **带木质芽接法**　果树带木质芽接，就是在削取接穗的接芽时，盾形芽片内面要削带一薄层木质(图 3－33)。这种方法的好处是，在大量繁殖苗木时，能经济利用接芽，加快苗木繁育速度。对不离皮、皮层薄、已萌动、半木质化、芽基部严重突起以及已经萌发的接穗，都可以削取接芽进行嫁接，砧木不离皮或在棱角、纵沟较多的部位嫁接也易成活，在形成层不活跃的 3 月下旬至 9 月中旬都能进行芽接，以延长嫁接时间。采用这种方法嫁接苗接合部位牢固，不易在接口处出现劈裂现象。

1. 从芽上方 2cm 处开始削接穗芽，深达木质部，但不超过枝条粗度的 1/3，直到芽下方 1cm 处。

2. 从芽下方 1cm 处斜切一刀，取下接芽。

3. 砧木平滑处削 3cm 长，略长于接芽，方法同削接芽。

4.削好的砧木。

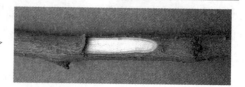

5. 将接芽紧贴在砧木削好的位置。

6.绑扎,露出芽眼,完成嫁接。

图3-33　带木质芽接

带木质芽接在削芽片时,先在芽上方2cm左右处向芽下方斜削一刀,再在芽下方1cm左右处斜切(呈30°角)到一刀口的底部,即可取下带木质的芽片做接芽用。芽片长2.5~3cm,厚度不超过接穗粗度的1/2。砧木接口削法与普通接芽削法相同,但削面应稍比接芽长一些,深度不能超过砧木粗度的1/3。若削口过深,嫁接后易从削口下部折断。把接芽的芽片插入砧木削口里,使两者吻合,用2cm宽的塑料条绑紧即可。

采用带木质芽接的结合口愈合良好,但所需时间长,应在嫁接后20天以后进行松绑。若松绑过早,接芽与砧木容易翘裂张口,影响成活。嫁接后应进行两次剪砧,第一次剪砧,可在接芽上离开芽片0.5cm处剪;第二次剪砧,可在苗高20cm以上时剪净砧头,以利伤口愈合良好。若用已萌芽的芽片做接芽用,可嫁接在砧木基部,绑缚时把芽露出绑紧,再取湿润的细土覆盖接芽1cm厚,避免芽部干枯萎蔫,嫩芽继续生长,能自行伸出土面正常生长。

3. **方块形芽接法**("工"字形芽接法)(图3-34)　核桃、板栗、柿子等多用此法。用芽接刀沿芽的上下左右切成长方形或近方形,长2~2.5cm,宽1.6~2cm或长宽各2cm。如接穗较细时,接芽还可小些。在距地面8~10cm的光滑处,按接芽宽度上下各横切一刀。再在两个横切口的中间切一直口,宽约0.7cm,将皮层撕下,并迅速将砧木横切口内皮层剥离,随即将接芽由接穗取下嵌入砧木的切口中。嫁接这类树种,操作速度快慢是成活率高低的关键,原因是含单宁物质高所致。接芽嵌入后,应迅速绑缚,并力求绑严缠紧,挽成活扣。

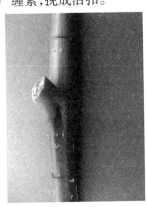

1. 在接穗芽上下各1cm处各横切一刀。

2. 砧木按接芽大小横切两刀。

3. 接穗芽左右竖切两刀，将方块芽取下。

4. 砧木在两个横切口中间竖切一刀，挑开皮层。

5. 迅速将接穗芽插入，贴紧。

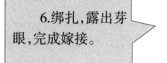

6.绑扎,露出芽眼,完成嫁接。

图3-34 方块形芽接

4. **环状芽接法（套芽接法、拧笛接法）** 柿子、板栗、核桃用此法可提高成活率。先将接穗上端剪断,然后在1～2个饱满芽的下方切一圆环,深达木质部,轻轻抽出芽套,长约2.5cm呈一笛状。再选粗度相同的砧木,剪去上端,从剪口下剥开皮层,套入芽套,推至紧密结合的地方。再把砧木皮层向上卷起包住芽套,露出接芽,然后绑缚。如砧木较粗,芽套可开口。

为了提高果树育苗的嫁接效率,辽宁省果树研究所对芽接法进行了改进。改进后的芽接法,嫁接速度快,程序简单,操作容易,节省包扎材料,降低了成本。改进后成活率与普通芽接法基本一致,均可达到94%以上,但节省塑料条用量41.6%,提高嫁接速度23%,还可省去解开包扎物的工序,是一种值得推广的果树芽接新方法。

改进后,砧木的切削方法与普通芽接法一样,切成"T"形接口。接穗芽片的削取也与普通芽接法大致相同,芽片长2cm或更长一些,芽眼处于芽片下部1/3的部位。嫁接时,将接穗芽片插入砧木的"T"字形接口内,用拇指向下推芽片。要求一次到位,使接芽与砧木的形成层密切贴合,但并不过分强调二者的横切口完全对齐。然后用塑料条将接芽的上半部连同砧木横切口一同包扎,绕两圈绑紧即可。接芽成活后无须解开塑料条,待剪砧时一并剪去。其他管理与普通芽接法相同。

5. **嵌芽接** 为带木质芽接的一种,嵌芽接可在整个生长季应用,砧木离皮与否均可进行,用途广、效率高、操作方便。

（1）削接穗。首先从接芽上约1.5cm处,向前下方斜切一刀,深入木质部,长度超过芽下方约1.5cm。在芽下方与枝条约成45°角横向斜切一刀,深达第一刀刀口处,切下芽片。

（2）切砧木。在砧木上切一与接穗形状相似的切口。

（3）接合。芽片嵌入切口内,若芽片与砧木切口不能完全对齐,应与砧木一侧形成层对准,最后用塑料薄膜绑严接口。

6. **方块贴皮芽接** 接芽片削成方块状,同时砧木切开与接芽片相同大小的方形切口,适用于比较粗的接穗和砧木,要求砧、穗双方都容易剥离皮层时进行,常用在核桃育苗上。核桃方块贴皮芽接的砧木用实生苗,早春将较高的苗平茬,较矮的可不平茬,5月底至6月上中旬在当年生长的新梢上嫁接,接穗用当年的粗壮新梢,此时侧芽已成熟。成活后剪去砧木,当年可培育成苗。

(1)削接穗。将叶柄从基部削平,在芽上方0.5cm处切一横刀,深达木质部,在芽下方1.5cm处切一横刀,深达木质部,在芽左右两侧各竖刻一刀,深达木质部。

(2)切砧木。在砧木适宜嫁接部位,按接芽大小,先平行横切两刀,深达木质部。在两切口的左侧,纵切一刀,并将树皮撬开。切忌砧木去掉的树皮小于接穗芽片。

(3)接合。取下接穗的接芽片,放入砧木的切口里,如芽片与砧木的切口大小一致,则将它们的切口对齐贴紧。如芽片稍小,则至少使芽片的底边和一个边与砧木相应的边对齐贴严。撕去砧木撬起的树皮,用塑料薄膜绑严接口。

为使嫁接方便,速度加快,成活率高,可用专门设计的双刃刀,这种刀在砧、穗上可切出大小相等的芽片,从而使砧、穗切口完全吻合。

(二)枝接法

凡是用1个或几个芽的枝段做接穗进行嫁接的叫作枝接。枝接所用的接穗多为休眠期的枝条,所以一般都在春季进行,且多用于嫁接较粗的砧木,操作比芽接稍难,但接后长得快,有的当年就可成苗或结果。与芽接相比,操作技术比较复杂,工作效率较低。但在接穗处于休眠期而不易剥离皮层或利用坐地苗建园时,采用枝接法较为有利。

果树枝接能否成活,主要由两个因素所决定。一是决定于砧木和接穗削面是否平滑,在插入砧木接口时,形成层是否能相互严密接合,以利产生愈伤组织,并进一步分化产生新的输导组织,而使接穗与砧木相互连接愈合为一体,养分和水分的上下输导有了保证,而形成一株新的植株。这个愈合过程,对枝接成活率有极大的影响。愈伤组织增生越快,砧穗连接愈合就越早,接活的可能性也就越大。如果在嫁接时,接穗和砧木的形成层对不准,就不会产生愈合组织和输导系统,嫁接就不会成功。二是砧木和接穗二者之间愈伤组织的亲和力,砧木和接穗的质量,嫁接技术的娴熟程度以及嫁接后的保护措施等。所谓愈伤组织的亲和力,就是指砧木和接穗各自的新生组织在结构、遗传和生理特性上的相似性和相互之间的适应能力,越是接近的,则亲和力越强。两种树木之间如果亲和力不好,即使形成层对得很准,也难以愈合成活。对于一般的果树来说,亲缘关系越近亲和力越强。如桃接在毛桃上,柿接在黑枣(君迁子)上,甜樱桃接在青肤樱上,都有很好的嫁接亲和力;而把苹果接在山楂上,虽也能成活,但成活率不高,且生长也弱。如果把板栗接在橡子树上,因不是同属果树,亲缘关系远,就很难成活了。温度和湿度对嫁接成活也有密切关系。据试验,苹果形成愈伤组织的最适温度是20℃左右,形成愈伤组织的适宜相对湿度为95%~100%。因此,掌握嫁接的适宜温度和湿度,是促进形成愈伤组织和提高嫁接成活的关键技术措施之一。

枝接通常在休眠期进行,尤以砧木开始萌芽、树液已经流动直至砧木展叶时最佳,但接穗必须保持未萌芽状态。北方落叶果树春季枝接多在3月下旬至5月上旬,南方落叶果树春季枝接多在2~4月进行。常绿果树枝接以早春发芽前为宜,其他季节可在每次枝梢老熟后和萌发新梢前嫁接。北方寒冷地区也可在落叶后将砧木和接穗储于窖内,在冬季进行室内嫁接,春季成活后栽到苗圃。有的树种,生长期利用嫩梢进行嫁接,效果亦很好,如葡萄嫩梢嫁接。

枝接的方法很多,可分为切接、劈接、腹接、靠接、合接、桥接、皮下接等。生产上最常用的是切接、劈接和腹接。

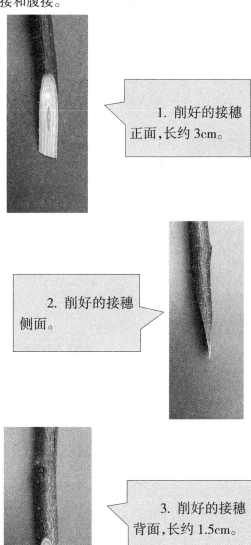

1. 削好的接穗正面,长约 3cm。

2. 削好的接穗侧面。

3. 削好的接穗背面,长约 1.5cm。

4. 接穗插入砧木后侧面。

5.接穗插入砧木后正面视图，接穗切面需露出部分木质部。

6.除芽眼外，其余部分全部绑扎，注意接穗顶部需包住。

图 3-35　切接

1. **切接和劈接**（图 3-35、图 3-36）　切接接穗应 7cm 左右长，有 2~3 个饱满芽。先在顶芽同侧下部削一长 3cm 的平直长削面，在此削面的反面再削一短削面。削好接穗后，迅速将砧木距地面 5cm 处剪断，在其一侧用切接刀稍向内倾斜切开，长与接穗的长削面相等。接穗的长削面靠里，短削面靠外，插入砧木切口，形成层对准。如接穗比砧木细，应使一侧的形成层对齐，最后用宽塑料条捆紧包严培土。此法适用于 1cm 以上的砧木，多用于桃、板栗、核桃等果树，宜在砧木树液开始流动而接穗尚未萌动时进行；核桃、板栗可在砧木萌芽和展叶后嫁接。

劈接方法与切接基本相同,但适用于较粗的砧木,或用于大树的高接。先在砧木离地5~6cm处截短,再用快刀在砧木截面中央垂直劈下,深3~5cm。然后将接穗下端两侧各斜削一刀,呈楔形,随即插入砧木的劈口中,使形成层部分相互密接,然后用宽塑料布包扎。如砧木较粗,可插入两个接穗,但接穗的形成层均需与砧木一侧的形成层密接。嫁接时间一般在春季接穗未发芽前进行,成活率高。

1.砧木剪断,切口削平后,从中间劈开。

2.削接穗一侧,方法同切接。

3.削接穗另一侧,方法同切接。

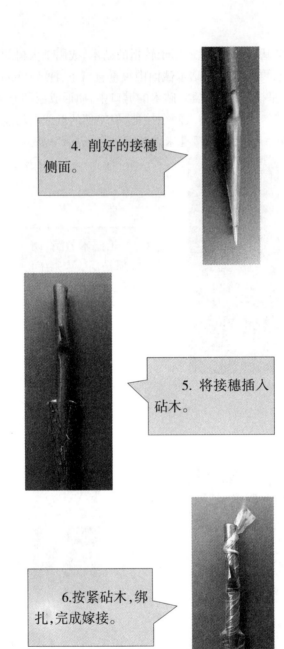

4. 削好的接穗侧面。

5. 将接穗插入砧木。

6.按紧砧木,绑扎,完成嫁接。

图 3 - 36 劈接

2. **腹接** 这种方法是接在砧木中部的一种嫁接方法,所以又叫"腰接"。适用于茎粗 1.5~2cm 的砧木,多用于生长季节的枝接。用刀在砧木的腹部斜削一刀,深 2~3cm,将接穗倾斜插入,成活后待新梢半木质化时,在接穗上方剪除砧木的上部。这种方法操作简便,夹力大,成活率高,生产上应用广泛,不仅适于幼树,大树改劣换优和利用砧木做支柱,而且能在树干的空虚处插枝生枝。如不成活还可以再接。

3. **插皮接**(图3-37) 又称皮下接,是将接穗插入皮部与木质部之间的一种嫁接方法,适宜砧木比较粗、接穗相对较细时的嫁接。该方法操作简便,成活率高,通常用于高接的枝头嫁接、枝干缺枝部位的补接、桥接、大树平茬改接等。由于树种及嫁接目的不同,与其他嫁接方法结合,又形成一些新的嫁接方法,如插皮舌接、插皮腹接、打洞补接等。插皮接要求砧木树皮与木质部容易分离。

1. 选择直径2cm以上的砧木,在枝皮光滑处剪断砧木,修平截面。

2. 将嫁接部位的砧木皮削掉约2cm长,要求深达木质部。

3. 削好的接穗正面为长 3~5cm 的平滑削面。

4. 削好的接穗侧面。

5. 将接穗皮和木质部分开。

6.将接穗木质部贴紧砧木削面插入砧木皮层但不全部插入,接穗木质部要露出约0.5cm左右。

7.按紧绑扎,完成嫁接。

图3-37　插皮接

4. **单芽腹接**　在春季树液开始流动以后即可进行嫁接。削接穗、剪砧木及接合方法同腹接。只是削接穗时用整根接穗,自下而上削取接穗,留单芽剪下。每次用一个芽段,在芽上部0.5cm处剪下,形成2.5~3.5cm长的楔形枝段。绑缚时用厚0.005~0.006mm、宽10~12cm的地膜,对接芽和接口部位全密封,接芽部分只有一层膜,其余部分多层膜包紧包严。单层地膜在接穗芽萌发时可自由顶破薄膜,正常生长。单芽腹接节省接穗,嫁接效率高,接穗直接用塑料膜保护,保湿性好,成活率高,省去蘸蜡工作,接后管理简单,已经成为苗圃地春季枝接的主要方法。

5. **舌接法**　要求砧木粗度与接穗粗度大致相同,通常在葡萄硬枝嫁接中应用。首先,将接穗削一马耳形长削面,长约3cm,再在削面尖端1/3处下刀,与枝条接近平行切入一刀,长1.5~2cm。砧木也同样切削。然后将两者削面插合在一起,使二者形成层对齐,最后用塑料条包严。

6. **嫁接机嫁接**(图3-38)　嫁接机是能够自动化、半自动化(手动操作)实现嫁接功能的机械装置。对于育苗专业户和育苗公司,人工嫁接工作效率低,嫁接质量难以保证,容易耽误嫁接时机。采用嫁接机作业有以下几个明显的好处:一是提高嫁接速度。操作简单,切枝速度快,能够提高嫁接速度。二是成活率高。由于速度快,切削面光滑、平整,接穗和砧木的接口更紧密,理论上没有缝隙,从而使伤口更易于愈合,提高成活率。三是降低生产成本。由于嫁接速度快,成活率高,成园速度快,使用嫁接机可以有效地降低生产成本,提高苗木产品的竞争力。

1. 在距地面5cm处剪截砧木。

2. 剪好的砧木接口。

3.剪截接穗,留2芽左右。

4.剪好的接穗。

5. 将接穗插入砧木接口。

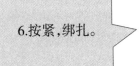

6.按紧,绑扎。

7.完成嫁接。

图3-38　嫁接机嫁接

目前的嫁接工具中以台湾产的 ST-1218 型手持式果树嫁接机较为常见,该嫁接机为半自动式,结构简单,操作容易,成本低廉,适于果树枝条嫁接的半机械化作业。其特点是很容易将砧木和接穗剪成吻合的 U 形或 V 形,愈合迅速;使用方便、迅速,比传统嫁接方法节省 40% 的时间和精力;刀片可以更换,适应范围更广。

(三)根接法

以根段为砧木的嫁接繁殖方法。多采用劈接、倒劈接、倒腹接等方法进行嫁接。根接应于休眠期进行,但切勿倒置极性。若根段较接穗细,可将 1~2 个根段倒腹接插入接穗下部。根接完成后绑扎严紧。

七、嫁接苗的管理

(一)芽接苗的管理

1. **检查成活和补接**　大多数果树一般芽接成活后 10~20 天就可检查成活情况,如果接芽湿润有光泽,叶柄一碰即掉就是接活了;假若接芽变黄变黑,叶柄在芽上皱缩,就是没有接活。因为接活后具有生命力的芽片叶柄基部产生离层,未成活的则芽片干枯,不能产生离层,故叶柄不易碰掉(图3-39)。

不管接活与否,接后 15 天左右及时解除绑缚物,以防绑缚物缢入砧木皮层内,使芽片受伤,影响成活。对未接活的,在砧木尚能离皮时,应立即补接。一般枝接需在 20~30 天后才能看出成活与否。成活后应选方向位置较好,生长健壮的上部一枝延长生长,其余去掉。未成活的应从根蘖中选一壮枝保留,其余剪除,使其健壮生长,留作芽接或明春枝接用。

图 3-39 苹果劈接成活后

2. **解绑**(图 3-40) 夏季芽接后 3 周左右即可解绑,以免影响加粗生长和绑缚物嵌入皮层。秋季嫁接的,可于翌年春季解绑。

图 3-40 芽接成活后解绑

3. **培土防寒** 冬季严寒、干旱地区,为防止接芽受冻或抽条,在封冻前应培土防寒。培土以超过接芽 6~10cm 为宜。春季解冻后及时扒开,以免影响接芽的萌发。

4. **剪砧及补接** 夏季芽接培育速生苗应在接后 7~10 天剪砧。秋季芽接的可于翌年春季发芽前,将接芽以上的砧木部分剪去,以集中养分供给接芽生长,但剪砧不宜过早,以免剪口风干和受冻。剪砧时剪口应在接芽上部0.3～0.5cm处,剪口要平滑,并稍向接芽对面倾斜,不要留得太长,也不要向接芽一方倾斜,以免影响接口愈合。越冬后接芽未成活的,春季可用枝接法进行补接。

5. **除萌** 剪砧后,从砧木基部容易发出大量的萌蘖,不论枝接、芽接都要把从砧木基部发出的萌芽及时掰除,以免无谓消耗水分和养分,影响接芽生长。

6. **立支柱** 在风大地区要对芽接苗立支柱。一般新梢长到5～8cm时,紧贴砧木立一小支柱,将新梢绑在支柱上,可使苗木生长直立,并防止被风吹断。剪砧时剪下的枝条可以插在苗旁做支柱用。苗圃地也可在距地面30～40cm高处,用塑料绳拉或纵横交错的方格网以固定苗木。

7. **加强肥水管理** 加强肥水管理为使嫁接苗生长健壮,可在5月下旬至6月上旬,每667m^{2}追施硫酸铵7.5～10kg,追肥后浇水,苗木生长期及时中耕除草,保持土壤疏松草净。

8. **摘心** 嫁接苗长到一定高度时进行摘心,以促其加粗生长。易发生副梢的品种,如红津轻、金冠苹果等,可在圃内利用副梢整形。

(二)枝接苗的管理

枝接后从砧木上容易萌蘖,应及早除去。枝接在接后45～60天解绑。如果枝接接穗多,成活后应选留方位合适,生长健壮的一根枝条,其余去除或扭梢、拉枝,以促进所留枝条的生长。留下的接穗如有几个萌发枝梢,应选上部的使之延长生长,其余的根据方向和空间大小决定去留。接穗进入旺盛生长后,枝叶量大,易遭风折,在风大地区,当新梢长到30cm左右时应立(绑)支柱加以保护,以防被风吹断。

土肥水管理主要包括中耕除草,适时施肥灌水及叶面喷肥等。病虫害防治主要防治蚜虫、卷叶虫、红蜘蛛等。

(三)圃内整形

在苗圃内完成树形基本骨架的苗木,称为整形苗。用整形苗建园,果园整齐,成形快,结果早。但育苗时间长,成本较高,包装运输较困难,在国外应用广泛。苗圃内整形效果与树种和品种萌芽力及成枝力有关。有的树种,如桃大多数品种当年可萌发2～4次副梢;苹果以红富士、金冠、红玉等副梢的萌发力强,而元帅、红星等较弱,国光、黄魁则很少萌发副梢。中国梨和日本梨大多数品种不易发副梢。砧木种类对接穗萌发副梢的能力也有一定的影响,如山定子、三叶海棠、湖北海棠等对促发副梢较差,而海棠果和西府海棠则较强。

利用副梢整形的苗木需要较大的营养面积,砧木株行距应适当加大,株行距不小于(25～30)cm×(60～70)cm。圃内整形措施包括摘心、疏除部分副梢、副梢拉枝等。摘心时期依定干高度及当地气候条件而异,应避免摘心过晚,否则不能形成充实副梢。在山东、河北、辽宁一带,苹果苗木一般应在6月下旬以前摘完,最迟不晚于7月上旬。摘心部位宜在节间已充分伸长而尚未木质化处,摘去嫩梢5cm左右,对整形带以下萌发的新梢及时抹去。只在整形带内选留一定数量的副梢作为主枝和中央领导干。未达摘心标准者不可勉强摘心。

（四）其他注意事项

1. 砧木幼苗不宜过早摘心 大多数果树的育苗多采用当年播种，当年嫁接，第二年出圃的方法。但往往由于管理不善，致使当年长出的实生砧苗植株细小，达不到嫁接粗度，生产上常采用"摘心"的办法，以促使砧苗增粗生长。有时，常由于措施运用不当，摘了心的砧苗茎粗，反而赶不上不摘心的。

幼苗期摘心不能增粗，其原因在于摘了心之后叶片减少了，光合面积少，制造的养分也少了，影响了有机营养的积累，所以不利于幼苗的增粗生长。要使幼苗期苗木加粗生长，必须进行综合管理，合理密植，加强肥水管理，松土除草，这是唯一的有效措施。有的地方育苗者也实行晚秋摘心，这对控制新梢徒长是有利的，可以促进苗木组织及时成熟，有利于安全越冬。

2. 用塑料条包扎嫁接接口 目前，一般果树嫁接，多用塑料条包扎接口，降低了成本，提高了成活率。采用塑料条包扎接口能提高成活率主要有以下几个原因：

第一，它不仅能防止砧木和接穗水分蒸发，避免干燥，而且还能防止雨水进入接口处。

第二，用塑料条包扎接口，有保温作用。据河北省农林科学院昌黎果树研究所在春季嫁接栗树时试验表明，可使接口温度（下午时间）比气温提高 10～12℃，有利于伤口的愈合。

第三，塑料有弹性，稍迟解缚不但不会影响生长，而且还可避免风折。

第四，塑料条包扎接口，接芽外露，比埋土的早发芽 10～15 天左右，同时新梢生长健壮。

塑料条的使用方法（以枝接为例），嫁接前，将塑料薄膜剪成 2cm 宽、30cm 长的条。接穗插好后，左手拿塑料条的前端，右手拿塑料条的后部。以结合点为中心，右手按顺时针方向先在接芽下端缠 2～3 道，左手所持薄膜条反卷，盖住接穗上端剪口，露出芽眼。再将接芽上端剪口处绕 2～3 道，使接穗与砧木紧密结合，把砧木剪口包扎严密。

第四节　组织培养繁殖与脱毒苗培育

一、组织培养繁殖

（一）植物组织培养的概念及其在果树育苗中的应用

1. 植物组织培养的概念 采用植物体的器官、组织或细胞，通过无菌操作接种于人工配制的培养基上,在一定的温度和光照条件下,使之生长发育为完整植株的方法,称为组织培养。因为上述的组织、器官或细胞是在试管(或三角瓶)内培养,故又称试管培养或离体培养。供组织培养的材料(器官、愈伤组织、细胞、原生质体或胚胎)称为外植体。果树组织培养根据外植体材料不同可分为茎尖培养、茎段培养、叶片培养和胚培养等。

图 3-41 组织培养葡萄苗

2. **组织培养在果树育苗中的应用** 主要有两方面:一是无性系的快速大量繁殖。二是无病毒苗培育。此外,还可用于繁殖材料的长距离寄送和无性系材料的长期储藏。

(1)无性系的快速繁殖。利用组织培养方法繁殖果树苗木,具有占地面积小、繁殖周期短、繁殖系数高和周年繁殖等特点。根据理论值,6 个月内就可由一株试管苗起始,繁殖到 100 万株新个体,这是常规的无性繁殖方法所无法相比的,特别适用于不能用普通繁殖法或用普通繁殖方法繁殖太慢的植物。

(2)无病毒苗培育。通过建立无病毒母株作为唯一的繁殖材料,在严格控制重复感染和连续进行病毒及遗传变异监测的条件下,进行果树苗木繁殖和培育的方法。

组织培养对于大量繁殖优良品种苗木、脱毒果树苗和砧木,建立高标准和无病毒果园,适应果树生产向现代化发展,具有重要意义。

(二)组织培养繁殖再生的途径

果树组织培养繁殖研究始于 20 世纪 20 年代。法国 G. Mortel(1944)首先进行了葡萄茎尖组织培养的试验,获得了愈伤组织和根。美国 Miller 等(1963)通过茎尖培养,获得脱病毒的草莓苗。据不完全统计,目前能用于组织培养繁殖的果树,至少有 30 多个科 100 多个种。G. Hussey(1977)将果树组织培养方法归纳为以下 3 个途径。

1. **顶端分生组织培养** 利用植物生长调节剂抑制顶端优势,促进腋芽或不定芽发出新梢,再将分化的新芽和新梢切下继续培养,增加繁殖系数。将达到生根标准的新梢转移到生根培养基上,促其生根成为完整植株。该方法植株变异少、繁殖周期短、繁殖系数高,因而在实际应用中较为广泛,是果树组织培养、快速繁殖的重要方法之一。

2. **器官培养** 利用果树某一器官,经过处理促使发生新芽或新梢再转移至生根培养基中促其生根。

3. 愈伤组织培养 利用植物生长调节剂和人工造伤,促使外植体产生愈伤组织,并经分化培养使之发生新芽和新梢后,转移到生根培养基中促使生根。该法培育的植株容易产生变异。

(三)组织培养繁殖的主要步骤

1. 培养基的制备 培养基是外植体赖以生长和发育的基质,适宜的培养基对于取得组织培养成功至关重要。目前常用培养基的配方,有含盐种类较多、含盐量较低的 White、Nitch、Knop 培养基;也有含盐种类较多、含盐量较高的 B_5、B_6、H、LS 及 MS 等培养基。根据需要可附加细胞分裂素、吲哚乙酸、吲哚丁酸、萘乙酸、赤霉素及 2,4 - 二氯苯氧乙酸(2,4 - D)等。因为各种培养基的组成和配制方法不同,适用的植物种类、外植体种类和对生根或出芽的作用不同,我们可以根据需要加以选择。

(1)培养基母液的配制。经常使用的培养基,广泛采用的方法是先配制成一系列浓缩储备液或称母液,包括大量元素母液、微量元素母液、铁盐母液、除蔗糖以外的有机成分母液。在制备母液的时候,应使各种成分分别溶解完全,然后再将它们彼此混合,加蒸馏水定容,所有母液都应置于冰箱低温保存。铁盐母液必须储存于棕色瓶中。母液的使用期不应超过 1 个月。

(2)制备培养基的步骤。一是称出规定数量的琼脂和蔗糖(图 3 - 42),加水至培养基最终容积的 75%,加热使之溶解。二是分别加入各种母液,包括植物生长调节剂和其他添加物。三是加蒸馏水至最终容积。四是充分混合后测定混合物的 pH,并用 0. 1mol/L 氢氧化钠或盐酸调节 pH 至 5. 8。五是进行培养基热分装及封口。六是灭菌,121℃条件下灭菌 15min,降温释压后取出,平放备用(图 3 - 43)。

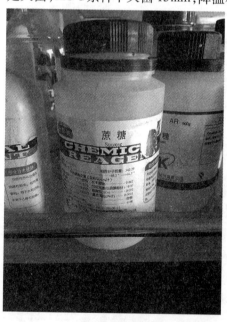

图 3 - 42　培养基制备常用药品(蔗糖)

图 3 - 43　制备好的培养基

2. **起始培养** 外植体的最初培养称为起始培养或初代培养,属于组织培养前期接种阶段。

(1)外植体的选择。常用的接种材料有茎尖、茎段、叶片等,四季均可接种培养,但以萌芽前后取材接种分化率高,生长速度快。生长期间取材则以旺盛生长的新梢先端 2～3cm 为宜。休眠期可采成熟的 1 年生枝上饱满芽为外植体。

(2)外植体灭菌、接种。接种前必须对培养材料进行灭菌处理,这是组织培养成功的根本保证。常用的消毒剂有次氯酸钙(漂白粉 1% ～10%)、次氯酸钠液(0.5% ～10%)、溴水(1% ～2%)、过氧化氢(双氧水 3% ～10%)、氯化汞(0.1% ～1%)及乙醇(酒精 70% ～75%)。消毒材料先用自来水冲洗 10～30min,有的田间材料较脏要用洗涤灵等洗涤。在超净台上将材料首先浸入 70% 乙醇中数秒,然后浸入消毒溶液 5～15min,倒掉消毒液,用无菌水冲洗 3 次,接种至初代培养基中培养。河北农业大学所用苹果组织培养初代培养基为:MS + BA 0.5～1.5mg/L + NAA 0.02～0.05mg/L + 蔗糖或白糖 30～35g/L + 琼脂 5.5～7.0g/L,pH 值5.8。

3. **继代培养** 将初代培养获得的培养体分割成单个繁殖体接种至继代培养基上进行培养,分化丛生芽,生长 3～5 周后,对丛生芽切割分苗,转至新鲜培养基,进行继代培养和扩大繁殖。茎尖的增殖速度,取决于不断产生侧芽的快慢或发出的不定芽的数量,为提高繁殖系数,继代培养基中细胞分裂素水平应适当增加。每种植物种类及品种对植物生长调节剂的要求应通过试验研究确定。

4. **生根培养**(图 3－44～图 3－47) 培养目的是促进生根,逐步调整试管植株的生理类型,由异养型向自养型转变,适应移栽和最后定植的温室或露地环境条件。切取继代培养中生长 30 天左右、长约 2cm 的粗壮嫩梢,接种在生根培养基上,放置在培养室中培养。生根培养基多采用 1/2MS、1/2B5、White、Knop 等含盐量低的培养基。蔗糖用量减为 1/2 或 1/4,降低细胞分裂素浓度,甚至完全不要,提高生长素浓度,常用 IAA、IBA、NAA 等其中一种或几种。也有采用直接扦插生根法,将继代培养的嫩梢,直接切成插条,插入弥雾或保湿罩的插床使其生根。扦插前应洗去茎芽上残留的琼脂培养基,防止霉菌生长。同时可用促进生根的药剂进行处理。

5. **组织培养苗的驯化和移栽** 将无菌异养条件下生长的小植株移至温室过渡培养,然后移栽至大田。生根苗从试管中移栽于土壤中,常因外部环境条件变化较大导致成活率较低,为此,移栽前一般通过强光闭瓶锻炼加以驯化,提高组织培养苗适应外界环境的能力。移栽后的最初 2～3 周,维持高的空气相对湿度(80% ～100%),以防止植株失水,促进新根、新芽生长。移栽基质(蛭石、细沙或人工配合土等)要疏松、透气及排水良好。为了防病,移栽基质均应蒸汽或化学灭菌。当小植株抗病力尚未形成的前期,应注意预防各种病虫害侵袭。

河北农业大学提高苹果组织培养苗移栽成活率的技术要点:一是生根培养基中有较高浓度的蔗糖(3% ～5%),有利生根苗组织充实,输导组织和保护组织发达,增强移栽适应力。二是将生根试管苗放在地面温度 <35℃,20 000～35 000lx 强光下闭瓶锻炼 2～3 周。当幼茎阳面呈红色、叶色浓绿色时,再去塞开瓶锻炼 2～3 天。三是

图3-44　剪取接种材料　　　　　　　　　**图3-45　完成接种的材料**

图3-46　放在组织培养架上培养　　　　**图3-47　已生根的核桃苗**

将经过强光锻炼的生根苗移栽于营养钵中(基质为1/2沙壤土与1/2蛭石混合),并将营养钵置于温室或塑料大棚内,保持空气相对湿度为85%～100%,日平均温度为25℃,光照强度为18 000lx左右,两周后揭膜通风过渡锻炼2～4周,直接栽于苗圃中。

二、脱毒苗培育

(一)培育脱毒苗的意义

1. **病毒病对果树的危害**(图 3 – 48 ~ 图 3 – 51)　侵染果树的病毒种类很多,目前已查明危害果树的病毒有 282 种,我国已鉴明的有 21 种(傅润民,1997)。据英国 1971 年出版的《植物病毒名录》记载,苹果病毒 30 种,梨 15 种,核果类 40 种,葡萄 20 种,柑橘 30 种。病毒对果树的危害,可归纳为以下几个方面:种子发芽率降低、苗期分株数量减少、嫁接不亲和、萌芽率下降、生长量减少、果实品质降低、产量锐减、树势衰弱,直至树体死亡。

图 3 – 48　葡萄扇叶病　　　　　　　图 3 – 49　葡萄卷叶病

图 3 – 50　苹果花叶病　　　　　　　图 3 – 51　苹果花脸病

2. **病毒病的致病特点**　一是果树是多年生植物,一旦被病毒侵染,树体将终生带毒。二是果树病毒主要通过嫁接、机械伤接触、昆虫传播。三是病毒侵染造成果树终身带毒,在果树无性繁殖过程中,通过接穗、插条、苗木传给后代,传毒快、发病率高、危害范围广。四是根据病毒侵染果树后的反应和特点不同,可分为潜隐性病毒和非潜隐性病毒两大类。潜隐性病毒是指病毒侵入果树后,外观上不表现明显症状,目测不易识别,而呈潜伏慢性危害。潜隐性病毒一次感染,终生带毒,危害持久。非潜隐性病毒侵染后表现的症状容易识别(如花叶、锈果,枝、果、花变形,枝芽坏死等)。

五是到目前为止,尚无有效药剂进行防治。

3. 培育脱毒苗的意义　果树病毒病影响树体的正常生长发育、降低产量和果实品质,已成为影响果树生产的主要障碍,日益引起果树界的广泛关注。到目前为止,对已感染病毒病的果树尚不能应用化学药剂进行有效控制,只能采取预防措施,控制蔓延。脱毒果苗是指经过脱毒处理和病毒检测,证明确已不带指定病毒的苗木。栽植脱毒苗木,建立脱毒苗木繁育体系、健全无病毒苗检疫检验制度、培育无病毒原种、防止果苗带毒和人为传播是防治和克服果树病毒病危害的根本措施和唯一途径。各地实践表明,培育脱毒苗木、建立无病毒果园,不但苗木生长健壮,而且树势良好,单位面积产量较高,果实品质得到改善,经济效益明显增加,很多国家把建立无病毒果园列入发展规划。我国 20 世纪 70 年代以来,对苹果、柑橘、葡萄、草莓等主要果树,在病毒检测、脱除病毒、培育无病毒母本树、建立脱毒苗木繁育体系和无病毒果园方面进展很快,效果明显。

(二)脱毒原种的培育

脱毒苗有 2 个来源:一是引进繁殖材料(砧木或接穗),经过检测确认不带指定病毒后,作为原种利用。二是生产中选择优良品种母株,进行脱毒处理和严格病毒检测后,将确认不带指定病毒的单系作为原种利用。

1. 脱毒　将带有病毒的繁殖材料,经过一定处理,清除某些指定病毒,培育成健康植株。

(1)热处理脱毒。病毒和寄主细胞对高温忍耐性不同,利用这个差异,选择一定的温度和适当的处理时间,使寄主体内病毒数量减少,运行速度减缓或失活,而寄主细胞仍然存活,达到使正在生长的果树组织不含病毒的目的,再将不含病毒的组织取下,培养成无毒个体。热处理可通过热水浸泡或湿热空气进行。热水浸泡对休眠芽效果较好,湿热空气对活跃生长的茎尖效果较好,既能消除病毒又能使寄主植物有较高的存活机会。湿热空气处理需要设备较为简单,但往往需要较长的时间。热处理一般在一个可调温的恒温箱内进行。目前,多用光照培养箱,热处理的温度应在37℃以上。

(2)茎尖培养脱毒。病毒在植物体内不同组织和器官的分布存在差异。老叶及成熟组织和器官中病毒浓度高,而迅速生长中幼嫩的及未成熟的组织和器官病毒含量较低,茎尖生长点(0.1 ~ 1.0mm 区域)则几乎不含或含病毒很少。因此,切取0.1 ~ 0.2mm 的微茎尖进行组织培养,并多次微茎尖继代,可脱除病毒。

(3)热处理与茎尖培养相结合脱毒。有些病毒耐热力较高,单用热处理方法不能完全消除病毒,而仅用茎尖培养也难以从全株上消除病毒,且培养周期长,操作较复杂。所以将热处理与茎尖培养相结合,可以大大提高脱毒的成功率。

(4)茎尖嫁接脱毒。是组织培养与嫁接相结合,用以获得无病毒苗木的一种新技术,也称为微体嫁接。它是将 0.1 ~ 0.2mm 的微小茎尖做接穗(常经过热处理之后采取),在解剖镜下嫁接于组织培养无毒苗幼嫩砧木上,培养成无病毒苗木并扩大繁殖。该方法已在茎尖组织培养及生根困难的柑橘等树种上广泛应用。

2. **脱毒苗的病毒检测**　通过脱毒程序得到的植株,必须经过严格的病毒检测,证明确实无指定病毒存在,才能提供给果树生产应用。因此,病毒检测是脱毒苗繁殖程序中的一项重要工作。病毒检测应包括以下内容:一是选择田间优良单株进行检测,将未受感染的优良品种的健康植株作为母本植株进行繁殖。二是对通过各种途径获得的脱毒苗进行检测,以确保繁殖材料无指定病毒,建立脱毒苗母本圃和繁殖圃。病毒检测方法有指示植物法、血清学鉴定法、电镜检查法、分子生物学法。

(三)脱毒苗繁育体系

脱毒苗木繁殖体系是经过国家或省(直辖市、自治区)级主管部门审查核准,责成有关单位完成不同层次、不同环节的繁殖任务,成为统一技术要求、共同完成脱毒苗木繁殖的整体。脱毒苗木繁殖体系通常分为3级场圃完成。

1. **脱毒苗原种保存圃**　需要主管部门组织有关专家评估确认,颁发委托证书。该种圃主要负责果树品种、砧木的脱毒;脱毒原种引进、病毒检测和原种保存;向脱毒母本圃提供果树品种、砧木繁殖材料,协助母本圃单位建立脱毒品种采穗圃、砧木种子园和无性系砧木繁殖园,并负责对所属母本圃进行定期病毒检测。原种保存有田间原种圃保存和组织培养保存2种方式。

(1)田间原种圃保存。将获得的脱毒母株作为原种,保存于田间原种圃。该圃应距未经病毒检测果园(树)50m以上,最好保存在隔离的网室内,网室以使用300目的纱网为好,防止蚜虫等进入。栽培床的土壤应消毒,周围环境也要整洁,并及时打药,保证材料在与病毒严密隔离的条件下栽培。无病毒原种每5年随机抽样检测一次病毒,发现病毒及时剔除有病毒植株和相邻植株,并报告主管部门。

(2)组织培养保存。建立原种组织培养体系,可通过继代更新培养,进行原种的长期试管保存。

2. **脱毒苗母本圃(采穗、采种圃)**　包括品种采穗圃、砧木种子园、无性系砧木繁殖圃。脱毒苗母本圃应远离未行病毒检测果园50m以上,或建于网室内。母本圃的原始繁殖材料应来自原种保存圃,其职能是负责向各脱毒苗繁殖圃提供脱毒繁殖材料。母本圃应由上级主管部门核准认定。

3. **脱毒苗繁殖圃**　为脱毒苗生产单位,向果树生产单位提供生产用苗。不得从生产用苗上再采取接穗繁殖苗木。脱毒苗繁殖圃应经当地主管部门核准认定,并具脱毒苗生产许可证,苗木由植物检疫部门签发合格证后方可销售。

第四节　果树育苗机械与现代化设备

标准化、规模化果树苗木培育需要机械辅助作业。常用苗圃机械有断根施肥机、嫁接机、起苗机、移栽机、苗木捆扎机等。

一、断根施肥机械

断根施肥机是果树育苗过程中,对幼苗管理的专用机械,其目的是在一定深度下把直立主根切断并在行间施肥,促进侧根生长发育,培育壮苗。苗木断根施肥机主要由机架、肥箱、地轮、切根铲和限深轮组成(图3-52)。

机架为整体焊合结构,其前部悬挂架的上悬挂孔和下悬挂孔为可调式,与拖拉机悬挂装置挂接,地轮通过链传动驱动肥箱的排肥器,肥料由排肥轮排出,通过导肥管施入土壤。地轮接地后转动,除驱动排肥器外,还协助维持机架平衡稳定。切根铲随同机架一起运动,调节地轮高度和拖拉机悬挂装置的调节杆,机器保持要求的切割深度和切割断口,实现切割根系追施肥料的作业。

图3-52　断根施肥机(引自 http://www.ezendam.info)

二、嫁接机械

嫁接是果树育苗中常用的一项重要技术,传统的果树嫁接育苗通常利用剪枝剪或芽接刀进行手工操作,技术要求高,劳动强度大。果树嫁接机械有效解决了上述问题,并且切口整齐一致,成活率高。

目前,果树嫁接机主要为枝接机械,通过机械部件传动,用刀具将接穗和砧木切成固定的切口,然后人工对接包扎。图3-53为国外应用的果树嫁接机械,适合室内嫁接,切口为"V"形。主要部件有手柄、导向柱、上刀架、刀体、下刀槽、底座等,特点是刀体的水平截面为"V"形,刀座上有可以与"V"形刀体相啮合的刀槽。使用时将手柄提起,在刀体和下刀槽之间形成空当,将待嫁接接穗(砧木)放在下刀槽上,将手柄压下。上刀架通过导向柱向下刀槽运动,刀体固定在上刀架上,刀体切割接穗(砧

图 3 - 53　果树嫁接机(引自 http://www.mercier – california.com)

木)。刀体的"V"形夹角 20°~30°,可以根据接穗(砧木)的粗细或者要求的切削面调整夹角,刀体的切割刃相对于底座呈小于 90°的夹角,刀体进入下刀槽完成切割。

　　台湾发明的果蔬嫁接器为手持式,体积小,重量轻,田间和室内使用均可,其接口为"U"形(图 3 - 54)。适宜嫁接的枝条直径为 5~12mm。为了进一步减轻劳动强度,有的嫁接机采用气动装置。

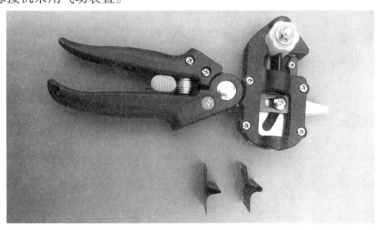

图 3 - 54　手持式果树嫁接机

　　在压条繁育的自根砧苗培育过程中,砧木需要先从母株上切割下来,经清洗分级后在工作台上完成品种嫁接,嫁接好的芽苗需要定植在苗圃中用来培育商品大苗,由于这一定植过程需要大量的劳动力,因此,欧洲的苗圃多采用芽苗定植机来完成这一过程。

三、起苗机械

起苗是苗木培育的重要环节之一,起苗质量的优劣直接关系到苗木建园后的生长发育,进而影响开始结果的时间。采用机械起苗不但能有效保证起苗的根系质量、规格一致,而且可以大大提高起苗效率,节省劳力。因此,机械起苗是实现苗木高标准生产的重要措施之一。

机械起苗就是当拖拉机拖动起苗机前进时,起苗刀切入苗床(或苗垄),在要求土层深度位置切开土垡的同时,切断苗根和松碎土垡,然后由人工或机械从松土中捡出苗木。

目前国内所用的起苗机绝大多数是悬挂式,根据所起果苗的规格不同可分为小苗起苗机(图3-55)和大苗起苗机(图3-56)2种。一般起苗机起苗后的捡苗、分级和包装等工序还需要由人工完成。在国外和国内少数新产品上,起苗铲后装有抖动装置或敲打苗根的装置,用以增加苗根与土壤的分离程度。至于起苗、捡苗、分级、包装多工序联合作业机,许多国家都在研究,但工作可靠、使用较多的还是专用功能的起苗机。

图3-55 小苗起苗机(引自伊犁州农机网)

为保证果树苗质量,机械起苗机应满足下述技术要求:一是起苗深度应符合起苗技术要求,一般是在15~35cm。二是保证切口整齐,不可有撕断根系现象。三是起苗时不可产生土垡翻转和土壤位移现象,以免埋苗和伤苗。起后苗木应当仍然直立或略倾斜于松土中,以便于人工捡苗。

小苗起苗机的适用范围依具体机型决定,若水平切土刀与主梁间的距离大,其起苗高度就大些,一般起苗高度为80cm左右(自根的切口到枝梢顶部的高度),所切主根直径在2cm以内,起苗深度可达30cm。

图 3 - 56 　新西兰大型起苗机

四、打捆包装机械

目前对苗木捆扎多采用人工方式,有的借用箱包打包机进行苗木捆扎,但箱包打包机多为卧式操作,在捆扎苗木过程中容易在工作台面上积聚枝叶、土壤,玷污包带黏合机构使之常出故障,需增加清理维护工序,严重影响作业质量,降低工作效率。结合果树苗木特点,将箱包打包机改造成立式捆扎机,解决捆扎苗木过程中工作台面上积聚枝叶、土的问题。

操作时,将苗木放在捆扎机的工作台面上,调整适当的供带长度,机器自动供带;操作者将捆包带绕过苗木,将带头沿着导向槽插入直至触动微动开关,右刀便立即上升,将带头顶住,随之带子被收紧后,另一端也被上升的左刀顶住,中刀立即上升,将带子切断;与此同时,表面温度约180℃的热刀伸入上下层带子的中间,使聚丙烯包装带表面热熔,随后热刀迅速退出,中刀继续上升,将热熔处的打包带压紧,使接头焊接牢固。最后,中刀、右刀、左刀下降将带子释放,前后经过约1.5s,完成1次捆扎过程。

五、除草机械

市场上的果树苗圃专用除草机械目前种类较少,主要是园林除草机械。较为常用的有小型打草机、小型半自动割草机、小型自动割草机、大型自动割草机等。其中,小型打草机适用于当行间杂草高于20cm时进行刈割,效率较低,但是操作方便,对操作空间要求小,行间甚至树下的杂草都可以进行有效刈割,小型苗圃和大型苗圃都可以应用。其余几种割草机工作效率较高,但都需要一定的行间作业道,并且需要地势较为平坦,适于大型苗圃及果园行间杂草的防除,并且需要杂草高度20cm以下及时刈割,杂草太高时,刈割效果不理想。适于苗圃专用的除草机械还比较缺乏,一般应用的除草机械都只能在行间应用,树下杂草还是以人工铲除为主。

六、植保机械

苗圃常用的植保机械与果园常用的植保机械相同,主要是一些机械化的喷药设备,如国产弥雾机、进口大型弥雾机等,这些设备的共同点是喷药的工作效率大大提高,如进口大型弥雾机每天可完成 $20 \sim 30 hm^2$ 苗圃的喷药工作,并且采用机械弥雾技术,药液雾化效果好,药效高,可有效提高农药使用效果,减少农药使用量,但价格较高,适用于有一定经济实力的大型苗圃。

七、其他机械

苗圃常用的机械设备还有旋耕机、微耕机、微喷灌设备等。其中旋耕机松土深度可达40cm以上,主要用于育苗前平整土地及疏松土壤,微耕机由于体积较小,松土深度 20~30cm,常用于生长季节行间中耕除草、松土保墒,在杂草长到20cm左右时、可在雨后进行中耕除草。微灌设备是进行肥水一体化管理的专业设备,包括肥水混合、过滤设备、中央控制系统、输水主管道、微灌喷头等,通过微灌实行肥水一体化能有效提高苗圃的水肥利用效率,减少肥料投入,由于造价较高,适于大型苗圃应用。小型苗圃可应用简易的肥水一体化系统,如将肥料按使用量加入蓄水池,然后使用喷灌带进行简易的喷灌,效果也很好,造价又低,需要时铺在地上,灌水完毕可以收回保存,用时再铺设,可以来回移动,如果使用得当,一般使用寿命可以达到3~5年,是小型苗圃较好的选择。

第四章

仁果类果树苗木培育

本章导读： 本章主要介绍了以苹果苗、梨苗、山楂苗为代表的仁果类果树育苗技术，分别从常用砧木选择、砧木种子采集处理、砧木苗培育、品种嫁接和接后管理以及各类型苗木质量标准等方面进行了较为全面的论述。

第一节　苹果苗培育

一、砧木种子采集与处理

(一)砧木种子的采集

砧木种子应采自品种纯正、生长健壮、无病虫害的砧木母本树上,并注意母本树类型的一致性。采种时期在果实充分成熟时,凡着色良好、个大、端正的果实,种子饱满,成熟度高,否则,种子发育不良,成熟度差,会影响苗木质量。

八棱海棠、山定子等果实采收后,可放入容器或堆放在背阴处,促使果实后熟,果肉软化。在堆放过程中经常翻动果实,防止发酵造成温度过高而影响种子发芽力。果实软化后除去果肉、杂质,取出并洗净种子,种子放在通风背阴处阴干,不宜在阳光下晒,否则会影响种子生活力。如果因气候原因需要在室内干燥的,室内温度应控制在40℃以下,并且缓慢升温。种子干燥后冷却。

苹果砧木种子纯净度应在90%以上,剔除杂质、破粒、瘪粒和小粒种子。

图4-1　八棱海棠果实　　　　　　　图4-2　八棱海棠种子

(二)砧木种子的处理

苹果砧木种子在秋季成熟后,处于休眠状态。种子需要吸取一定水分,在低温、通气、湿润条件下经过一定时间的层积处理完成后熟,才能发芽。

1. *沙藏时间*　苹果砧木种子开始沙藏的时间应根据种子完成后熟所需天数、播种时间及当地立地条件等综合确定。苹果砧木种子完成后熟所需天数见表4-1。一般西府海棠以12月下旬或翌年1月上旬开始沙藏为宜,沙藏期约60天。楸子以12月上旬开始沙藏为宜,沙藏期80~100天。新疆野苹果以12月中旬开始沙藏为宜,沙藏期 80~90 天。

表 4-1　苹果砧木种子完成后熟所需天数

种类	层积天数(天)	种类	层积天数(天)
山定子	25~40	海棠果	40~60
毛山定子	25~40	沙果	60
河南海棠	30~40	新疆野苹果	70
三叶海棠	30~40	吉尔吉斯苹果	70
湖北海棠	30~50	小海棠	60~80
西府海棠	40~60	苹果	60~80

2. *沙藏的方法*　少量种子可用瓦盆或木箱等容器进行沙藏。大量种子沙藏时,可在排水良好的阴凉处,挖沟储藏。

3. *浸种催芽*　沙藏处理是海棠种子常规的催芽方法。这种方法需要的时间较长,易遭受鼠害,没有处理经验的常使种子腐烂,造成损失。如果来不及进行沙藏处理,可采用温水催芽的方法,效果很好,播种后苗木生长整齐健壮,当年夏季即可全部芽接。

播种前 20~25 天,将海棠种子用清水洗净,清除干瘪种子,然后放在 30~40℃的温水中浸泡 3~4 小时。用手不断搓洗种子。将种子捞出后再用清水浸泡 2~3 小时,用 4 倍湿锯末(以手握能成团而不出水,撒开手不散团为宜)将种子混合均匀,装入花盆或木箱内,放在塑料棚内,或在花盆或木箱上绑一层塑料薄膜,然后放在阳光充足的地方进行催芽。一般 7~8 天就有少量种子开始发芽,16~18 天又有 30%~40% 的种子发芽时,就可播种。在催芽过程中要经常检查盆内或木箱内的湿度,见干就喷水,保持湿润,并随时翻动种子,以利发芽均匀。

二、砧木种子播种与幼苗管理

(一)苗圃地的选择

苹果苗圃地以选择地势平坦、土层深厚、肥沃、排灌方便、光照充足、中性或微酸性的沙壤土为好,要求无危害苗木的病虫,且不能重茬,种植白菜、萝卜的地块容易发生猝倒病,不宜做育苗田。育过苗的地要经过 3~4 年轮作后才可再育苗。

(二)苗圃地的准备

冬前或早春土壤解冻后耕翻,深度 30cm 以上。施足基肥,每 $667m^2$ 施入优质有机肥 3 000~5 000kg、过磷酸钙 40~50kg 或磷酸二铵 20kg。为预防立枯病、根腐病和蛴螬等,结合整地每 $667m^2$ 喷洒五氯硝基苯粉和辛硫磷各 3kg。耕翻后整平耙细,按播种要求做畦。畦宽 1.5~1.6m,长 10m 左右,畦埂宽 30cm。

(三)种子播种

当气温达到 5℃以上,5cm 地温达到 7~8℃时,华北地区约在 3 月中下旬即可播种,南早北晚。播种量因砧木种类和种子质量不同而异,一般八棱海棠每 $667m^2$ 播种 2~3.5kg。播种前将沙藏种子放于温暖、潮湿条件下催芽,当有一半种子露白时即可播种。

多采用带状条播。畦宽 1.5～1.6m,每畦播 4 行,窄行行距 25～30cm,宽行(带距)40～50cm。播种沟深 2.5cm 左右,沟内灌小水,水渗后播种覆土,上面撒一层细沙或一薄层作物秸秆,防止土壤板结。为加速苗木生长,可加盖地膜或小拱棚。

苹果砧木种子为小粒种子,出土时拱土能力很差,给播种带来一些困难,因为播种比较浅,在早春干旱条件下,很不容易保持种子出苗过程中的湿度,苗木出齐前又不能灌水,否则土壤板结,影响苗木出土。解决的方法有:一是充足的底墒;二是适时播种,地温合适,种子状态好,已开始发芽;三是播种沟坐底水;四是播后覆小垄,局部加深播种深度,提高保水能力,当种子部分发芽,开始出土时,再平去小垄,这样既满足了种子发芽出土的湿度要求,又不影响种子出土,适合北方春季干旱条件下应用。

(四)幼苗管理

地膜覆盖育苗,播种后 10～15 天即可出齐,此时破膜放苗,扣小拱棚的经过 10 天左右的通风锻炼后,可拆除拱棚。露地育苗,苗木出土前和幼苗期,如土壤干旱,可在傍晚喷水保湿,注意禁止大水漫灌,以防止土壤板结。小苗长出 3～5 片真叶时间苗和移栽,株距 10cm 左右,移栽时宜带土,栽后单株灌小水。

苗木长到 5～6 片真叶时第二次间苗,株距 20～30cm。间苗后每 667m² 追施尿素 5kg 或磷酸二铵 5kg。追肥后灌水并中耕松土。注意防治苗期立枯病、白粉病、缺铁黄叶病和蚜虫等病虫害。结合病虫害的防治,于叶面喷施 0.3% 尿素溶液。为促进苗木加粗,在苗高 40～60cm 时摘心。

三、苗木嫁接与接后管理

(一)枝接

1. **接穗的采集与处理** 接穗应从品种纯正、生长健壮,具备丰产、稳产等优质性状、无病毒病和检疫对象母本树上采集,最好采集树冠外围的 1 年生发育枝。枝接接穗一般是结合冬季修剪时采集。采集后 50 根捆一捆,挂好标签,放于地窖中用湿沙土埋好或选背阴处挖沟沙藏保湿。有条件的可放于 -2～3℃ 的冷库中保湿存放,在冷库中可周年保存。利用储存接穗从 3 月中旬至 9 月上旬进行嵌芽接,嫁接成活率无显著差异。

嫁接前取出枝条用清水冲洗干净,晾干表面水分后剪成 5～10cm 长的枝段。为防止嫁接后接穗失水和提高成活率,可先对接穗蘸蜡处理。近年来苗木生产中多采用单芽腹接,节约接穗,省去蘸蜡,嫁接速度快,成活率高。

2. **枝接时期** 春季枝接在果树早春树液开始流动以后即可进行,在保证接穗不萌芽的前提下,嫁接时期可适当延后,但砧木应在树液流动前在接口上 5～10cm 剪砧,嫁接时在嫁接部位二次剪砧。在生产中枝接可持续到砧木展叶以后。

3. **枝接方法** 常用的枝接方法有劈接、腹接、单芽腹接等。

(二)芽接

普通苹果育苗为两年育成,春季播种当年秋季芽接,要求芽接后当年接芽不萌发,翌年秋季出圃,采用"T"字形芽接,一般是在 8～9 月砧木、接穗都离皮时进行。嫁接过早,接芽容易当年萌发,或砧木加粗容易包埋接芽,影响翌年春季接芽萌发;过晚,砧、穗皮层不易剥离,影响嫁接的工作效率和嫁接成活率。如果接穗离皮不好,而砧木能正常离皮时,可用带木质部芽接,若砧木也不离皮,采用嵌芽接。春季芽接时期为春季萌芽前至展叶期,在北方大部分地区为 3 月初至 4 月初,一般采用单芽腹接或嵌芽接。

在培育"三当"速生苗(当年播种、当年嫁接、当年出圃)或矮化中间砧 2 年速生苗时,一般在 5 月下旬至 6 月下旬进行芽接,采用储藏休眠枝条作接穗,可用嵌芽接。采用当年新梢做接穗,如果砧、穗都能离皮,可采用"T"字形芽接,也可采用嵌芽接;如果接穗离皮不好,而砧木能正常离皮时,可用带木质部的"T"字形芽接;若砧、穗都不能离皮,只能采用嵌芽接。

(三)接后管理

1. **接后检查** 接后及时检查成活率,适时解绑、补接、剪砧除萌。

2. **土壤追肥、灌水、中耕除草** 进入 6 月以后苗木生长迅速,需水肥较多。为促进苗木生长和加粗应追肥 1 次,灌水并进行中耕除草。春季播种的实生苗追肥以氮肥为主,每 $667m^2$ 追施尿素 5～10kg;2 年生嫁接苗,每 $667m^2$ 追施尿素 10～15kg 或硫酸铵 15～20kg。追肥后及时灌水和中耕除草。8 月雨水较多,嫁接苗生长旺盛,为了嫁接苗充实健壮,应适当控制灌水次数和施氮肥的量,应适当增施磷、钾肥或于叶面喷施磷酸二氢钾。8 月中下旬可对苗木轻摘心,以加深其木质化程度。

3. **叶面追肥** 6 月以后苗木生长迅速,此期如果水分过大,会引起徒长,新梢顶端黄化。特别是黏重土壤,通透性差,影响根系吸收功能,黄化严重。可多次叶面喷肥,喷布 0.3% 尿素溶液加 0.2%～0.3% 磷酸二氢钾溶液,或喷布 0.3% 尿素溶液加 0.2% 磷酸二氢钾溶液,加 0.2% 硫酸亚铁溶液。

4. **成苗圃内整形** 当苗高长至 60～80cm 时,及时摘心,促生分枝。摘心法促发的分枝一般角度小,生长势强,应扭梢或拉枝进行生长势和角度的控制。促进分枝的方法还有涂抹发枝素定位发枝。在新梢顶端留叶柄摘叶,然后间隔20天左右连续喷 3～5 次普洛马林,可促发分枝。

5. **病虫害防治** 注意对苗木病虫害的防治。此期病虫害主要有斑点落叶病、白粉病、红蜘蛛、蚜虫、顶梢卷叶蛾等,具体用药可参考果园相应病虫害的防治部分内容。

四、矮化砧苹果苗培育

(一)建立矮化砧扩繁圃

通过营养繁殖而具有根系的矮化砧苗,再嫁接苹果品种接穗而育成的苗木叫作矮化自根砧苹果苗。如果把矮化砧接在普通的砧木上,作为中间砧,再在中间砧上嫁接苹果栽培品种,这样育成的苗木叫矮化中间砧苹果苗,因此,繁殖自根砧苗和中间砧苗都需要建立矮化砧扩繁圃,以供应充足的矮化砧木自根苗或矮化中间砧木接穗。扩繁圃一般建成压条圃,既可提供矮化自根砧苗,又可生产矮化中间砧木接穗。如果只繁殖中间砧接穗，也可培育成矮化砧自根树。扩繁圃内禁止直接嫁接品种和分段芽接品种，以防病毒传播和造成品种混乱。

（二）矮化自根砧苗的培育

1. 压条繁殖 矮化自根砧苗通常是用压条方法繁殖的。压条繁殖是将未脱离母体的枝条压入土中，待形成不定根并进而生根后把枝条切离母体成为独立植株的一种繁殖方法。压条繁殖生根过程中所需的水分、养分都由母体供应，所以，该方法简便易行，成活率高，管理容易。但由于受母体的限制，压条繁殖的缺陷是繁殖系数较低，且生根时间较长。

苹果压条繁殖的方法包括水平压条和垂直压条（直立压条）两种。随着母株的扩大，可以采用水平压条和垂直压条相结合的方法。

压条繁殖的矮化自根砧苗，需按照一定株行距归圃移栽到生产圃中，经培育后再芽接或枝接苹果品种。为保证苗木质量和方便管理，栽植密度一般为行距 50～60cm，株距 20～30cm。每 667m² 出苗 4 500～6 500 株。

（1）水平压条技术。水平压条多用于枝条细长柔软的矮化砧类型，如 M7、M2等。水平压条多在春季多数芽萌发后进行。选用矮化砧母株上的 1 年生枝条，剪去枝梢的不充实部分，抹除母株苗干基部和梢部的芽，顺母株栽植的倾斜方向将枝条压倒于预先挖好的浅沟中，固定于沟内，或用塑料薄膜带将相邻两株矮化枝条首尾绑缚于浅沟内，使其低于地面 2～3cm。待新梢长到 15～20cm 时，进行第一次培土或使用混合土（园土、腐熟锯末、细沙土各占 1/3）；使用混合土的好处是保证栽植沟内土壤有良好的保水性和透气性，促使根部发育良好，剪砧时也不宜损伤根系。培土前先把新梢基部的叶片摘除，用潮湿细土培在新梢基部，培土厚度约为 10cm。也可先灌水、后培土，以保持土壤湿润。20～30 天后即可发根。1 个月后进行第二次培土，两次培土厚度共 30cm 左右。二次培土的同时，在新梢的适当部位进行芽接或者绿枝嫁接栽培品种，嫁接成活后及时剪砧，促使嫁接苗生长成株。

在水平压条繁殖苗的生长期内，要特别注意保持土壤湿润，旱时需要适时灌水，并适量追肥，注意病虫害防治，使砧木苗生长健壮，根系良好。当年晚秋、初冬时，将培土全部扒开，露出水平压倒的母株苗干及其上 1 年生枝基部长出的根系。将每个生根的 1 年生枝在基部留 1cm 的短桩剪下成为砧木苗，而压倒的母株苗干及苗干上留下的一些有根的短桩则留在原处。剪下的砧木苗分级后，窖藏沙培越冬。短桩上的剪口要略微倾斜，以便下一年从剪口下萌发新梢后可继续进行培土生根。母株苗干上长出的未生根的 1 年生枝可留在原地不剪，作为母株继续水平压条，压倒时应与原母株苗干平行，并有 10cm 的间距。母株苗干上长出的未生根的细弱枝全部剪除。剪苗后的原母株苗干，重新培土灌水越冬，待第二年春天扒开母株水平苗干上的培土，隐约露出母株水平苗干及其上的短桩；短桩上的新梢穿土而出，待新梢长至 15cm 时开始培土，重复上一年的工作过程。

图4-3 自根砧斜栽准备压条   图4-4 自根砧压条前

1.扒去根部土,形成小沟,压条用。

2. 将全部枝条顺小沟压平、用工具固定。

3.围土,埋住枝条,露出叶片。

4. 翌年春新梢生长情况。

5. 翌年秋新株生长情况。

图4-5　自根砧压条

图4-6　自根砧起苗

图4-7　砧木苗分级

图4-8　砧木苗打捆

图4-9　砧木苗短截

（2）垂直压条技术。垂直压条多用于枝条粗壮直立、硬而较脆的矮化砧类

图4-10　砧木苗包装

型,如M8、M9、M4、M26、MM104、MM106等。

春季将矮化砧母株从近地面处短截,促使近地面处萌发较多新梢。待新梢长到15~20cm时,摘除新梢基部的叶片。灌水后,在新梢基部进行第一次培土,培土厚度10cm左右,保持土壤湿润。1个月后进行第二次培土,两次培土的厚度共约30cm。培土的同时,在新梢的适当部位进行芽接或者绿枝嫁接栽培品种,嫁接成活后及时剪砧,促使嫁接苗生长成株。当年或者翌年与母株分离,独立形成自根矮化砧的苹果苗,即可定植。

2. **扦插繁殖**　扦插繁殖是利用离体的植物营养器官具有再生植株的能力,切取其根、茎的一部分,在一定的条件下,插入土、沙或其他基质中,使其生根发芽,经过培育发育成为完整植株的繁殖方法。扦插繁殖除具备营养苗繁殖的基本特点外,还具有方法简便、取材容易、成苗迅速、繁育系数大等优点。扦插繁殖育苗在管理上要求比较精细,必须给予适当的温度、湿度等外界条件,才能保证成活、成苗。

(1)影响扦插成活的因素。

A. 矮化砧木的品种类型。不同的砧木品种由于其遗传特性的差异,在形态、结构、生长发育规律及对外界环境条件的同化及适应能力等方面都有差别,因而在扦插过程中生根的难易程度不同;有的扦插后很易生根,有的稍难或很难生根。一般而言,MM111、MM106较易生根,而M3、M4和M11较难生根。

B. 矮化砧母株及枝条的年龄。矮化砧插穗的生根能力随着母株树龄的增加而降低,母株树龄越大,阶段发育越老,则生活力衰弱,生长激素减少,细胞生育能力下降;相反,幼龄母株由于其阶段年龄较短,营养丰富,激素较多,细胞分生能力强,有利于生根。因此,从幼龄母株上采下的枝条容易生根,1年生的枝条扦插成活率较高,2年生的枝条生根率会有所下降。

C. 温度。温度对插穗生根的影响表现在气温和地温两个方面。地温主要影响插穗的生根速度,气温主要满足芽的活动和叶片的光合作用。气温较高时,叶、芽的生理活动强,有利于营养物质的积累并促进生根;但较高的气温也明显使叶部蒸腾加速,往往引起插穗失水枯萎。所以,在插穗生根期间,最好能够通过塑料大棚、电热温床等设施条件,提高地温,创造地温略高于气温的环境,扦插育苗。

D. 水分。在扦插繁殖育苗时,空气、基质中的水分及插穗本身的含水量都影响扦插后的成活与否及扦插的成活率。特别是嫩枝扦插,空气湿度的大小是决定扦插能否成功的关键。生产上,一般采用人工弥雾设施来促进苹果嫩枝扦插的生根效率。

E. 光照。充足的光照能提高插床的温度和控制条件下插床内的空气相对湿度,因此也是嫩枝扦插生根不可缺少的条件。因此充足的光照往往促进光合作用,此情况下插穗体内所产生的碳素营养物质和植物生长激素对插穗生根具有促进作用,可以缩短生根时间,提高成活率。但是,光照过强会增加水分蒸发量,导致插穗水分失去平衡,严重的可能引起枝条干枯或灼伤,降低成活率。生产实践中,对于苹果矮化砧木的嫩枝扦插,一般采取前期遮光、后期全光照并且全自动喷雾的方法,将温度、湿度和光照控制在最适于插穗生根的条件范围内。

F. 透气情况。插穗形成愈伤组织的过程是一个代谢旺盛的活动,进行着强烈的呼吸作用,需要足够的氧气。通气情况主要是指插床中的空气状况和氧气含量。通气情况良好,呼吸作用需要的氧气就能够得到充足供应,有利于扦插成活。疏松、透气性好的基质对插穗生根具有促进作用。

(2)扦插繁殖的方法。苹果矮化砧木的扦插繁殖,常用硬枝扦插、嫩枝扦插和根段扦插3种方法。

A. 硬枝扦插技术。硬枝扦插所需插穗多在矮化砧母本园中于秋冬季采集1年生成熟枝条,剪留长度15~20cm,上端剪平,下端剪成斜面,按50或100条捆成一捆,直立深埋在湿沙或锯末中,上部覆沙5~6cm厚;环境温度保持在4~5℃,促使插穗基部形成愈伤组织。翌年扦插前,圃地应施肥、整平,充分灌水。冬季储藏期间形成不定根的插穗,可直接用于扦插。冬季储藏期间未生根的插穗,用40~50μg/L吲哚乙酸液浸泡基部24h,或者用1 500μg/L吲哚丁酸液浸泡基部10s,然后扦插可提高生根率。扦插时,按50cm行距开沟,依株距5~7cm将插穗斜放在沟壁内,覆土。扦插后,经常保持土壤湿润。

矮化砧木中,行硬枝扦插的MM106最易生根,生根率可达89%~92%。扦插生根能力较强的还有M104、M9和M26等,MM4生根较差。

B. 嫩枝扦插技术。嫩枝扦插须在具有人工弥雾装置的苗床内进行,苗床基质可用蛭石、细沙,或3份细沙与1份泥炭混合。扦插采用矮化砧母本园生长健壮的半木质化新梢。剪穗前,对其进行遮光黄化处理,能够促进激素合成,加快生根速度。插穗长8~12cm,留2~3个芽,保留上部叶片,下端剪成斜面,按行距5~10cm、株距2.5cm扦插于苗床内。扦插后立即进行人工弥雾,先适当遮阴,后逐渐加光,经4~6周生根后,可移栽繁殖。

不同的矮化砧品种的发根率不同,MM106和M26的发根率能达90%,M9发根率可达70%。移栽露地后生长良好。嫩枝扦插可与嫁接剪砧配合施行,以提高繁殖系数。

C. 根段扦插技术。可利用秋季矮化砧自根苗起苗后,残留在圃地内的、粗度

0.5cm 以上的根段,也可以直接由矮化砧母本园的自根矮化砧母枝上剪取枝段。接穗长 10cm 左右,下端剪成斜面,50～100 根捆扎于温室内的塑料薄膜袋中。扦插后,温度保持在 15℃,7～10 天抽穗生根,将温度升高到 21℃,促使不定芽萌发生长。此法繁殖速度快,效率高,春季将砧苗移栽,秋季可达芽接粗度。

(三)矮化中间砧苹果苗的培育

1. **单芽嫁接** 第一年春播普通砧木种子,得到实生苗,秋季芽接或翌年春季单芽腹接矮化砧。翌年得到矮化中间砧苗,第二年秋季或第三年春季在要求中间砧长度(20～35cm)的地方芽接或单芽腹接苹果品种。第三年秋后育成矮化中间砧苹果苗。

如果采用普通砧快速育苗的方法,在翌年 5 月下旬至 7 月上旬接品种芽片,接好后,摘除中间砧苗的顶梢,使其充实、加粗,有利于接芽的成活。接芽成活后 7～10 天,在接芽上端 2～3cm 处将砧梢折倒在接芽的反面,如果中间砧段有副梢或叶片完好,也可于接芽上方直接剪去砧梢。采用这种方法秋后即可得到矮化中间砧苹果速成苗,育苗周期可由 3 年缩短为 2 年。采用此方法的技术关键是嫁接时期不可过晚,一般华北地区不晚于 7 月中旬;中间砧段保留副梢或保证叶片完好;品种接芽最好为储存的越冬芽,因当年新梢上的芽宜选用中部饱满芽,中下部和上部芽萌发慢,当年苗木生长弱;嫁接方法以嵌芽接为好成活率高,萌芽整齐。

2. **分段芽接** 也叫枝芽结合接法。第一年春播普通砧木种子,得到实生苗,秋季芽接矮化砧。翌年秋季,在矮化中间砧苗上每隔 30～40cm 分段芽接苹果品种芽片。第三年春季留最下部一个品种芽剪砧,剪下的枝条从每个品种芽上部分段剪截,每段枝条顶端有 1 个成活的品种接芽,将其枝接在培育好的普通基砧上,秋季成苗出圃。分段芽接只能在生产圃中进行,不能在砧木扩繁圃或母本保存圃中嫁接。

3. **春季二重枝接** 早春将苹果品种接穗枝接在矮化中间砧茎段上,然后将这一茎段枝接在普通砧木上,称为二重枝接。这种方法在较好的肥水条件下,当年便可获得质量较好的矮化中间砧苹果苗。采用二重枝接时对中间砧段保湿非常重要,可把带有苹果品种接穗的中间砧段,在 95～100℃ 石蜡液中浸蘸一下再接,并用塑料薄膜包严接口,基部培土少许;少量繁殖苗木时也可将带有苹果品种接穗的中间砧茎段,事先用塑料薄膜缠严,再嫁接到普通砧木上,品种萌发后,要逐渐去除包扎的薄膜,至新梢长 5～10cm 时才能全部除去。

4. **双芽靠接** 第一年秋季,在普通砧木实生苗近地面处,相对的两侧分别接矮化砧和品种芽各 1 个。翌年春季剪砧,2 个接芽分别萌发。夏季将 2 个新梢靠接,靠接的部位要使留存的中间砧长为 20～35cm。成活后,秋季剪去矮化砧新梢上段和品种新梢下段,这样 2 年即育出矮化中间砧果苗。因为在同一普通砧上同时培育出两种适合的靠接的新梢比较困难,所以双芽靠接法在生产上应用较少。

5. **中间砧段长度对致矮效果的影响** 郭金利等(2001)对采用不同长度矮化中间砧(GM256)的金红苹果树树体生长状况的调查研究结果表明,无论是幼树还是初盛果期树,随着中间砧长度增加,其株高、新梢生长量均递减,短枝、叶丛枝、中长枝数量均呈递增趋势。但随着中间砧长度的增加,对金红幼树的株高、新梢生长量、短枝、

图 4 - 11　基砧芽接矮化中间砧

图 4 - 12　矮化中间砧接品
种前

图 4 - 13　矮化中间砧芽
接品种

图 4 - 14　品种芽嫁接后折砧

图 4 - 15　品种芽成活
后剪砧

图 4 - 16　当年可出圃的成品苗

图 4 - 17　秋季嫁接的矮化中间砧芽苗

叶丛枝、中长枝数量的增减量不如对金红初盛果期树相应指标增减的变幅大。由此说明,在一定范围内,随着树龄的增加,中间砧的矮化作用逐渐显著。秦立者等(2008)研究了 M26 中间砧地上部砧段长度对红富士苹果生长发育的影响,结果表明:苹果矮化中间砧地上部砧段长度对红富士苹果树树体生长有显著影响;中间砧露出地面越高,对树体生长的抑制作用越明显,露出地面低则矮化效果不理想;适宜的露地高度为 10 ~ 15cm。

由于当前苹果生产上只有我国等少数国家在苹果矮化密植栽培中应用中间砧的方法,所以,该方面研究多限于国内。但目前我国关于苹果矮化中间砧的长度对矮化效果的影响尚缺乏全面和系统的研究,因此,生产中采用的中间砧的长度还需要根据基砧的种类、中间砧的类型及不同的苹果品种和产地进行相关的试验和规范。总体而言,对于常用的中间砧品种,在不易发生冻害的地区,可按常规方法使用长 20 ~ 30cm 的中间砧段;在经常出现冻害的地区,则应加大中间砧段的长度至 50 ~ 60cm 或更长些。

五、苹果苗的质量标准

培育和栽植优质苗木,是实现苹果早期丰产和连年高产、稳产的前提条件。一般凡属优质苗木,除了品种与砧木类型纯正外,还应具备以下条件:根系发达,茎干粗壮,嫁接部位的砧段长度合适,整形带内的芽子大而充实,接口部位愈合良好,剪口完全愈合。

苗木分级总的要求是:品种、砧木纯正,地上部健壮充实,符合要求的高度和粗度;芽饱满,根系发达,须根多,断根少,无严重病虫害和机械损伤,嫁接部位愈合良好。表 4 - 2 为苹果苗木国家标准。

表 4-2　苹果苗木国家标准（实生砧苹果苗）

项目		级别		
		一级	二级	三级
品种与砧木类型		纯正		
根	侧根数量	5 条以上	4 条以上	4 条以上
	侧根基部粗度	0.45cm 以上	0.35cm 以上	0.3cm 以上
	侧根长度	20cm 以上		
	侧根分布	均匀,舒展而不卷曲		
茎	砧段长度	5cm 以下		
	高度	120cm 以上	100cm 以上	80cm 以上
	粗度	1.2cm 以上	1cm 以上	0.8cm 以上
	倾斜度	15°以下		
根皮与茎皮		无干缩皱皮,无新损伤处,老损伤处总面积不超过 1cm^2		
芽	整形带内饱满芽数	8 个以上	6 个以上	6 个以上
接合部愈合程度		愈合良好		
砧桩处理与愈合程度		砧桩剪除,剪口环状愈合或完全愈合		

表 4-3　苹果苗木国家标准（营养系矮化中间砧苹果苗）

项目		级别		
		一级	二级	三级
品种与砧木类型		纯正		
根	侧根数量	5 条以上	4 条以上	4 条以上
	侧根基部粗度	0.45cm 以上	0.35cm 以上	0.3cm 以上
	侧根长度	20cm 以上		
	侧根分布	均匀,舒展而不卷曲		
茎	砧段长度	5cm 以下		
	中间砧段长度	20~35cm,但同一苗圃的变幅不超过 5cm		
	高度	120cm 以上	100cm 以上	80cm 以上
	粗度	0.8cm 以上	0.7cm 以上	0.6cm 以上
	倾斜度	15°以下		
根皮与茎皮		无干缩皱皮,无新损伤处,老损伤处总面积不超过 1cm^2		
芽	整形带内饱满芽数	8 个以上	6 个以上	6 个以上
接合部愈合程度		愈合良好		
砧桩处理与愈合程度		砧桩剪除,剪口环状愈合或完全愈合		

表4-4 苹果苗木国家标准(营养系矮化砧苹果苗)

项目		级别		
		一级	二级	三级
品种与砧木类型		纯正		
根	侧根数量	15条以上	15条以上	10条以上
	侧根基部粗度	0.25cm以上	0.2cm以上	0.2cm以上
	侧根长度	20cm以上		
	侧根分布	均匀,舒展而不卷曲		
茎	砧段长度	10~20cm		
	高度	120cm以上	100cm以上	80cm以上
	粗度	1cm以上	0.8cm以上	0.7cm以上
	倾斜度	15°以下		
根皮与茎皮		无干缩皱皮,无新损伤处,老损伤处总面积不超过1cm^2		
芽	整形带内饱满芽数	8个以上	6个以上	6个以上
接合部愈合程度		愈合良好		
砧桩处理与愈合程度		砧桩剪除,剪口环状愈合或完全愈合		

注:根皮与茎皮损伤:包括自然、人为、机械、病虫损伤,无愈合组织为新损伤处,有环状愈合组织的为老损伤处。

侧根数量:指地下茎段直接长出的侧根数。

侧根基部粗度:指侧根基部2cm处的直径。

侧根长度:指侧根基部至先端的距离。

砧段长度:指砧木由地表至苗木基部嫁接口的距离。

茎高度:指地面至嫁接品种茎先端芽基部的距离。

茎粗度:指品种嫁接口以上10cm处的直径。

茎倾斜度:指嫁接口上下茎段之间的倾斜角度。

整形带:指地面以上50~70cm的范围。

饱满芽:指整形带内生长发育良好的健壮芽,如果其芽发出副梢,一个木质化的副梢,计一个饱满芽;未木质化的副梢不计。

接合部愈合程度:指各嫁接接口愈合程度。

砧桩处理与愈合程度:指各嫁接接口上部的砧桩是否剪除及其剪口的愈合情况。

第二节 梨苗木的培育

梨树在遗传性状上高度杂合,通过种子繁殖根本无法保持亲本的经济性状,生产上主要采用嫁接繁殖的方法。因此,培育梨树苗木时,必须先培育砧木苗,然后嫁接栽培品种接穗。梨树苗木质量的好坏,直接影响到建园的效果和果园的经济效益。因此,培育品种纯正、砧木适宜的优质苗木,既是梨树良种繁育的基本任务,也是梨树栽培管理的重要环节。

一、砧木种子采集与处理

砧木种子的质量是育苗的关键。梨树育苗一般采用杜梨、豆梨和秋子梨做砧木。生命力强的种子,种皮红褐色,有光泽;种粒饱满,发育充实,放入水中下沉;种仁呈乳白色,种胚及子叶界限分明。

(一)砧木种子采集和储藏

待果实内种子充分成熟后,采回果实。首先选择果实肥大、果形端正的堆放起来,厚度25~30cm,温度控制在30℃以下,使其腐烂变软。然后将果肉揉碎,取出种子,用清水淘洗干净,放在室内或阴凉处充分晾干,切不可在太阳下暴晒。最后去秕、去劣、去杂,选出饱满的种子,根据种子大小饱满程度或重量加以分级。放在温度为0~8℃,空气相对湿度为50%~80%,良好通风条件下进行储藏,注意防止鼠害和霉烂变质。

(二)砧木种子层积处理

梨砧木成熟种子具有自然休眠特性,需要经过适宜条件下完成后熟,才能解除休眠,萌芽生长,解除休眠需要经过层积处理,即种子与沙粒相互层积,在低温、通气、湿润条件下,经过一段的时间储藏。

1. *层积方法* 将精选优质干燥的种子,用30℃的温水浸泡12h左右或用凉清水浸种24h。其间换水并搅拌1次,漂出秕种、果肉和杂质,捞出种子备用。同时,将小于砧木种子的沙粒用清水冲洗干净,沥去多余的水分,使河沙含水量达到50%左右,即手握沙成团,一触即散为适度。然后将种子与河沙按1∶(5~6)的比例混合均匀,并用25%多菌灵可湿性粉剂与种沙一起搅拌消毒。最后将种沙盛在干净的木箱、瓦盆或编织袋等易渗水的容器中,选择地势高燥、地下水位低的背风、背阴地方挖坑,把容器埋入坑中,使其上口距地面20~25cm,再用沙土将坑填满,并高出地面,四周挖排水沟,以防止雨水或雪水流入坑中引起种子腐烂。为了利于通气,在坑的四角和中间插一根玉米秆。

2. *层积时间和温度* 层积时间一般是根据播种时间而决定的。如计划在3月上中旬播种,要求层积35~55天,则层积时间向前推50天左右,即在1月下旬进行处理即可。一般为播种前一个月左右进行层积,在2~7℃的层积温度下,杜梨层积35~50天、秋子梨30~45天、豆梨20~35天即可。

3. *层积管理* 层积期间,要经常进行检查,看是非否有雨水或雪水渗入和鼠害。每10天左右上下搅动一次种子,可防止霉变,并可使发芽整齐。搅动时还要注意检查温湿度,使温度保持在2~7℃范围内,温度过高时及时翻搅降温,过低时及时密封;湿度过大时添加干沙,不足时则喷水加湿。发现霉变种子及时挑出,以免影响其他种子。当80%以上种子尖端发白时即可播种。如果发芽过早或来不及播种时,可把盛种子的容器取出,放在阴凉处降温,或均匀喷施40～50mg/kg的萘乙酸抑制胚根生长,延缓萌动。临近播种时种子尚未萌动,可将其移置于温度较高处,在遮光条件下促进种子萌动,或喷30～100mg/kg的赤霉素进行催芽。

二、砧木苗的培育

(一)选地与整地

选择苗圃地选择地势平坦、背风朝阳、日照良好、有利于灌溉的地方,并且远离果园以免病虫害传播,地下水位应在1m以下。土壤宜选择质地疏松、肥力较高、排水良好、中性或微酸性的壤土或沙壤土。苗圃地必须实行合理的轮作倒茬,切忌连作,且前茬不宜为果树、蔬菜类作物,最好选前茬为豆类和禾谷类茬的地块。

苗圃地冬季进行深耕翻土,667m² 施优质基肥2 500～5 000kg,复合肥40～50kg;同时,除去影响种子发芽的杂草、残根和石块等杂物。在未解冻前进行大水漫灌,并混入40%甲基异柳磷1 800ml/667m²,用来防治蛴螬、蝼蛄、地老虎等害虫。

开春解冻后,播种前整平做畦,畦宽1～1.5m。在地下水位高或雨水多的地区用高畦,以利于排水。在干旱或水位低的地区则用低畦,以利于灌溉。

(二)播种方法

按播种季节不同,可分为层积春播法和免藏秋播法。

1. **层积春播** 一般长江流域及华南地区在2月下旬至3月中旬,华北和西北地区在3月中旬至4月上旬,东北地区在3月下旬至4月中旬开始播种。播种前苗圃地充分灌水,播种时先在畦中开沟,沟距40～50cm,深度2～3cm,然后将层积好的种子点播或条播沟内,然后撒土覆盖种子。一般覆土4～5cm,待种苗将近出土前,减少覆土1～2cm,以利于出苗。种子播种深度为种子大小的2倍左右,根据不同土质和气候条件灵活掌握,黏质土壤应稍浅,沙质土壤应稍深;寒冷干旱地区应稍深,温暖湿润地区应稍浅。每667m² 播种量为秋子梨2～3kg,杜梨1～2.5kg,豆梨0.5～1.5kg。

2. **免藏秋播** 一般长江流域和华南地区在11月上旬至12月下旬,华北地区在10月中旬至11月中旬,将采收的种子不经过层积直接播种于苗圃地,在大田进行低温处理。播种方法同上,但播深为春播的2倍,4～6cm;播种量也要适当加大,约等于春播的1.5倍。该种方法省工、出苗早,但播种后距种子萌发时间长,期间种子会受到各种危害,而影响出苗率,因此在冬季干旱、严寒、风沙大及鸟害、鼠害严重地区不宜秋播,如东北、内蒙古、甘肃、新疆北部等严寒地区。

(三)播后管理

出苗期间应注意保持土壤湿润,以利于种子萌芽出土,干旱时应进行细雾喷灌,并及时防治鸟害和鼠害。在干旱地区可用黑色地膜覆盖畦面,亩用1.2m宽的黑色地膜10kg,盖膜前整平畦面,盖时将地膜压在畦面上水平滚动覆盖,并用细土把四周地膜边缘压紧,以利保水,每隔1m用少量细土压在畦面上,防风吹移地膜。幼苗出土后,按株行距位置在地膜上开口,将幼苗伸出膜外,开口处用土封严,防止风吹撕裂薄膜。4~5片真叶时,第一次间苗,除去过密的小苗、弱苗和移栽补缺。7~8片真叶时,按10~12cm株距定苗,做到早间苗、晚定苗,及时补苗。苗高0.3m时,留大叶7~8片进行摘心,并结合浇水667m²追施尿素7~10kg,促使苗木增粗,以后每隔10天再追施2次。注意防治蚜虫、卷叶蛾和金龟子。

图4-18 梨砧木播种后出苗

图4-19 梨砧木苗

三、梨树苗木嫁接与管理

(一)接穗选择与处理

采集接穗时,应选择品种纯正、树势健壮、进入结果期、无枝干病虫害的母株,剪取树冠外围生长充实、芽子饱满的1年生枝。每50或100根捆成一捆,做好品种标记。从外地采集接穗时,要搞好包装,用湿锯末填充空隙,外包一层湿草袋,再用塑料薄膜包装,保持湿度。尽量减少运输时间,防止日光暴晒。到达目的地后,立即打开,竖立放在冷凉的山洞、深井或冷库内,用湿沙埋起来,湿沙以手握即成团,一触即散为宜。嫁接时将接穗从基部剪去1cm,竖放在深3~4cm清水中浸泡一夜,备第二天使用。

(二)嫁接

嫁接就是将接穗接到砧木苗上,使接穗和砧木苗成为嫁接共生体。砧木构成其地下部分,接穗构成其地上部分;接穗所需的水分和矿质营养由砧木供给,而砧木所需的同化产物由接穗供应。

梨树苗一年四季均可嫁接,通常2年生苗嫁接时期为8月10日至9月5日,要求砧木苗基部粗度0.5cm,嫁接部位距地面10cm处。嫁接前10天对砧木进行摘心,以促进加粗生长。如果土壤干燥,嫁接前3~4天适当浇水,可以提高嫁接成活率。嫁接方法采用皮接和带木质芽接。

1. 削接穗芽，从芽上方2cm处开始，削到芽下方1cm处。

2. 从芽下方1cm处斜切一刀，取下接穗芽。

3.削好的砧木芽接位置。

4.将接穗芽贴紧放在嫁接位置。

5.按紧绑扎。

6. 完成嫁接后。

图 4 – 20　梨带木质芽接

图 4 – 21　嫁接苗生长情况

四、嫁接苗管理

(一)检查成活与解除捆绑

春季进行劈接或嵌芽接,1月左右愈合。嫁接后半月内,接穗或芽保持新鲜状态或萌发生长,说明已成活。如接穗或接芽干缩,说明未接活,应及时在原接口以下部位补接,或留一个萌蘖,夏季再进行芽接。夏、秋两季芽接后7~10天愈合,此时接芽应保持新鲜状态或芽片上的叶柄用手一触即落,说明已成活。接芽干缩或芽片上的叶柄用手触摸不落,说明未接活。

劈接苗或嵌芽接苗,一般在接后一个半月解绑,夏、秋芽接苗在接后20天解绑。解绑不宜过早,过早会影响成活。

(二)断根

接芽成活后,落叶前用长方形铁锹在苗木行间一侧距苗木基部20cm左右开沟,沟深10~15cm,在沟中间用断根铲呈45°角向苗根斜蹬深20~25cm,将主根切断。然后将沟填平踏实、灌水,促发侧根。

(三)剪砧

当接芽成活以后,将接芽以上砧木部分剪除,称为剪砧。秋季嫁接苗应在第二年春季发芽前剪砧;春季嫁接的苗木多在确认接活后剪砧;快速繁殖矮化中间砧苗木,为缩短育苗年限,促使接芽早萌发、早生长,嫁接后应立即剪砧。

通常,剪砧时紧贴接芽的横刀口上部0.5~1cm处,一次性剪除砧干,剪口要略向接芽背面倾斜,但不要低于芽尖,剪口要平滑,防止劈裂。但春季干旱、风大的地区,为了避免一次剪砧,出现向下干枯,影响接芽生长,可以进行二次剪砧,第一次剪砧时可留一短桩,当新梢长出10余片叶子时,再紧贴接芽剪除短桩。但必须指出,带有砧桩或剪砧后剪口未愈合的苗木,为不合格的苗木。

(四)除萌

剪砧后,由于地上部较小,地下部相对强大,砧木部分容易发生萌蘖,消耗植株养分,影响接芽或接穗生长,必须及时除萌。除萌时宜用刀在萌蘖基部稍带皮削去,防止在原处再生萌蘖。如果接穗长出2个小枝条,应选留一直立、健壮的枝条,其余的剪去。

(五)摘心

嫁接苗长至1.2m以上时,在1m处剪截,并将剪口下第一至第二片叶摘除,促发新枝。

(六)其他管理

出圃前为了促使苗木充实,从8月至9月上旬,用0.3%磷酸二氢钾进行叶面喷肥,共2~3次。如果8月末或9月初喷一次500mg/L乙烯利和20mg/L萘乙酸的混合液,可控制生长、促使木质化,以利于安全越冬。春、夏两季遇有干旱应及时灌溉;秋季应控水。苗圃地应及时进行中耕锄草;并注意做好苗木的病虫防治。

五、苗木的鉴定、检疫及出圃

(一)品种鉴定

为保证良种的典型性,在良种繁育过程中,必须做好品种鉴定工作,可请有关专家参与。

(1)在采种、采接穗和繁育过程中应做好明确标志,繁育后要绘制苗木品种分区

图 4 - 22　梨可出圃成品苗

种植图。

（2）在苗木停止生长到落叶前,枝叶性状有充分表现时,按品种为单位划分检查区,超过 3 335m²（5 亩）的选 2 个检查区,超过 6 670m²（10 亩）的选 3 个检查区,每个检查区内苗数应不少于 500 ~ 1 000 株。在划定的检查区内,划出取样点,受检查的株树不应少于检查区内总数的 30%。从形态特征、生长习性特性和物候期等方面加以鉴定,确定品种的真实性和品种纯度,淘汰混杂变易类型。

（3）苗木出圃分级时根据枝条的颜色、节间长度、皮孔特征、芽的特征等进行鉴定,去杂去劣。

（二）植物检疫

苗木的植物检疫必须由生产单位报经当地植物检疫机构,按照国家植物检疫有关法规实施。一般在 5 月到苗木出圃前,调查 2 ~ 4 次,采用随机抽样法对苗圃进行多点查验,每点不少于 50 ~ 100 株。根据检疫对象的形态特征、生活习性、危害情况和控制病害的症状、特点进行田间鉴别。当田间发现可疑应检病虫害时,应带回实验室进一步鉴定。苗木符合国家或省级种苗质量标准,并按规定履行检疫手续,取得果树种苗质量合格证和果树种苗检疫合格证。

2006 年 3 月农业部发布实施新的《全国农业植物检疫性有害生物名单》和《应检疫的植物及植物产品名单》。在应检疫的植物及植物产品名单中规定梨的苗木、接穗、砧木为检疫植物产品。在全国农业植物检疫性有害生物名单中检疫对象 43 个,果树检疫对象病虫害有 12 种:昆虫（柑橘小实蝇、柑橘大实蝇、蜜柑大实蝇、苹果蠹蛾、葡萄根瘤蚜、苹果绵蚜、美国白蛾、红火蚁）,细菌（柑橘黄龙病菌、柑橘溃疡病菌）,真菌（果黑星病菌）,病毒（李属坏死环斑病毒）。

（三）起苗

梨苗多在秋季苗木新梢停止生长并已木质化、顶芽已经形成的落叶后起苗。起苗前应在田间做好标记,防止苗木混杂。土壤干燥时应充分灌水,以免起苗时伤根过多。

(四)苗木的分级

苗木出圃后按照梨苗的质量标准进行分级。

(五)苗木的包装、运输和保存

经检疫合格的苗木即可按等级包装外运。包装时,按品种每捆50或100株,挂上标签,注明品种、数量、苗木等级。苗木不立即外运或栽植时,可挖浅沟,将其根部埋在地面以下;等待第二年外运或春植的苗木,要进行假植。假植地点应选择地势平坦、背风、不宜积水处,假植沟一般为南北方向,沟深0.5m,沟宽0.5~1m,沟长依苗木的数量而定,苗木向南倾斜放入,根部用湿沙填充,将根和根颈以上30cm的部分埋入土内踏实,严冬地区应埋土到定干高度。苗木外运时,必须采取保湿措施,途中要经常检查,发现干燥及时浇水。

六、梨树苗木质量标准

梨树苗木可分为实生砧木苗木、营养系矮化中间砧苗木和无病毒苗木3种。苗木是否符合质量标准,一看品种与砧木是否确实、可靠,二看纯度高低,三看质量好坏,四看苗木是否有检疫对象。梨苗木分级的具体指标可参考2002年制定的农业部行业标准(表4-5,表4-6)。

表4-5 梨实生砧苗的质量标准(NY 475—2002)

项目		级别		
		一级	二级	三级
品种与砧木类型		纯度≥95%		
根	主根长度(cm)	≥25		
	主根粗度(cm)	≥1.2	≥1	≥0.8
	侧根长度(cm)	≥15		
	侧根粗度(cm)	≥0.4	≥0.3	≥0.2
	侧根数量	≥5	≥4	≥4
	侧根分布	均匀、舒展而不卷曲		
基砧段长度(cm)		≤8		
苗木高度(cm)		≥120	≥100	≥80
苗木粗度(cm)		≥1.2	≥1	≥0.8
倾斜度		≤15°		
根皮与茎皮		无干缩皱皮,无新损伤;旧损伤面积≤1cm²		
饱满芽数(个)		≥8	≥6	≥6
接口愈合程度		愈合良好		
砧桩处理与愈合程度		砧桩剪除,剪口环状愈合或完全愈合		

表4-6　梨营养系矮化中间砧苗质量标准（NY 475—2002）

项目	级别		
	一级	二级	三级
品种与砧木类型	纯度≥95%		
主根长度（cm）	≥25		
主根粗度（cm）	≥1.2	≥1	≥0.8
侧根长度（cm）	≥15		
侧根粗度（cm）	≥0.4	≥0.3	≥0.2
侧根数量（条）	≥5	≥4	≥4
侧根分布	均匀、舒展而不卷曲		
基砧段长度（cm）	≤8		
中间砧段长度（cm）	20~30		
苗木高度（cm）	≥120	≥100	≥80
倾斜度	≤15		
根皮与茎皮	无干缩皱皮，无新损伤处，旧损伤面积≤1cm^2		
饱满芽数（个）	≥8	≥6	≥6
接口愈合程度	愈合良好		
砧桩处理与愈合程度	砧桩剪除，剪口环状愈合或完全愈合		

注：等级判定规则：①各级苗木允许的不合格苗木只能为邻级，不能隔级。②一级苗的不合格率应小于5%，二级、三级苗的不合格率应小于10%；不符合上述要求的均降为邻级，不够三级的均视为等外苗。

第三节　山楂苗的培育

一、砧木苗的培育

（一）实生播种

1. 种子采集　生产上培育山楂砧木苗可通过种子培育实生苗和根蘖苗，以实生播种繁殖砧木苗为主。

（1）采种。从生长健壮、结果多而大、无病虫害的植株上采集果实。9~10月果实完全成熟后采种，种皮已完全硬化，种壳坚硬，需要经过长时间的沙藏或复杂的处理才能萌发;若种仁发育完好,而种壳未变硬时适期提早采种,可以解决种壳坚硬难以萌发的问题。一般是在8月中下旬果实开始着色、种仁已经成熟时采果取种。

（2）取种。果实采后用石碾压碎果肉,放入缸内或堆积发酵。在发酵期间注意翻动,防止种子温度过高。果肉大部分烂掉后,再摊开晾晒。当种子和果肉易分离时用石碾滚压,除去果肉,也可在果肉软化后用水淘洗,使种子和果肉分离,取出种子。

2. 种子处理

（1）沙藏处理。完全成熟的山楂种子种壳坚硬,透水性能差,萌发困难,需经过2个冬天的沙藏,才能解除种子的休眠,使种壳开裂萌发。山楂育苗技术中的关键问题就是砧木种子的快速层积处理。山西省沁县果树站利用地下储藏窖层积山楂种子取得良好效果。方法:12月上旬,把当年采集的野山楂种子放入容器内,倒入80℃左右的热水,浸泡2~3天后捞出,混以3倍的湿沙,放入储藏苹果的土窖洞内,以后每隔1个月左右翻动1次,使种子感温感湿均匀,发现湿度偏低时,适量加点水,这样堆藏2.5~3个月后就开始发芽。3月中旬种子露出白尖时适时播种。如播后有寒流发生,则要采取有效的防寒措施。

采用这种方法之所以效果好,主要是因为充分利用了冬季储藏窖内温、湿条件较好的优点。冬季窖内温度一般为3~6℃,正好是适合种子层积处理的最佳温度,而且温度稳定,变化较小,湿度也较高而稳定,加之用沙混合,透气性好,均有利于山楂种子的生理活动而利于及早萌发。

（2）其他处理。为了促进种子萌发,缩短育苗周期,科技工作者研究了多种方法,取得了较好效果,下面介绍几种方法以供参考。

A. 早采种变温处理沙藏法。山楂砧木种子的种核厚(2.5mm左右)而硬,透水透气性极差,种核不易开裂,后熟作用进行缓慢。因此,发芽出苗率比较低,过去多采用当年采种,秋后处理,第二年秋后下种的方法,到第三年才出苗,而且出苗率一般只有20%左右。

山楂砧木种子的这一特点,延迟了山楂的育苗时间,给山楂育苗带来一定的困难。为使山楂砧木种子提早出苗,河北、山东、辽宁等省山楂产区的果农,采用提前采收山楂种子的办法,即由原来9月下旬提前到8月下旬采收,收到明显效果。山楂提前采收为什么能提早出苗呢? 这是因为这时山楂种子胚形态基本完熟,种核也基本形成,但还没有木质化,未形成坚硬的种核,采收后立即去掉果肉,对种子进行打破休眠处理,即先促使种壳开裂(不要伤种仁),再进行低温沙藏层积处理。促使种壳开裂的方法,可根据品种而定。对不容易裂壳的种子,用70~80℃的热水浸种,边浸边搅拌,使种子都浸过水,冷却后停止,第二天捞出放在水泥地或石板房上曝晒,昼晒夜浸(以后改用冷水),如此反复5~6次,当核裂壳率达60%~70%时,于9月下旬进行沙藏处理。容易裂壳的种子,采收后,可直接进行层积。

层积坑或沟,应选择在背风向阳的地方,深40~60cm(坑的深浅视种子量而定),将种子与3倍量的湿沙混合放入,在开始的30~60天,坑内温度应保持25~35℃,以28~32℃最好。到土壤封冻前浇1次冻水,即转入0~5℃的低温处理阶段。

这段时间需要 100 ~ 120 天,在此期间,坑内湿度应保持在最大持水量的 60% ~ 70%。

用上述方法处理的山楂砧木种子育苗,从处理种子到出苗只需要 2 年,比常规育苗缩短 1 年。

B. 马粪发酵法。秋季将山楂种子先用热水烫过,然后用温水浸种 3 ~ 5 天,将种子捞出和鲜马粪按 1∶4 混拌,放入 30 ~ 50cm 深的坑内,其上覆土保温,一般控制温度在 35℃ 左右,经 30 ~ 50 天种缝开裂时取出,再用湿沙层积,翌年春播种,可当年出苗。

C. 腐蚀法。用石灰水浸种,以腐蚀种皮,促使种壳开裂,再经过湿沙层积,翌年春季播种后也可出苗。

D. 碱水、人尿浸泡法。用该法处理种子,播后即可出苗。具体做法是先将种子晒 3 ~ 4 天,再用 60℃ 的温热碱水浸 24 小时(500g 种子用碱 50g)后捞出、洗净,晒 2 ~ 3 天,再用新鲜人尿泡 3 ~ 4 天,洗净后晒 2 小时,待种皮开裂即可播种,或沙藏到翌年开春再播种。

E. 冷热交替变温处理。三九天用冷水浸泡种子 10 天左右,使其吸足水分,捞出,摊放于低温处,厚约 5cm,让种子结冰,经 1 ~ 2 天冰冻,再将其放入 65℃ 热水中不停搅拌,随后浸泡 1 天。这样反复处理 3 ~ 4 次,大多数种壳裂缝,再将其与 5 倍的湿沙混匀,储藏至翌年春天播种。

3. **播种** 秋末冬初或翌年早春播种,用条播或撒播。

(1)条播。在整好的苗床上按行距 30 ~ 40cm 开沟,深 2cm,沟底要平整。每沟均匀地播入催过芽的种子,覆厚 1.5 ~ 2cm 细土,并稍压紧后。每 667m² 用种量,大粒种子 25 ~ 35kg,小粒种子 15 ~ 20kg。

(2)撒播。直接将种子均匀地撒于畦面,稍压紧后,覆盖 1.5cm 厚的湿土,然后再撒盖薄层细河沙。

4. **苗期管理** 当幼苗长出 3 ~ 5 片真叶时,进行间苗,按株距 15 ~ 20cm 定苗。加强苗床管理,经常中耕除草。干旱时要灌水保湿,雨季要及时排水。生长期追施 2 ~ 3 次肥料,每 667m² 每次施尿素 7 ~ 10kg。苗高 40 ~ 60cm 时摘除顶心,促使幼苗茎粗壮。秋季即可做砧木进行嫁接。

(二)归圃育苗和根段扦插

1. **归圃育苗** 由山楂根系不定芽萌发后所长出的植株叫作山楂的根蘖苗。根蘖苗一般都在成龄山楂树的树冠下长出,将根蘖苗连根刨下,然后栽到苗圃中,成活后进行嫁接。这种育苗方法可以利用野生资源,就地取材,简便易行,而且还可以节省种子。因此,在山楂产区群众多采用此法进行育苗。

(1)刨选根蘖。选山地阴坡上脚下和沟膛内根蘖苗根系,根粗 0.4 ~ 1.2cm。从秋季落叶后至上冻前,或早春解冻后至萌芽前均可选留入圃,必须做到随刨、随运、随栽,这样才能有较高的成活率。

(2)选择圃地。栽植根蘖苗的地应选平坦、能浇水、土质肥沃的沙壤土,不能在盐碱地或涝洼地育苗。土壤不适宜,则根蘖苗成活难,黄叶症严重。

(3)整地做床。深翻土地后,667m² 施基肥 5 000kg 左右,做成宽 1m,长不超过 10m 的畦。每畦栽 2 行或 4 行,行距 35～45cm,株距 10～12cm。

(4)栽植管理。栽苗时要按苗子大小分别栽植,比较粗大的先平茬后栽植,稍粗的留 10cm 短桩栽植,较细的可全株栽植。栽前将根苗浸泡一夜,栽时要将根系舒展开,先栽深些,然后轻提再覆土踏实,使其深度保持原来根蘖苗的深度为标准。栽后立即浇透水。入冬前浇冻水。翌年早春,对粗根蘖苗平茬,剪留 0.5cm,踏实。萌芽后,选留 1 个壮芽,其余芽逐次摘除。对栽的细根蘖苗萌芽后任其生长。前期多浇水,少松土,后期多松土,少浇水。苗长到 20cm 左右时摘心,促其基部加粗生长,以提高芽接率。4 月中旬和 5 月中旬各追施尿素 1 次,每 667m² 每次 10kg,开沟施入,并及时灌水。苗旺盛生长期,可结合喷药,喷 0.2%～0.3% 尿素两次。砧木易得白粉病,喷 20% 三唑酮乳油 4 000 倍液,或在芽膨大期喷 0.5 波美度石硫合剂。5～6 月也可喷甲基硫菌灵可湿性粉剂 800～1 000 倍液。

2. **根段扦插繁殖** 把苗木出圃或果园施肥翻地时获得的断根收集起来,直径 0.4～1cm 的根,剪成 12～15cm 长的根段,春季进行扦插。扦插时要边插根边将土踏实,使根段与土贴紧,然后灌水保墒。萌芽后及时去掉多余的芽子,只保留 1 个壮芽生长,秋季嫁接品种。

二、嫁接苗培育

(一)接穗采集
从生长健壮、产量高、果实大、果肉肥厚、无病虫害的优良品种山楂母株上采集。采集时应剪取树冠外围、发育充实、芽饱满的当年生营养枝。

(二)嫁接
1. **芽接** 7 月下旬至 9 月上旬为芽接适期。凡实生砧木苗或野生苗茎基部直径在 0.5cm 以上时,均可嫁接。多采用"T"字形芽接和嵌芽接。

2. **枝接** 一般于早春萌芽前后嫁接,接穗采用上年冬季修剪时剪下的枝条。枝接方法多用腹接、单芽腹接、劈接等。

(三)接后管理
参见第三章及本章苹果部分。

三、山楂苗木质量标准

目前,尚无山楂苗木的国家标准,表 4-7 为河北省山楂苗木分级标准,仅供参考。

表 4 - 7　河北省山楂苗木分级标准(DB 13/T 163. 10—1993)

项目	等级	
	一级	二级
苗高(cm)	≥100	≥80 < 100
距接口 10cm 处粗度(cm)	≥1	≥0. 7 < 1
主根长度(cm)	20	
侧根长度(cm)	≥20	≥15 < 20
侧根数量(cm)	≥4	≥3
整形带内饱满芽数量(个)	≥8	≥6
其他	接口愈合良好,无病虫危害,茎干无机械损伤	

当代果树育苗技术

第五章

核果类果树苗木培育

本章导读：本章分别从常用砧木选择、砧木苗培育、品种嫁接和接后管理以及苗木质量标准等方面对桃、杏、李、樱桃等核果类果树苗木培育技术进行论述，从嫁接育苗、根蘖繁殖、扦插育苗等方面对枣苗木培育技术进行了讲解。

第一节　桃、杏、李、樱桃果苗的培育

一、砧木苗培育

（一）实生砧木苗培育

1. **种子处理**　桃、杏、李、樱桃的砧木种子需经后熟方能正常发芽生长。春季播种的种子必须经过沙藏层积处理,翌年才能正常发芽。开始层积处理的时间应根据播种期和需要层积处理时间而定。层积处理的时间与砧木种类有关,毛桃和山桃需60～80天,杏需60～100天,李需60～100天,中国樱桃需100～180天,甜樱桃约需150天,酸樱桃需200～300天,山樱桃180～290天。经过层积处理的种子,翌年春季当地温适宜时(3月上旬至4月上旬)即可取出,移至20℃以上的室内催芽,当50%的种子破壳露白时,取出播种。一般桃、杏、李等采种后洗净晾干,当年冬季进行层积处理,而樱桃类的种子去果肉洗净后立即临时沙藏,否则会大大降低发芽率。具体做法是按种子1份细湿沙3份的比例混合,放于阴凉处或地窖中,冬季上冻前,将临时沙藏的种子取出,层积于层积沟内面20cm左右处,以便接受低温处理和促使核壳开裂。经层积处理后核壳未开裂的可去掉核壳,用50～100mg/L赤霉素溶液处理24h促进发芽。有条件的,破壳处理后再进行层积处理效果更好。

　　春播的果树砧木种子,一般都要进行层积处理才能出苗。如果冬季没有来得及进行层积处理,3月中下旬将山桃种子放进盛有冷水的大铁锅里,用木棒充分搅动,然后将浮在水面上的不饱满、霉烂等坏种子捞出倒掉。再将好种子捞到缸里,缸里立刻倒入五开三冷的水,用木棒不停地搅动。10min后把种子捞出放进另一缸里,随即倒进冷水浸泡。倒进的冷水量以完全浸泡住种子为准。浸泡时间为7～8天,每天必须换冷水1次。这样可以使种子在短时间内吸收足够的水分,而加速种子内部的生理变化。

　　种子浸泡7～8天捞出,按5份湿沙2份种子的比例混合,放在背阴处堆积,堆上再放6～7cm厚的湿沙,湿沙上覆盖稻草。稻草要随时喷水,以保持沙土的湿度。堆积的种子要每隔10天左右上下翻动1次,以调节上下层种子的温度。堆放时间1个月左右。种子在堆积期间翻动时,如发现湿度过低或温度过高时,要随时喷布冷水,保持适量的湿度或降低温度。堆积过程中湿度又不可过大,以免引起种子霉烂。到了4月中下旬左右,将堆积的种子移至向阳处摊开,摊开的厚度为50cm,上覆盖稻草,以防鸟类啄食。每隔2～3天翻动1次,有利于种子堆内通风散热,以防种子霉烂。待种子有50%~60%萌动时,即可进行播种。

2. **播种及播后管理**

(1)播种。按时间可分为春播、夏播、秋播。

A. 春播。春季土壤解冻后,在整好的苗圃地上开沟播种,经过层积或催芽处理的种子,播种深度5cm左右(视土壤种类和土壤湿度而定),间距10cm左右。播后覆土踏实,使种子与土壤密切接触,并将表土耙松1~2cm,以利保墒。出苗前不宜浇水,以免降低地温延迟出苗,且土壤太湿易发生立枯病。一般15~20天即可出苗。

B. 夏播。夏播是将当年采收的种子经低温或破核处理后在夏季播种。北方地区早熟品种6月中下旬露地播种,当年苗可达到嫁接要求。

C. 秋播。当年秋季至土壤封冻前进行。秋播可省去层积处理或催芽过程,简便易行,而且翌春出苗早,苗壮。秋播开沟应比春播深些,一般为5~10cm。播前最好用农药拌种,以防鼠害。播种量因砧木种类及种子质量不同而异,具体播种量可参照表5-1。

表5-1 主要砧木种子每1kg种子数及播种量

树木	1kg种子数(粒)	播种量(kg/667m²)
毛桃	200~400	30~50
山桃	260~600	20~50
山杏	800~1 400	15~30
毛樱桃	8 000~14 000	7.5~10
甜樱桃	1 000~16 000	7.5~10
山樱桃	12 000	7.5~10

(2)播种方式。一般分为直播和畦床播种2种。直播可机械化操作,可畦作也可垄作。在苗圃地上按地膜宽度做畦,膜宽一般为90cm,畦宽为70cm,埂宽10cm,埂高5~6cm。地膜盖在畦面上,两边分别用土压在埂上,并扯紧,使地膜与畦面有一定的空隙,不仅可保温保湿,还可免烧苗。无论哪种播种方式,播前5天左右要灌足底水。

(3)播种方法。一般大粒种子如桃、杏等采用点播,小粒种子采用条播。

(4)播种深度。桃、杏等大粒种子以4~5cm为宜,小粒种子如樱桃以1.5~2.5cm为宜。

(5)播后管理。做好间苗、定苗工作,对缺苗的地段及时移栽。肥水管理遵循前促后控的原则,保证枝条成熟,增强越冬抗寒能力。砧木苗生长期间,注意中耕除草,保持土壤疏松无杂草,同时做好病虫害防治,保证叶片完整和苗木的正常生长。

(二)自根砧木苗培育

有些砧木可通过扦插、压条、分株或组织培养的方法培育自根苗。

1. **扦插繁殖** 樱桃生产中扦插繁育砧木苗大多采用硬枝扦插法,扦插时间为春分前后树液流动以前。扦插前插穗应该在清水中浸泡24h,然后在0.1ml/L的ABT

生根粉溶液中浸泡4～6h,取出即可扦插。可起垄或低床扦插,扦插时采用宽窄行方式,宽行行距为40～50cm,窄行行距为30～40cm,株距为20cm。先在床面上按计划的株行距开沟,再把插条按60°角斜插入扦插沟内,倾斜方向保持一致。然后覆土,使插条顶端与地面平齐,再灌水。插后10～15天,插穗第一芽萌动时灌一次大水,此后根据墒情和雨水情况,进行灌水,保持土壤含水量60%左右。每次灌水后要及时中耕松土保墒,当插穗顶端新梢长30cm时,追施一次速效氮肥,每667m² 施尿素15kg,施肥后灌水。雨季来临前,沿苗行起垄培土,培土厚度超过插穗顶端3cm,促使新梢基部生根,以备冬春季分株。夏季扦插苗进入速长期,应增施氮肥,促进其生长。

2. **压条繁殖** 主要包括直立压条和水平压条2种。

3. **分株育苗** 多用于容易发生萌蘖的樱桃砧木,如青肤樱和中国樱桃。分株育苗具有操作简便、成活率高等优点,但同时也具有受母株限制、出苗量少、苗木整齐度差、影响母株生长等缺点。

4. **组织培养** 通过组织培养繁殖自根苗具有不受季节限制、繁殖速度快的特点。多用于樱桃矮化砧木自根苗的培育。

(1)外植体接种与消毒。取田间当年生新梢,去叶,用自来水将表面刷洗干净,剪成一芽一段,放入干净的烧杯中,拿进超净工作台,先用70%乙醇浸泡2～4s,再用0.1%升汞(氯化汞)液消毒5～10min,用无菌水冲洗3遍,然后剥去鳞片、叶柄,取出带数个叶原基的茎尖接入培养基,半包埋。樱桃培养基多采用MS基本培养基,附加BA 0.5～1ml/L,IBA 0.3～0.5ml/L,蔗糖30g/L。茎尖接种后放到培养室,光照1 000lx,8～10h,暗14～16h,温度25～28℃的条件下培养1～2周,及时检查,将未感染杂菌的茎尖转接到新的培养基上,丢弃已感染的材料。

(2)继代繁殖。接入的材料培养1～2个月,分化出的芽团即可长至2～3cm,在培养基上进行增殖培养。其后,大约每25天进行1次继代培养,每次芽的增殖量为4～6倍。

(3)生根。培养增殖的芽长至3cm左右时,即可用于生根培养。生根培养基多采用1/2 MS培养基 + IBA 0.1～0.5ml/L。有的种或品种需加生物素或IAA或NAA等。在生根培养基上培养20天左右,嫩梢基部即可长出根,成为完整苗。生根苗长至3～5cm高时即可炼苗移栽。

(4)移栽。组织培养苗长期在人工培养条件下生长,对自然环境的适应性减弱。移栽前需要一个过渡阶段,即炼苗。将培养瓶移至自然光照下(强光)锻炼2～3天,打开瓶口再锻炼2～3天移栽。移栽时先洗净根上的培养基,避免培养基感染杂菌使苗死亡。

二、嫁接及接后管理

(一)嫁接
根据嫁接的时间可分为春季枝接、夏秋季芽接。

1. **春季枝接** 在萌芽前后进行,多采用劈接、切接、带木质部芽接(嵌芽接)。

2. **夏秋季芽接**　培育普通成苗为避免接芽当年萌发，通常在8月上旬至9月上旬进行。若培育当年出圃的速生苗，应在6月上中旬进行芽接，多采用"T"字形芽接、带木质部芽接。桃树芽接在砧、穗离皮时采用"T"字形芽接，不离皮时采用嵌芽接。杏因当年生枝条皮薄而软，且芽窝较深，多用带木质芽接。

（二）接后管理

接后管理主要包括检查成活和解绑、除萌、肥水管理、病虫害防治等。

三、速生苗培育技术

速生苗又称"三当"苗，即当年播种、当年嫁接、当年出圃苗，在桃、杏、李育苗中多有应用。速生苗培育的原理是通过早播种、加强肥水管理，使砧木苗尽早达到嫁接粗度，在6月上中旬进行芽接，通过分期剪砧，促使接芽萌发，当年成苗。

（一）整地播种

冬前进行耕翻、整地、施肥、做畦、灌水。基肥要充足，除要施足有机肥以外，播种时还要施入一定量的磷酸二铵、尿素等化学肥料。肥要混匀，土要耙细，水要灌足。春季表层土壤解冻深度达10cm左右时即可播种。播种前，对已沙藏过的种子筛选，将种壳开裂、露出白色胚根的种子挑出来播种，必要时可提前对种子催芽处理。播种方法采用开沟点播，行距40~60cm，株距25~30cm。

（二）砧木苗管理

播种后覆盖地膜，提温保墒，加速出苗，促进幼苗生长，保证绝大多数砧苗6月中旬达到可嫁接的粗度。其关键是要及时灌水施肥，做到肥水充足。

（三）嫁接

6月上中旬开始嫁接，北方争取在6月20日前嫁接完毕，最迟不能超过6月底。南方可推迟10~15天。嫁接时应尽量多保留砧木上的叶片，一般嫁接高度20~30cm，以利于接芽成活和接后生长。

（四）嫁接后的管理

嫁接后在接芽以上10~15cm处第一次剪砧，并对副梢进行摘心处理。嫁接7~10天检查成活后，在接芽以上0.5~1cm处第二次剪砧，同时除去绑缚物，并立支柱。及时对砧木上的副梢摘心。剪砧后追1次速效氮肥，以后15~20天追速效氮肥1次，连追3~4次，落叶前45天停止施肥灌水。至秋季落叶时，苗高可达1.5cm左右，基部粗度可达1cm左右。

四、苗木质量标准

不同树种对苗木的质量标准要求不同，桃苗木质量标准参考GB 19175—2010，见表5-2~表5-4，杏、李、樱桃目前尚无统一的国家标准，表5-5~表5-7分别为樱桃、李、杏地方苗木出圃规格，仅供参考。

表 5 - 2　1 年生桃芽苗质量标准

项目			要求
品种与砧木纯度（%）			≥95
根	侧根数量（条）	实生砧　普通桃、新疆桃、光核桃	≥5
		山桃、甘肃桃	≥4
		营养砧	≥4
	侧根粗度（cm）		≥0.5
	侧根长度（cm）		≥20
	侧根分布		均匀，舒展而不卷曲
	病虫害		无根癌病、根结线虫病和根腐病
茎	砧段长度（cm）		10～15
	砧段粗度（cm）		≥1.2
	病虫害		无介壳虫和流胶病
芽	饱满，不萌发，接芽愈合良好，芽眼露出		

表 5 - 3　1 年生桃苗木质量标准

项目			级别	
			一级	二级
品种与砧木纯度（%）			≥95	
根	侧根数量（条）	实生砧　普通桃、新疆桃、光核桃	≥5	≥4
		山桃、甘肃桃	≥4	≥3
		营养砧	≥4	≥3
	侧根粗度（cm）		≥0.5	≥0.4
	侧根长度（cm）		≥15	
	侧根分布		均匀，舒展而不卷曲	
	病虫害（根部）		无根癌病、根结线虫病和根腐病	
砧段长度（cm）			10～15	
苗木高度（cm）			≥90	≥80
苗木粗度（cm）			≥1	≥0.8
茎倾斜度（°）			≤15	
根皮与茎皮			无干缩皱皮和新损伤处，老损伤处总面积≤1cm²	
枝干病虫害			无介壳虫和流胶病	
芽	整形带内饱满叶芽数（个）		≥8	≥6
	接合部愈合程度		愈合良好	
	砧桩处理与愈合程度		砧桩剪除，剪口环状愈合或完全愈合	

表 5 - 4 2 年生桃苗木质量标准

项目			级别	
			一级	二级
品种与砧木纯度(%)			≥95	
根	侧根数量(条)	实生砧 普通桃、新疆桃、光核桃	≥5	≥4
		实生砧 山桃、甘肃桃	≥4	≥3
		营养砧	≥1	≥3
	侧根粗度(cm)		≥0.5	≥0.4
	侧根长度(cm)		≥20	
	侧根分布		均匀,舒展而不卷曲	
	病虫害		无根癌病、根结线虫病和根腐病	
砧段长度(cm)			10 ~ 15	
苗木高度(cm)			≥100	≥90
苗木粗度(cm)			≥1.5	≥1
茎倾斜度(°)			≤15	
根皮与茎皮			无干缩皱皮和新损伤处,老损伤处总面积≤1cm^2	
枝干病虫害			无介壳虫和流胶病	
芽	整形带内饱满叶芽数(个)		≥10	≥8
	接合部愈合程度		愈合良好	
	砧桩处理与愈合程度		砧桩剪除,剪口环状愈合或完全愈合	

表 5 - 5 樱桃苗木质量标准(河北省)

项目	等级		
	一级	二级	三级
苗高(cm)	≥120	≥100	≥80
基径(cm)	≥1	≥0.8	≥0.6
嫁接部位	愈合良好		
整形带饱满芽数(个)	≥6		
侧根长度(cm)	≥20		
侧根数量(条)	4 ~ 6		
检疫对象	无		
病虫害	无		

表5-6　李树苗木质量标准(河北省)

项目		等级	
		一级	二级
根系	侧根系(条)	≥5	≥3
	侧根长度(cm)	>20	<15
	侧根基部粗度(cm)	≥0.4	≥0.3
	根系分布	均匀,舒展,不卷曲	均匀,舒展,不卷曲
茎干	高度(cm)	≥80	≥60
	粗度(cm)	≥0.8	≥0.5
	颜色	正常	正常
芽:整形带		饱满	饱满
接合部:愈合程度		完全愈合	完全愈合
砧木:砧桩处理		砧桩剪除,愈合良好	砧桩剪除,愈合良好
苗木:机械伤		无	无
检疫对象:美国白蛾		无	无

表5-7　鲜食杏苗木分级标准(河北省)

项目		等级		
		一级	二级	三级
根系	主侧根系(条)	≥4	≥3	≤2
	侧根长度(cm)	>20	15~20	<15
	侧根基部粗度(cm)	≥0.3	≥0.1	<0.1
	根系分布	均匀	基本均匀	
茎干	高度(cm)	>100	60~80	<60
	粗度(cm)	>1	0.5~1	<0.5
	颜色	正常	正常	正常
整形带内饱满芽数		≥5	≥5	≥5
其他	接口愈合情况	愈合良好	愈合良好	愈合良好
	砧桩处理	低	低	低
	苗木机械损伤	无	无	无
	检疫对象	无	无	无
	病虫害	无	无	无

第二节 枣树苗木的培育

枣树育苗包括嫁接育苗、根蘖繁殖和扦插育苗等。其中嫁接育苗是目前生产上大规模育苗采用的主要方法。

一、嫁接育苗

枣树的嫁接育苗周期一般为 2 年。第一年为砧木苗培育阶段,翌年为嫁接苗培育阶段。

(一)砧木的种类

1. **本砧** 指用枣树的根蘖苗或用种仁饱满的枣核播种育成的枣树实生苗做砧木。

2. **酸枣砧** 指用酸枣根蘖苗或实生苗做砧木。酸枣含仁率高,成本低,繁殖容易,抗旱,耐贫瘠,是目前嫁接枣树的主要砧木,生产上已广为应用。

3. **铜钱树** 与枣树同科异属,即鼠李科马甲子属的野生树种,大乔木。分布于湖北、四川、陕西、安徽、江苏、云南、广西等地,适应性强,繁殖容易,生长快,根系发达,抗病虫害,是我国长江以南多雨地区较理想的枣树砧木。

(二)实生砧木苗培育

1. **酸枣种子采集与处理** 用于育苗的酸枣采收期应以果实完熟后最佳。秋季采下酸枣果实后先堆沤 4~5 天,堆温不要超过 65℃。待果肉软化后,搓破果皮、果肉,加水漂洗去掉皮肉和浮核,将洗净的酸枣核洗干备用。

用带壳的种核繁殖砧木苗需要在 11~12 月对种核进行层积处理,当种核来不及层积时可采用热烫处理催芽。将干种核倒入 70~75℃ 的热水(2 份开水加 1 份冷水)中,自然冷却后再换用冷水清洗,浸泡 2 天。然后与湿沙混匀,上覆盖塑料薄膜,增温催芽。待部分种核露嘴后播种。培育酸枣苗还可用机械去壳后的种仁直接播种,具有出苗快而整齐等优点,近年来被普遍推广。将种仁去除残损种粒之后放入 55~60℃ 温水中浸泡 4~5h,或冷水浸泡 24~48h,捞出沥干或与湿沙混合后播种。铜钱树种子的处理较为简单,3~4 月将搓去果皮的种子用 50℃ 温水浸泡 4h 左右,即可播种。

2. **播种** 3 月中下旬,地温上升至 10℃ 以上时,即可播种,时间可持续至 4 月中下旬。一般掌握适时早播,保证砧苗有较长的生长期。为了便于作业管理,酸枣苗培育时一般采用双行密植,宽行间距 70cm,窄行间距 30cm,株距 20~30cm,每 667m² 育苗 5 000~6 000 株。如用种核,每 667m² 播种量 5~6kg,合种核 20 000~24 000

粒。如用种仁,每 667m² 需种仁 1.5~2kg。可以借用传统的耧播装置播种或机播,也可人工点播。播种深度一般种核要求 2~3cm,种仁 1~2cm,不宜过深或过浅。点播每穴 2~3 粒种即可。覆土要均匀。

3. 苗期管理

(1)幼苗断根。苗高 4~5cm 时,用铲从幼苗一侧距苗干基部 5cm 处向下斜插,切断地面下 12~15cm 处的直根,促进侧根生长。

(2)间苗和补苗。苗高长至 10cm 时定苗,每播点保留 1 株壮苗,间除其余幼苗。定苗期间如发现缺苗,应就近将准备间除的壮苗带土挖出,移栽补苗,并及时补灌移苗水。移苗后 1 周第二次检查补苗。

(3)苗木摘心。苗高 40cm 时,清除砧苗基部的分枝,苗高 60cm 左右时,对砧苗主茎摘心,以促进砧苗加粗生长。

(4)及时压草。幼苗生长期间,防治不到的杂草还会长出。在长草部位的地膜上及时压土,可有效防止杂草危害。

(5)及时防治病虫害。危害酸枣苗的病虫害主要有立枯病、枣锈病、枣疯病、枣瘿蚊、红蜘蛛等。其他管理参考本书相关内容。

(三)嫁接

1. **接穗的选择与处理** 接穗必须采自优良品种的健壮结果树或采穗圃。一般应选直径在 6~10mm、成熟度高的 1~2 年生枣头一次枝或二次枝做接穗,以 1 年生枣头一次枝为最佳。接穗要求芽体饱满、无病虫害。接穗在休眠季采集最好。

为使接穗储藏期间和嫁接成活前不失水,需对接穗蘸蜡处理,即把接穗整个外表全部用蜡封住。封蜡前把接穗剪成单芽或双芽茎段。一般在春节前采下的接穗,封蜡后可分品种放入编制袋中标记品种名,然后存入 0~2℃ 的冷库中,翌年春季嫁接时取出。早春到萌芽前采集的接穗因储藏期短可在封蜡后用锯末保湿冷藏,时间更短时可直接在封蜡后放入纸箱,在地窖、冷室内等阴凉处保存。

2. **嫁接时期和方法** 枣树苗圃嫁接一般从 3 月中旬即可开始,一直持续到 4 月下旬至 5 月上中旬。嫁接前 7~10 天,圃地要灌水。枣树枝接一般采用劈接和切接。

二、根蘗繁殖

包括根蘗归圃育苗和开沟断根育苗 2 种方法。

(一)根蘗归圃育苗法

将优良品种根部萌生的幼小根蘗,集中移入苗圃人工培养成苗,成苗叫归圃苗。归圃育苗是我国枣区目前繁殖主栽品种采用的主要方法之一,不足之处是繁育系数低,成苗的纯度和种性受母树影响大。因此,只能限于品种纯度高,且有大规模栽培的枣区采用。

1. **根蘗的采集和包装运输** 北方枣树根蘗多在 9 月中下旬种植小麦前起挖。非枣粮间作区,宜在 10 月下旬根蘗落叶后至土壤结冻前或翌年春枣树发芽前起苗。为了保证根蘗的优良种性和纯度,根蘗必须在纯度很高的没有检疫病虫害(如枣疯病)的良种枣园内采挖。园内如品种较杂,应严格区分根蘖的形态特征,防止品种混杂。采挖时选茎干成熟度高,株高20cm以上发育良好的根蘖,挖好侧根,并尽可能带一段15cm左右长的母根。根蘖苗挖出后地上部留5cm剪去苗梢,然后蘸上含1g/L萘乙酸的泥浆。根蘖运输前要用塑料袋包装,并在袋中填放湿锯末运输。

2. **根蘖归圃栽植** 北方一般随起苗随栽植,以落叶后秋栽为宜,也可先假植等到翌年3~4月栽植。南方冬季温暖湿润,土壤不结冻,从落叶至翌年春发芽期都可栽植。归圃育苗一般按行距40~60cm,株距20~30cm栽植根蘖,每667m² 育苗5 000~6 000株。栽植深度要保持挖前苗木生长深度,栽后踏紧苗根周围的松土,并及时灌水。

3. **归圃苗的苗期管理** 根蘖栽好后要灌透水,使土壤与苗根密接。水渗后,培土覆盖苗茬,然后覆盖地膜。春季根蘖发芽后,在苗茬部位划破地膜,放出幼苗,每株选留1个壮芽,其余芽全部抹去。其他管理参考嫁接苗管理。

(二)开沟断根育苗

利用枣根易发生不定芽的特性培养枣苗的方法。与归圃育苗的不同之处在于可通过断根刺激根芽发生,就地培养成苗,无须专业苗圃,但比较费工,且成苗一般不如归圃苗须根多。在枣树萌芽前,在优种栽培园行间挖条沟或在树冠外围挖环形沟,沟宽30~40cm,深40~50cm,剪断沟两壁的所有细根,然后用湿土盖没断根(母株必须是根蘖繁殖或无性繁殖株)。在5月剪口及其附近萌生根蘖,相继出土长成芽苗。苗高20~30cm时,每丛留1株健壮苗,其余间除,同时每株母树施有机肥50~100kg,并在沟内填一次土。适时灌水,保持沟内土壤湿润。当年秋末,多数幼苗可长成1m以上的成苗。

三、扦插育苗

枣树扦插一般分硬枝扦插和嫩枝扦插。硬枝扦插在一般条件下成活率很低,生产上很少应用。嫩枝扦插又称绿枝扦插,近年来发展很快,其特点是繁殖系数高,苗根发达,种苗纯度高,并拥有同一品种的根系。嫩枝扦插需要一定的设备,繁殖过程较为复杂,并要求精细的管理,适用于珍贵名优品种的繁育。

(一)全光照弥雾扦插育苗

全光照弥雾扦插育苗弥雾机是带有喷头的双长悬臂在水的反作用力下,绕中心轴旋转喷雾,不搭荫棚,不覆盖塑料薄膜,在全光照下进行扦插育苗。

1. **整地做床** 在日照充足、地势平坦、排水良好的地方,用砖砌成半径为6m、高为20~40cm的圆形床。苗床墙基处每隔2m留一长20cm、高10cm的排水孔,苗床底部最好是透水性强的沃土或沙壤土。如地面排水透水性差,应在地表铺10~15cm的碎砖、卵石或粗煤渣,以利于排水。

2. **底座浇制** 在苗床中心挖1个深20~30cm面积稍大于机座的圆形或方形小坑,用混凝土浇制1个高出地表30cm的底座。同时根据机座上2个固定孔的位置,在混凝土内放入两个地脚螺栓,用来固定弥雾机械。

3. **弥雾装置及叶面水分控制仪的安装和调试**　按机械使用说明安装调试弥雾装置,并接好外围供水管路,装好叶面水分控制仪。

4. **基质**　基质用粗石子(或炉灰渣)和纯净河沙各 1 份。扦插前基质要用 0.04% 的福尔马林溶液消毒,扦插时用清水将药液冲洗干净。

5. **插条的采集和处理**　插条一般取当年生半木质化枣头,永久性二次枝或粗壮的 2mm 以上粗的枣吊。枝条的采集一般在 8 时前进行。以枣头一次枝为插条时,要把插穗剪成长 14~16cm 的枝段,留上部叶片,去掉下端 3~5cm 枝段上的嫩叶,顶端在芽上 0.5cm 处剪平,下切口剪成单马耳形。用二次枝做插条时,一般剪成具 2~5 个芽的枝段,上部保留 1~2 片叶,下端的 3~5cm 不留叶片。枣吊的处理类似。之后每 50 根插条一捆放入清水中备用。

6. **扦插及生根期的管理**　扦插前及时将备好的插穗放入 50% 多菌灵可湿性粉剂 800 倍液中浸泡 5min,之后用 0.5g/L 的吲哚丁酸水溶液蘸插穗基部 5~10s。然后按 5cm×5cm 的株行距扦插,扦插深度 4~6cm。扦插后立即启动自动弥雾装置,初期喷雾量大,间隔时间短,中期适当少喷,后期控水炼苗。插后每周喷 1 次 50% 多菌灵可湿性粉剂 1 000 倍液,防止插穗腐烂。2 周喷肥 1 次 0.3% 尿素及 0.2% 磷酸二氢钾溶液。插条一般经过 10 天,基部开始出现块状隆起,2 周后开始生根,20 天后达到生根高峰,30 天后生根率可达 96%。

(二)温室、塑料大棚扦插育苗

这是把苗床建在温室、塑料大棚内,利用保护地的温湿条件进行扦插育苗的一种方法。

1. **苗床和基质**　苗床可以用砖砌成,床内铺放 15cm 厚的基质。基质以细沙和煤渣灰按 1:1 比例掺和而成,也可用纯细沙。基质要用 0.1% 多菌灵或 0.2% 高锰酸钾水溶液喷淋消毒。堆置 2h 后,用水淋洗干净药液方可扦插。

2. **扦插**　扦插从 5 月下旬至 8 月下旬都可进行。只要苗床基质日平均温度维持在 19~30℃内,扦插都能成功,生根率一般 75%~94%。剪好后的插穗每 50 根打捆,下边装齐,将下部 2~3cm 部分放入 80% 多菌灵 500 倍液浸泡 10min 左右,捞出甩几下或晾干,将下部 2~3cm 部分放入 1 000mg/kg 的 IBA 中,浸蘸 30s,捞出梢晾片刻进行扦插,按行距 8cm、株距 2~3cm 进行扦插。扦插时先用木棒划沟松土,扦插深度 2~3cm,用手压实,保证喷水后不倒,随扦插随喷水以保持湿度。

3. **扦插苗生根期间的管理**

(1)湿度。前 4 天保持叶面始终有水膜,可多不可少,4~7 天即可大量产生愈伤组织和部分生根。然后看叶相、看基质、看天气喷水,原则是始终保持叶面平展,不卷曲,基质中的水分保持在 60%~80%,手握成团,放下即散,水分过多易烂根。20 天左右生根率达到 60%~70%,30 天即可完全生根,进行移栽。

(2)温度。一般夏天棚内气温高达 40℃以上,基质温度也会达到 35℃以上。生根的最适温度为 25℃,当空气温度超过 37℃时就需要喷水降温,保证基质温度不能高于 35℃。特别是晴天 12~14 时,要随时注意观察,及时喷水降温。

（3）遮阳网。扦插后前 7 天必须用 50% ~70% 的遮阳网进行全天遮阴。7 天后,8 ~9 时之前,拉开遮阳网,9 ~16 时盖遮阳网,之后再拉开。20 天后,仅 10 ~14 时进行遮阴,以后逐渐适当延长光照时间。

（4）放风。一般 11 ~14 时温度最高时放风,放上风和中风,不能放底风,根据具体情况放风 1 ~3h。

（5）防病。每隔 5 ~7 天打一遍杀菌剂,多菌灵、百菌清等交替使用。

（三）小拱棚扦插育苗

利用小拱棚嫩枝扦插效果比大棚好。插穗的处理方法同前。凡院内背风向阳、排水良好、水源充足的空闲地均可设棚。棚高 30 ~40cm,床宽 1.2 ~2.4m,深 25 ~30cm,床长根据需要而定。床底铺干净的河沙,厚 15 ~20cm。床面横插拱形钢筋架若干根,其间隔 30 ~40cm。架上盖以塑料薄膜,两侧用砖压紧。棚与棚之间的距离为 80 ~100cm,棚间设宽 30cm 略低于路面的排水沟 1 条,以便排水。每个棚内通入直径 2 ~4cm 的塑料管 1 ~2 条,并悬挂在拱形架上,管上每隔 30cm 装喷水嘴 1 个,用自来水或动力水泵的压力喷水,喷水时不需揭膜。

扦插后的管理参考温室扦插育苗内容。

（四）嫩枝扦插的炼苗和假植技术

1. 炼苗　一般扦插后 20 天左右生根率会达到 60% ~70%。逐渐控制水分,加强光照和通风,让未生根的继续生根,让生根的进行锻炼。

水分多和水分不足都易发生萎蔫,需要仔细鉴别。如果下部腐烂导致萎蔫,就是水分过多,需要控制水分,保持基质湿度稍偏干,具体操作上就是干干湿湿,交替进行。一般 30 ~35 天就可出棚移栽,生根率可达 85% 以上。

2. 移栽　起苗后蘸泥浆到大田定植,移栽到露地时提前搭好遮阳网,在遮阳网下进行移栽,随栽随浇,灌透水,最好在晴天进行,阴雨天不易控制水分。按照宽窄行定植,一般成活率达到 85% 以上。腾出的温床可扦插下一批嫩枝。

3. 移栽后管理　移栽后的生根苗,最初 1 周每天须喷水 1 ~2 次,并罩上塑料拱棚和遮阴棚遮阳保湿,小心地进行通风锻炼。1 ~2 周后,酌情撤去塑料小拱棚,2 ~3 周后撤去遮阴棚,同时注意肥水管理,促苗生长。

嫩枝扦插成活的枣苗当年生长量不大,6 ~7 月移植苗的高度也只有 20cm 左右。大量扦插育苗时,为简化移苗锻炼、提高工效,可将生根苗集中假植在高大的假植棚内。棚高 1.8m,顶端和四壁设活动的遮阳网。假植后每 2h 左右喷 1 次水,以后根据缓苗状况,逐渐加大喷水间隔时间,并调节通风,加强炼苗,翌年春出棚定植。

四、苗木质量标准

无论哪种育苗方法,用于生产栽培的苗木,都应达到一定标准。枣苗木分级可参照中华人民共和国专业标准《枣树丰产林》(ZBB 64008—89)执行(表 5 -8)。

表 5 – 8 枣树丰产林苗木分级标准

级别	苗高	根系状况
一级	1.2～1.5cm,1.5cm 以上根系发达	直径 2mm 以上、长 20cm 以上侧根 6 条以上
二级	1～1.2cm,1cm 以上根系发达	直径 2mm 以上、长 15cm 以上侧根 6 条以上

第六章

浆果类果树苗木培育

本章导读：本章分别对浆果类果树葡萄、石榴、柿、草莓及猕猴桃苗木培育技术进行了阐述，结合各自苗木培育技术特点，指出了育苗中需要注意的技术问题，并列出了各个树种不同类型苗木的质量标准，供生产参考。

第一节　葡萄苗木的培育

葡萄育苗的主要方法有扦插繁殖、压条繁殖、实生繁殖、嫁接繁殖、组织培养快速繁育、营养钵繁殖等。在我国,传统的葡萄苗木培育多采用扦插繁殖,仅在东北严寒地区采用抗寒砧木进行嫁接繁殖。近年来,随着抗性砧木在葡萄生产中的优势突出,嫁接繁殖的优点逐渐被认识和接受,开始在我国广大葡萄产区推广和应用。葡萄苗木质量的好坏,直接影响到果园经济效益和建园成败。因此,培育品种纯正、砧木适宜的优质苗木,既是葡萄良种繁育的基本任务,也是葡萄栽培管理的重要环节。

一、扦插繁殖

扦插是葡萄最常用的繁殖方法之一,主要用于砧木苗和优良品种苗木的繁育。分为硬枝扦插和绿枝扦插。

（一）硬枝扦插

1. **插条的采集**　一般在冬季修剪时采集。选择品种纯正、健壮、无病虫害的植株,剪取节间适中、芽眼饱满、没有病虫害和其他伤害的 1 年生成熟枝条作为种条。种条应具有本品种固有色泽,节长适中,节间有坚韧的隔膜,芽体充实、饱满,有光泽。弯曲枝条时,可听到噼啪折裂声。枝条横截面圆形,髓部小于该枝直径的 1/3。采集后,剪掉副梢、卷须。然后将种条剪成长 50～60cm,50 或 100 根打成一捆,系上标签,写明品种、数量、日期和采集地点(图 6-1)。

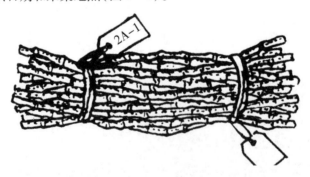

图 6-1　采集的种条

2. **插条的储藏**　储藏可采用室外沟藏和地窖沙藏 2 种方式。

（1）室外沟藏。选择避风背阴、地势较高的地方,挖深宽各约 1m 的沟,沟长则根据插条数量及地块条件决定(图 6-2)。种条进行储藏前,可用 5% 的硫酸亚铁或 5 波美度的石硫合剂浸泡数秒钟,进行杀菌消毒。储藏前,先在沟底平铺 5～10cm 厚的湿沙,铺放一层插条捆,再铺 4～5cm 的湿沙,并要填满插条空隙。沙子湿度以手握成团但不滴水,张手裂纹而不散为宜。插条层数以不超过 4 层为宜。为防止插条埋藏后发热霉烂,保证通气良好,在沟的中心带每隔 2m,竖放一直径 10cm 的草把或秸秆捆以保证通气。插条放置好后,最上层插条上铺撒 10cm 厚的湿沙,盖上一层秸秆,最后覆土 30cm。

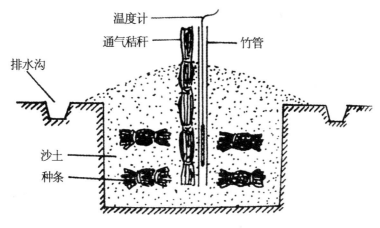

图 6 - 2　插条的沟藏(杨庆山)

插条的沙土则应保持 70%～80% 的相对湿度,即手握成团、松手团散为宜。当平均气温升到 3～4℃后,应每隔半月检查一次。发现插穗有发热现象时,应及时倒沟,减薄覆土,过于干燥时,可喷入适量的清水。如发现有霉烂现象,要及时将种条扒开晾晒,拣出霉烂种条,并喷布多菌灵 800 倍液进行消毒,药液晾干后重新埋藏。

(2)地窖沙藏。可先将插条剪成扦插需要的长度,在窖底铺一层厚 10cm 的湿沙,然后将打捆的插条平放或竖放在湿沙上,每捆之间用湿沙填满,最后用湿沙将插条埋严。经过储藏后,插条下端剪口处可形成愈伤组织,有利于生根。

3. 扦插前插条处理

(1)插条浸水。扦插前将插条捆竖直放入清水中浸泡一至两昼夜,促进插条吸水,以提高扦插成活率。

(2)插条剪截。春季,取出插条,选择节间合适、芽壮、没有霉烂和损伤的种条,将插条剪成带 2～3 个芽长约 15cm 的枝段。剪截时,上端剪口在距第一芽眼 2cm 左右处平剪,下端剪口在距基部芽眼 0.6～0.8cm 以下处按 45°角斜剪,剪口呈马蹄形。上面两个芽眼应饱满,保证萌芽成活,每 50 或 100 根捆成一捆。对插条较少的珍稀品种,也可剪成单芽插条。

(3)催根处理。提高扦插成活率的关键是催根。控温催根和激素催根,在实际生产中同时运用,效果明显。控温催根有电热温床、酿热温床、拱棚保温等方式。

A. 电热温床催根。以电热线、自动控温仪、感温头及电源配套使用(图 6 - 3)。一般采用地下式床,保温效果好。在地面挖深 50cm、宽 1.2～1.5m 的沟槽,长度以插条数量而定(亦可用砖砌式床:用砖砌成一个高 30cm,宽 1～1.5m,长 3.5～7m 的苗床）。沟槽底部铺 5~10cm 厚的谷壳或锯末,防止散热,上边平铺 10cm 厚的湿沙(含水量 80%)。在床的两头及中间各横放 1 根长 1.2~1.5m、宽 5cm 的木条,固定好,在木条上按 5~7cm 线距钉铁钉,然后将电热线往返挂在钉上。电热线布好后,再用 5cm 厚的湿河沙将电热线埋住压平,然后竖立摆放插条,成捆或单放均可。插条基部用湿沙覆盖,保证插条基部湿润。插条摆放好后,将电热线两头接在控温仪上,感温头插在床内,深达插条基部,然后通电。控温仪的温度设定在 25~28℃,将浸泡过的插条一捆挨一捆立放,空隙填满湿沙,顶芽露出,一般经 15~20 天,插条基部产生愈伤组织,发出幼根。停止加温锻炼 3~5 天后即可扦插。

图 6-3　电热温床催根

B. 酿热温床催根。利用马粪、锯末、秸秆等酿热物发酵产热的原理对葡萄插条加温催根。河北、北京等地一般多先用酿热温床对插条进行催根,可在背风向阳处建东西走向、南低北高的阳畦,挖深 50~60cm,内填鲜马粪 25~30cm,再填 10cm 左右厚的细沙,然后铺 15cm 厚的湿锯末,最后摆放插条。加温时,床上插上温度计,深达插条基部,温度要控制在 28℃ 以下,如超过 30℃,需及时喷水降温。插床上要遮阴保湿,经 15~20 天,插条基部产生愈伤组织,幼根突起即可扦插。

C. 拱棚保温催根。可在背风向阳处建东西走向、南低北高的阳畦,挖深 50~60cm,把整个畦加盖小型塑料拱棚保温,插条先用清水浸泡 24h,再用 5 波美度石硫合剂消毒,然后再用 40mg/kg 萘乙酸或萘乙酸钠溶液蘸泡发根一端。当阳畦整好后,于 3 月下旬将插条整齐垂直倒置在阳畦内,根端宜平齐,插条之间用湿润的细沙填满,顶部再盖湿沙 3cm,在湿沙上再盖 5cm 厚的马粪或湿羊粪。无拱棚的畦也可在畦面覆以塑料薄膜。白天利用阳光增温,夜间加盖草帘保持畦内温度,经过 20~25 天,插条根部即可产生愈伤组织并开始萌发幼根。此时即可往田间进行露地扦插。

D. 激素催根。常用的催根药剂有 ABT 1 号、ABT 2 号生根粉,其有效成分为萘乙酸或萘乙酸钠,药剂配制时需先用少量乙醇或高度白酒溶解,然后加水稀释到所需浓度。激素催根一般在春季扦插前(加温催根前)进行,有两种方法:一是浸液法,就是将葡萄插条每50或100根一捆立在加有激素水溶液的盆里,浸泡12~24h(图6-4)。只泡基部,不可将插条横卧盆内,也不要使上端芽眼接触药液,以免抑制芽的萌发,萘乙酸的使用浓度为50~100mg/kg。萘乙酸不溶于水,配制时需先用少量的95%乙醇溶解,再加水稀释到所需要的浓度。萘乙酸钠溶于热水,不必使用乙醇。二是速蘸法,就是将插条30~50根一把,下端在萘乙酸溶液中蘸一下,拿出来便可扦插,使用萘乙酸的浓度是1~1.5g/kg。化学药剂处理简单易行,适宜大量育苗应用。

图6-4　激素催根消毒

4. **整地**　葡萄育苗的地块,应选择在土质疏松,有机质含量高,地势平坦,阳光充足,有水源,土壤 pH 值在 8 以下,病虫害较少的地方。大面积的苗圃,应按土地面积大小和地形,因地制宜地进行区划。通常每 667~3 335m²(1~5 亩)设一小区,每 10 005~13 340m²(15~20 亩)设一大区,区间设大、小走道。6 670m²(10 亩)以下的小苗圃酌情安排。

育苗地在秋季深翻并施入基肥,施有机肥 5 000kg/667m²,施过磷酸钙肥 50kg/667m²。春季扦插前可撒施异硫磷粉剂或颗粒剂以消灭地下害虫。深翻 40cm 以上,耙平,培土做畦,整畦的标准是畦宽 60~100cm,高 10~15cm,畦距 50~60cm,畦面平整无异物,然后覆盖地膜,准备扦插。

5. **扦插方法**　葡萄扦插一般分为露地扦插和保护地扦插。春季当地面以下 15cm 处地温达到 10℃以上时即可进行露地扦插。一般华北地区在 4 月上中旬。保护地扦插可适当提前。

(1)垄插。垄高 20~30cm,垄距 60~70cm,采用南北行向。起垄后碎土,搂平,喷除草剂和覆地膜。扦插前可用与插条粗度相近的木棍先打扦插孔,株距 20~30cm,垄上双行扦插的窄行行距为 25~40cm。扦插时先用比插条细的筷子或木棍,通过地膜呈 75°角戳一个洞,然后把枝条插入洞内,插条基部朝南,剪口芽在上侧或南面。插入深度以剪口芽与地面相平为宜。打孔后将插条插入,插穗顶端露出地膜之上,压紧,使插条与土壤紧密接触不存空隙,一定要保证土壤与枝条严密接触,避免发生"吊死"现象。然后往垄沟内灌足水,待水渗后,将地膜以上的芽眼用潮土覆盖,以防芽眼风干。

垄插时,插条全部斜插于垄背土中,并在垄沟内灌水。垄内的插条下端距地面近,土温高,通气性好,生根快。枝条上端也在土内,比露在地面温度低,能推迟发芽,造成先生根后发芽的条件,因此垄插比平畦扦插成活率高,生长好。北方的葡萄产区多采用垄插法,在地下水位高,年雨量多的地区,由于垄沟排水好,更有利于扦插成活。

(2)畦插。畦面宽 1.2~1.6m,长约 10m,畦埂宽 30cm,每畦插 3~4 行,行距 25~40cm,株距 20~30cm,扦插方法同垄插。插好后畦内灌足水,使土沉实,再覆盖 2cm 厚沙或覆盖一层稻草保湿。两种方法相比,垄插地温上升快,中耕除草方便,通风透光。畦插单位面积出苗数多,灌水方便(图 6-5)。

图 6-5 葡萄的畦插

6. 葡萄的单芽扦插 用只有 1 个芽的插条扦插叫作单芽扦插。应用这种方法时,要根据品种的不同而分别对待。生产上,长势强、节间长的品种(如龙眼、巨峰等),采用单芽扦插。采用单芽扦插多在塑料营养袋里育苗,这样可以节省插条,加速葡萄优良品种的繁殖。习惯上常用的露地扦插育苗法,每 667m² 只能出苗 0.7 万~0.8 万株。而应用此方法,每 667m² 可育苗 1.5 万~2 万株,且成苗率高,出圃也快。具体方法:将秋季准备好的优良品种成熟度好的、芽眼充实的枝条剪成 8~10cm 的单芽段,在芽眼的上方 1~1.5cm 剪成平茬,插条下端剪成斜茬。将剪好的插条直接插在营养袋的中央,剪口与土面平。扦插时间以 2 月上旬到 3 月上旬为宜,营养袋应放置在塑料大棚或玻璃温室内,逐个排列,进行加温催根。营养袋的土温应在 15℃ 以上,气温以 20~30℃ 为宜,土壤水分保持在 16% 左右,喷水要勤,喷水量要少,使上下湿土相接,如果水量过多,土壤过湿,插条则不易生根,甚至因根系窒息而死亡。在生长期,如果营养不足时,可以喷布 1～3 次 0.3% 尿素或磷酸二氢钾。当苗木生长到 20cm 时,即可移出分植,用于培育壮苗。

7. **田间管理** 扦插苗的田间管理主要是肥水管理、摘心和病虫害防治等工作。总的原则是前期加强肥水管理,促进幼苗的生长,后期摘心并控制肥水,加速枝条的成熟。

(1)灌水与施肥。扦插时要浇透水,扦插后要适时灌水,但水量宜小,且灌水后及时松土,以免影响氧气的供给和降低地温。要保持嫩梢出土前土壤至不干旱,北方往往春旱,一般 7～10 天灌水一次,具体灌水时间与次数要依土壤湿度而定,6 月上旬至 7 月上中旬,苗木进入迅速生长期,需要大量的水分和养分,应结合浇水追施速效性肥料 2～3 次,前期以氮肥为主,后期要配合施用磷、钾肥。生长期间还可以结合喷药进行根外追肥,喷 1%～2% 的草木灰或过磷酸钙浸出液,促进根系健壮饱满。7 月下旬至 8 月上旬,为了不影响枝条的成熟,应停止浇水或少浇水。

(2)摘心。一根插条萌发出多个芽子时,选留一个位置好、生长健壮的新梢,其余抹掉,以集中营养,促进幼苗生长,提高苗木质量。葡萄扦插苗生长停止较晚,后期应摘心并控制肥水,促进新梢成熟,幼苗生长期对副梢摘心 2～3 次,主梢长 70cm 时进行摘心,新梢再发出副梢时,副梢留 1 片叶摘心。到 8 月下旬长度不够的也一律摘心。留长梢的苗木,在北方最迟应于 8 月末摘心,南方于 9 月末摘心,以促进枝条成熟。

(3)中耕除草。做到圃地表面经常保持疏松无草,尤其是 7～8 月,气温高、雨水多,易丛生杂草,引起病虫发生,影响苗木生长,应在每次浇水后或降水后中耕 1 次。

(4)病虫防治。春季发芽期注意扑杀食害嫩芽的各种金龟子,用 500～800 倍的敌百虫拌上炒好的麦麸,撒在苗木旁边进行诱杀蛴螬、蝼蛄、金针虫等地下害虫。6 月发现毛毡病,可喷 0.2～0.3 波美度的石硫合剂进行防治,6 月中下旬喷 200 倍等量式波尔多液,以后每隔 15 天左右喷 1 次,防治霜霉病、黑痘病、褐斑病,或喷 800～1 000 倍退菌特防治白腐病。

(5)苗木出圃。葡萄扦插苗出圃时期比葡萄防寒时期早,落叶后即可出圃,一般在 10 月下旬进行,起苗前先进行修剪,按苗木粗细和成熟情况留芽,分级。如玫瑰香葡萄,成熟好,茎粗 1cm 左右的留 7～8 个芽,茎粗 0.7～0.8cm 的留 5～6 个芽,粗度在 0.7cm 以下,成熟较差的留 3～4 个芽或 2～3 个芽,起苗时要尽量少伤根,苗木冬季储藏与插条的储藏法相同。

(二)绿枝扦插

1. **插穗的采集和处理** 从当年生新梢上采集粗 0.4cm 以上的发育较充实半木质化新梢,剪成 20～25cm 长(3～5 节)的插穗,上端距芽 1.5～2cm 平剪,下端于节附近斜剪。仅留顶部叶片的 1/3～1/2,其余叶片剪除。剪后立即将基部浸于清水中,并遮阴待用。为了促进生根,扦插前可在 0.1% 萘乙酸溶液中速蘸插条基部 5～7s。

2. **苗床准备**　选择土质好,肥力高的土地做育苗地,苗圃地要深耕耙平,然后做扦插床。床宽1m、高20cm,长度依插条数量而定。插床要求通透性良好,畦土以含沙量50%以上为宜,厚25~30cm,四边开好排水沟。

3. **扦插**　将插条倾斜插入畦内,每畦可插2~3行,株距7~8cm。扦插深度以只露顶端带叶片的一节(或顶端芽)为度。为了避免插条失水,应随采随插。插后立即灌透水,扣上塑料拱棚并遮阴。

4. **插后管理**　扦插后灌透水,并在畦上50~70cm处搭荫棚(先用竹棍或木柱搭架,上盖草苫),保持土壤水分充足,经过15~30天后,撤掉遮阴物。这时,插条已经生根,顶端夏芽相继萌发,对成活枝条只保留1个壮芽,当新梢长到30cm左右时引缚新梢,超过50cm时摘心,促进枝梢成熟。当新梢长出后,可每隔3~5天喷1次0.3%尿素溶液,间隔10~20天喷1次0.3%磷酸二氢钾溶液,以促进枝梢生长。生根发芽前要注意防治病虫害。在正常苗期管理下,当年就可发育成一级苗木,供翌春定植。

5. **注意问题**　第一,夏季温度高,蒸发量大,在扦插过程中,关键问题是降温,气温应在30℃以下,以25℃最为理想。第二,在夏季高温高湿条件下,幼嫩的插条易感染病害,造成烂条烂根,可用500倍高锰酸钾液或20%多菌灵悬浮剂1 000倍液进行基质消毒,并经常注意防病喷药。第三,嫩枝扦插宜早不宜晚,8月以后进行,当年插条发生的枝条不能成熟,根系也不易木栓化,影响苗木越冬。

二、压条繁殖

(一)新梢水平压条

冬剪时,在植株基部留长条,翌年长出的新梢达到长至1m左右时,进行摘心并水平引缚,以促使萌发副梢。在6月下旬至7月中旬,于准备压条的植株旁挖深15~20cm的浅沟,将新梢用木杈固定在沟内,填土10cm左右。待各节发出副梢,随着副梢的长高,逐渐向沟内埋土。夏季对压条副梢进行支架和摘心,秋末将生根的枝梢与母体分离即获得副梢压条苗(图6-6)。

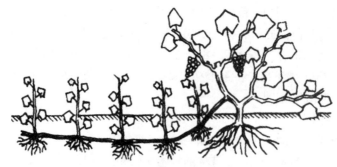

图6-6　绿枝水平压条示意图

新梢压条还有以下几种方法:

1. **当年扦插育苗,当年压枝以苗繁苗**　扦插后加强肥水管理,使苗肥壮。当苗高 50cm 时进行摘心,促进副梢生长,每株保留 3 ~ 5 个副梢。7 月中旬,待副梢长至 10cm 时进行压枝,将主梢压于土中 5 ~ 10cm,副梢直立在地面上生长。压条前先按副梢生长的方向挖沟,沟深 15 ~ 20cm,长 15 ~ 20cm,并施入少量腐熟的有机肥,然后把枝梢弯曲埋入沟中,使被压新梢上部叶片所制造的养分能大量聚集在压条部位,促使发根良好。埋入土中的枝梢,应摘去叶片和嫩权,使枝土密接,利于发根。露出地面上的枝梢上部,应尽量留长些,对提高压条苗的质量大有好处。绿枝压条应掌握当副梢、基部半木质化,可将新梢埋入土中,使副梢直立生长,以后再覆土 2 ~ 3 次。压条前后,要经常保持圃地湿润、疏松,有良好的墒情和通气状况。也就是说,一根插条当年就可能培育 3 ~ 5 株根系发达、枝条充实、芽眼饱满的葡萄苗。

2. **绿枝嫁接结合压条** 将葡萄的绿枝嫁接在葡萄平茬老藤的萌蘖上,借助于老藤的强大根系,促进良种接穗的新梢旺盛生长。夏秋季将新梢进行水平压条,长根后,当年即可起苗。这样一株成年葡萄一年可提供的自根苗和插条,可栽植 4 000 ~ 5 000m^2。起苗后,平茬老藤上保留一小段良种新梢仍可供翌年压条育苗或上架挂果。

(二)1 年生枝水平压条

冬剪时,在植株基部留长条,翌年春季萌发前,在准备压条的植株旁挖深 20 ~ 30cm 浅沟,沟底施肥并拌匀,将 1 年生枝条用木权固定在沟底。如是不易生根的品种,在压条前先将母枝的第一节进行环割或环剥,以促进生根。发芽后新梢长到15 ~ 20cm 时培土 10cm,以后陆续培土一直与地面平。秋末将压条挖出,剪断与母株相连的节间,即获得 1 年生压条苗。

(三)多年生蔓压条

在老葡萄产区,也有用压老蔓方法在秋季修剪时进行的。先开挖 20 ~ 25cm 的深沟,将老蔓平压沟中,其上 1 ~ 2 年生枝蔓露出沟面,再培土越冬。在老蔓生根过程中,切断老蔓 2 ~ 3 次,促进发生新根。秋后取出老蔓,分割为独立的带根苗。

(四)高空压条

在缺乏水源的干旱山区,采用夏季套袋高空压条的方法育苗,生根率在 95% 以上,移栽成活率也可达到 95% 以上。这种繁殖方法具有不受条件限制,操作简单,成活率高,结果早的优点。具体做法:在 7 月上旬至 8 月中旬,在葡萄架中上部选取生长健壮、密集、多余的当年生枝蔓(已经木质化的为好),先将幼嫩的尖部摘除,并除去叶腋间的副梢和卷须,再在第七至八片叶子的下面去掉两片叶子,用刀片进行环状剥皮,宽度视枝条的粗细而定,一般以 1 ~ 1.5cm 为宜,然后用宽 10 ~ 15cm,长 15cm 的塑料筒从梢部套进去,环剥口应放在塑料袋的中间。套袋时注意不要损伤叶片。套好后把袋子的下面用细绳子扎紧并装上湿土,以后每隔 3 ~ 4 天往袋子里浇 1 次水,以经常保持袋内土壤湿润为宜。10 多天后,在塑料袋外面就能看到白色的幼根出现,即可剪下栽植。栽后应立即浇水,并遮阴 4 ~ 5 天。

三、实生繁殖

即播种繁殖,多用于扦插、压条等不易成活的葡萄砧木苗的繁殖,常见于我国东北地区山葡萄砧木苗的繁殖。

（一）种子采集与处理

从生长健壮、无病虫害的母树上采集充分成熟的果实，取种后冲洗干净，按种沙1:（3～4）的比例混合后层积处理。山葡萄种子需要 60 天左右的低温沙藏才能完成后熟，生产上一般在播种前 3 个月即开始层积。播种前要对种子进行催芽处理，待有20%～30%种子咧嘴露白时即可播种，一般每 $667m^2$ 播种 1.5～2kg。

（二）播种

山葡萄一般采用春播，辽宁南部地区一般在 4 月上旬，黑龙江多在 5 月上旬进行播种。可采用畦播或垄播。

1. **畦播** 多采用撒播和条播。一般畦宽 1～1.6m，长 5m，畦埂宽 0.3m，播种 2～4 行。撒播时，先将苗畦整平踏实，灌足底水，待底水渗下后，按预定播种量，将种子均匀撒在畦内，然后覆盖约 1.5cm 厚的过筛细土，上边再撒上 0.5～1cm 厚的细沙。条播方法是在畦内按 30～40cm 的行距开 2～3cm 的小沟，将种子撒在沟内，然后覆土 1.5～2cm，轻轻压实，使种子与土壤密接。

2. **垄播** 垄播时多采用点播或条播，垄距 50～60cm。点播时在垄台上按 10～15cm 株距每穴放入 2～3 粒种子。条播在垄台上开 1～2 条小沟，播种后覆土 1.5～2cm，轻轻压实。因播种深度较浅，可播后覆草或覆地膜保湿，以提高出苗率。

（三）播后管理

当有 20% 左右的幼苗出土时，要及时撤除覆草或地膜，长出 3 片真叶时要间苗，定苗后株距 20～30cm。幼苗长到 30～40cm 时摘心，促进加粗生长和枝芽成熟。4～5 片真叶时叶面喷施 0.3% 尿素溶液，在苗木迅速生长期，每 $667m^2$ 追施腐熟人粪尿500～1 000kg，硝酸铵 20～30kg。8 月叶面喷施 0.5% 磷酸二氢钾溶液 2～3 次，促进枝条成熟。

露地播种的砧木苗，一般当年达不到嫁接粗度，多采用翌年绿枝嫁接培育成品苗。在上冻前，砧木苗留 2～3 个芽，5cm 左右剪截，然后封土防寒。也可挖出，窖藏或沟藏，翌年春季定植于苗圃。翌年春季化冻后，去除田间苗防寒土，用储藏苗定植。萌芽后每棵苗留新梢 1～2 个，立支架并引缚新梢。新梢 30cm 左右时摘心，促使加粗，以备绿枝嫁接。

四、嫁接繁殖

嫁接繁殖苗木有绿枝嫁接和硬枝嫁接两种，国外多采用硬枝嫁接，国内则多采用绿枝嫁接。

（一）绿枝嫁接

葡萄绿枝嫁接育苗，是利用抗寒、抗病、抗干旱、抗湿的种或品种做砧木，在春夏生长季节用优良品种半木质化枝条做接穗嫁接繁殖苗木的一种方法。此法操作简单，取材容易，节省接穗，成活率高（85% 以上）。

1. **砧木的选择与育砧** 国外采用较多的是抗根瘤蚜砧木，如久洛（抗旱），101 -

14、3309、3306(抗寒、抗病),5BB、SO4(抗石灰性土壤,易生根,嫁接易愈合)等,普遍应用于苗木繁殖。

国内采用较多的有山葡萄(抗寒,扦插生根难,嫁接苗小脚现象)、贝达、龙眼(抗旱)、北醇、巨峰等。

砧木苗的培育除利用其种子培育实生砧外,也可利用其枝条培育插条砧木。插条砧的培育方法同品种扦插育苗的方法基本相似,只是山葡萄枝条生根较困难,需生根剂处理与温床催根相结合才能收到理想效果。

(1)砧木选择。选择葡萄砧木时,应根据当地的土壤气候条件,以及对抗性的需要,选择适宜的多抗性砧木类型。葡萄多抗性砧木品种较多,如既抗根瘤蚜又抗根癌病的砧木有 SO4、3309C 等;既抗根瘤蚜又抗线虫病的砧木有 SO4、5C、1616C、5BB、420A、110R 等;既抗根瘤蚜又抗寒的砧木有河岸 2 号、河岸 3 号、山河 1 号、山河 2 号、山河 3 号、山河 4 号、贝达等;既抗根瘤蚜又抗旱的砧木有 5BB、5C、110R、5A、520A、335Em 等;既抗根瘤蚜又耐湿的砧木有 SO4、5C、1103P、1616C、520A 等;既抗根瘤蚜又耐盐的砧木有 SO4、5BB、1103P、1616C、520A 等;既抗根瘤蚜又耐石灰质土壤的砧木有 SO4、5BB、5C、420A、335Em、110R、1103P 等。

砧木不仅影响葡萄的适应性和抗病虫能力,还可影响接穗品种的生长势、坐果能力、果实品质等。同时,不同的砧穗组合表现不同,因此要重视砧穗组合的选配。如 SO4 是世界公认的多抗性砧木,可使其上嫁接的藤稔、高妻、醉金香、巨玫瑰果粒增大,但却使美人指花芽分化减少,果粒变小,使维多利亚的含糖量明显下降。

(2)砧木苗繁育。葡萄砧木苗可采用扦插、压条或播种繁殖。扦插、压条适用于无性系砧木,有利于保持砧木品种的特性,播种繁殖适用于扦插不易生根的品种,如山葡萄。

2. 嫁接

(1)嫁接时间。当砧木和接穗均达半木质化时,即可开始嫁接,可一直嫁接到成活苗木新梢在秋季能够成熟为止。华北地区一般在 5 月下旬到 7 上中旬,东北地区从 5 月下旬到 6 月中旬,如在设施条件下,嫁接时间可以更长。

(2)砧木处理。当砧木新梢长到 8～10 片叶时,对砧木摘心处理,去掉副梢,促进增粗生长。嫁接时在砧木基部留 2～3 片叶,在节上 3～4cm 节间处剪断。

(3)接穗采集。接穗从品种纯正、生长健壮、无病虫害的母树上采集,可与夏季修剪、摘心、除副梢等工作结合进行。做接穗的枝条应生长充实、成熟良好。接穗剪一芽,芽上端留 1.5cm,下端 4～6cm;砧木插条长 20～25cm。最好在圃地附近采集,随采随用,成活率高。如从外地采集,剪下的枝条应立即剪掉叶片和未达半木质化的嫩梢,用湿布包好,外边再包一层塑料薄膜,以利保湿。接穗剪后除去全部叶片,但必须保留叶柄。嫁接时如当天接不完,可将接穗基部浸在水中或用湿布包好,放在阴凉处保存。采集的接穗最好 3 天内接完。

(4)嫁接方法。如果砧木与接穗粗度大致相同时,多采用舌接法。如果砧木粗于接穗,多用劈接法。

(二)硬枝嫁接

利用成熟的 1 年生休眠枝条做接穗,1 年生枝条或多年生枝蔓做砧木进行嫁接为硬枝嫁接。硬枝嫁接多采用劈接法,嫁接操作可在室内进行。方法同绿枝嫁接,嫁接时间一般在露地扦插前 25 天左右,国外普遍采用嫁接机嫁接,利用机械将接穗和砧木切削成相扣的形状,接合后包扎。嫁接完成后,为了促进接口愈合,一般要埋入湿锯末或湿沙中,温度保持在 25~28℃,经 15~20 天后接口即可愈合,砧木基部产生根原基,经通风锻炼后,即可扦插。扦插时接口与畦面相平,扦插后注意保持土壤湿润。其他管理方法与一般扦插苗管理相同。机械嫁接也可用带根的苗做砧木,嫁接后栽植于田间。

带根苗木嫁接法:冬季在室内或春季栽植前用带根的 1~2 年生砧木幼苗进行嫁接,也可以先定植砧木苗然后嫁接,用舌接法或切接法均可。

就地硬枝劈接可在砧木萌芽前后进行。将砧木从接近地面处剪截,用劈接法嫁接。如砧木较粗,可接两个接穗,关键是使形成层对齐。接后用绳绑扎,砧木较粗,接穗夹得很紧的不用绑扎也可以。然后在嫁接处旁边插上枝条做标记,培土保湿。20~30 天即能成活,接芽从覆土中萌出后按常规管理即可。

(三)嫁接后管理

嫁接后要及时灌水,抹掉砧木上的萌蘖并加强病虫害防治工作。对于绿枝嫁接,及时抹芽是成活的关键。嫁接成活后,当新梢长到 20~30cm 时,将其引缚到竹竿或篱架铁丝上,同时及时对副梢摘心,促进主梢生长。6~8 月,每隔 10~15 天喷 1 次杀菌剂,并添加 0.2% 尿素溶液。8 月中下旬对新梢摘心,结合喷药,喷施 0.3% 磷酸二氢钾溶液 3~5 次,促进苗木健壮生长。

五、组织培养快速繁殖

组织培养快速繁殖技术主要用于葡萄无病毒苗木培育、珍稀品种的快速繁殖等。

六、容器繁殖

利用容器育葡萄苗是当前应用最普遍,效果最好的一种方法,比普通露地育苗提高繁殖系数 3~4 倍。幼苗根系发达,栽时不伤根,不缓苗,成活率可达 95% 以上。育苗集中,管理方便,节省土地和劳力,建园快,结果早。

容器育苗是将育苗分为两个阶段,即先进行激素处理和电热催根,再移栽到容器内培育。全部工作可在温室内进行,因此也叫工厂化育苗。育苗常用容器有营养钵、塑料袋等。

将营养土准备好,沙、土、肥按 2:1:1 配好。土要选择含有机质多的熟化表土,肥要用腐熟的牛、羊、驴、马粪,选用粗细均匀、透气性好的沙。塑料袋一般长 15~20cm,宽 10~15cm。先把袋底装上少量营养土,放入剪好的插条,再继续放土至满,然后把袋底挖 1 个孔洞用于排水,最后把袋放在已备好的阳畦内或向阳背风的苗床上,浇水以湿透为宜。塑料袋上面最好覆盖塑料薄膜,夜间加盖草帘,苗床温度白天要求在20℃以上35℃以下,如果气温过高可揭开薄膜降温。同时还要注意土壤不要过干或过湿,否则影响枝条的生根、发芽和生长。扦插后,浇水次数应随着气温变化而增减,土壤蒸发量小,每2~3天喷1次,土壤蒸发量大,喷水次数相应增加,每隔1天或每天喷1~2次水。在幼苗生长过程中,要及时除草。如叶片发黄时,应进行根外追肥,喷1~2次0.2%~0.3%尿素和磷酸二氢钾。当苗高15~20cm时则进行移植定苗(图6-7)。

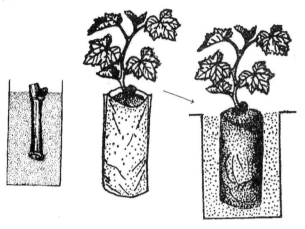

钵内扦插　　　　钵内苗生长　　　　出钵定植
图6-7　营养钵育苗

容器苗定植,要尽量避免在晴朗的高温天气进行,能够遮阴就更好,以免叶片失水,定植前2~3天,要对叶片喷水,增加空气相对湿度,减少蒸发,定植后应浇1~2次透水,以利成活。

七、葡萄苗木质量标准

葡萄苗木分级按照农业部行业标准(NY 469—2001)执行,见表6-1,表6-2。

表6-1　葡萄自根苗质量标准

项目		级别		
		1级	2级	3级
品种纯度		≥98%		
根系	侧根数量	≥5	≥4	≤4
	侧根粗度(cm)	≥0.3	≥0.2	≥0.2
	侧根长度(cm)	≥20	≥15	≤15
	侧根分布	均匀,舒展		
枝干	成熟度	木质化		
	高度(cm)	20		
	粗度(cm)	≥0.8	≥0.6	≥0.5

项目	级别		
	1 级	2 级	3 级
根皮与枝皮	无新损伤		
芽眼数	≥5	≥5	≥5
病虫危害情况	无检疫对象		

表6-2　葡萄嫁接苗质量标准

项目		级别		
		1 级	2 级	3 级
品种与砧木纯度		≥98%		
根系	侧根数量	≥5	≥4	≥4
	侧根粗度(cm)	≥0.4	≥0.3	≥0.2
	侧根长度(cm)	≥20		
	侧根分布	均匀,舒展		
成熟度		充分成熟		
高度(cm)		≥30		
接口高度(cm)		10~15		
枝干粗度	硬枝嫁接(cm)	≥0.8	≥0.6	≥0.5
	绿枝嫁接(cm)	≥0.6	≥0.5	≥0.4
嫁接愈合程度		愈合良好		
根皮与枝皮		无新损伤		
接穗品种芽眼数		≥5	≥5	≥3
砧木萌蘖		完全清除		
病虫危害情况		无检疫对象		

第二节　石榴苗木的培育

　　石榴可采用扦插、分株、压条、嫁接、组织培养等方法繁殖。目前,生产上大量育苗以硬枝扦插繁育为主。实生繁殖仅用于部分观赏品种的繁殖。

一、扦插育苗

（一）苗圃地的选择与整地

苗圃地应选择地势平坦,背风向阳,土层深厚,质地疏松,排水良好,蓄水保肥,中性或微酸性的沙质壤土为宜。苗圃地必须要有较好的灌溉条件,并注意挑选无危险性病虫害的土壤育苗。在育苗过程中,必须实行合理轮作倒茬,切忌连作。

扦插前应施足有机肥,然后深翻,并灌水蓄墒。当土壤解冻后及早做畦。畦长10m、宽1m,将畦面浅耕耙平,准备扦插。

（二）插条采集

落叶后萌芽前从生长健壮,优质丰产的优良品种母树上剪取茎基部0.5~1.5cm的1~2年生枝,剪去茎刺,沙藏保存。

（三）扦插时间和方法

一年四季都能进行,但以春季硬枝扦插和秋季绿枝扦插较易成活。华北、西北地区春插多在3月下旬至4月上旬,秋插多在7月下旬至8月上旬进行。新疆秋季扦插则在10~11月,当地认为,秋插比春插好,秋插气温较低,蒸发量小,易于生根。秋插过早易于冬前萌发嫩枝,冬季易被冻死,要做到冬前不萌发而在翌年春季萌发为好。云南在多雨的7~9月扦插。

硬枝扦插时,将枝条剪成长12~15cm,有2~3个节的枝段,枝段下端剪成斜面,上端距芽眼0.5~1cm处截平。插条剪好后立即浸入清水中浸泡12~24h,使插条充分吸水,可用生长素或ABT生根粉2号50ml/L溶液浸泡下端剪口2h或用吲哚丁酸100ml/L浸泡插条基部8~10h以提高成活率。扦插时在畦内按10cm×30cm的株行距扦插。

绿枝扦插的插条一般长15~20cm,插条顶部可留1~2片叶。绿枝扦插在雨季成活率高,晴天时应注意适当遮阴。

二、分株繁殖

石榴根系容易形成不定芽长成根蘖苗,每年秋末或初春将根蘖苗带根系挖出,即成为可定植的石榴苗木。但此法出苗量少。

三、压条繁殖

将母树上1~2年生枝埋入土中,待生根后再与母树分离成新植株的方法。

四、种子繁殖

种子繁殖的苗木,一般结果迟、变异大,除杂交育种和用于嫁接用砧木外,很少采用种子繁殖。但观赏品种月季石榴枝条细弱,扦插困难,且实生后代不发生性状分离,多采用此法繁殖。

一般在秋季采集充分成熟的果实,取出种子,洗净阴干,然后沙藏。也可将果实放于带釉的瓦罐中储藏,播种前取出种子播种。一般品种多在春天3月底至4月初播种,月季石榴春、夏、秋季均可播种,条播或撒播均可。春季播种月季石榴,当年夏秋季节即可开花,夏秋季播种,降温前放于室内,当年亦可开花。

未进行沙藏的种子,播种前需用40℃温水浸种1天,播种后覆土1.5~2cm,稍加镇压,使种子与土壤密接。播种后苗床应保持湿润,温度保持在15~25℃,15天后即可陆续出苗。苗高10cm时,即可将月季石榴移栽于花盆中培养。一般品种幼苗长出2~3片真叶后,即可间苗或带土移栽。

五、嫁接繁殖

主要用于低产劣质品种的高接换头,或在北方地区,采用抗寒性较强的砧木,以提高苗木的抗寒性。嫁接方法以春季硬枝嫁接为好,可采用腹接或劈接。嫁接后要及时并多次除萌。夏秋季嫁接以带木质部芽接或嵌芽接较好。

六、组织培养繁殖

早春利用室内催芽的新梢或春季田间的嫩梢作为外植体,消毒灭菌后,切取1cm左右长的带芽枝梢接种于培养基中。增殖培养基为MS基本培养基,附加BA 0.5ml/L和IBA 0.05ml/L,生根培养基为MS基本培养基附加IBA 0.1ml/L。生根后的组织培养苗在温室炼苗后移植到苗圃。此法繁殖速度快,可用于繁殖珍贵稀有品种。

七、苗木越冬

石榴幼苗不耐严寒,越冬能力差,北方田间易发生冻害或越冬抽条,因此,培育的当年生苗木,须在落叶后上冻前将苗木起出,进行假植,假植时要整株埋土。

八、石榴苗质量标准

目前,尚无石榴苗木的国家标准,表6-3为石榴扦插苗地方标准(DB 65/593—2000),仅供参考。

表6-3　石榴扦插苗质量分级指标

项目		级别	
		1级	2级
茎	苗高(cm)	≥50	≥30
	茎粗(cm)	≥0.5	≥0.3
侧根	数量(条)	≥6	≥4
	长度(cm)	≥18	≥15
	粗度(cm)	≥0.2	
根、干损伤		无劈裂,表皮无干缩	

第三节　柿苗木的培育

目前,柿树生产上一般都采用嫁接繁殖。嫁接后可以保持优良品种的特性,并可提早结果。根据栽培环境,选用适宜的砧木,还能增加柿树对不良土壤和对恶劣环境的适应能力,扩大柿树的栽培范围。

一、常用砧木

(一)君迁子

又称黑枣、软枣等。在我国北方栽植较多,西南、华中也有。本种结果多,种子量大,每500g鲜果约有种子600粒,每500g种子有3 200粒左右,采种容易;播种后发芽率高,生长快,幼苗生长健壮,容易达到嫁接粗度,与涩柿的嫁接亲和力强;根系分布较浅,60%左右的吸收根分布在10~45cm深的土层中;根系发达,侧根和细根数量多,分生能力强,吸收面积广,嫁接苗生长迅速,移栽时容易成活,缓苗快;抗旱耐寒力较强,为我国北方和西南诸省的主要砧木。但耐湿热性较差,在地下水位高的地方,叶片发黄,并出现生理凋萎脱落现象。

(二)柿(本砧)

果实种子量小,采种比较困难;播种后发芽率稍低,尤其在北方,因春季干旱,发芽时吸不到足够的水分发芽更为困难;柿砧的主根发达,分支少,侧根细弱,嫁接后地上部生长稍弱,移栽后不易成活,缓苗迟;柿砧不耐寒,但耐旱、耐湿能力较强;与甜柿嫁接亲和力强,是我国江南地区柿树的主要砧木。

(三)油柿

种子采集容易,播种后生长良好,根群分布较浅,细根较多;嫁接后可使柿树矮化,并能提早结果,可行矮密栽培;我国江苏、浙江一带有些地区以此种做砧木。油柿与柿树嫁接亲和力稍差,嫁接后柿树寿命较短。

(四)浙江柿

本种在浙江山区分布较多,为高大落叶乔木,树势强盛,幼苗生长迅速。有粗大主根,较耐湿,与柿嫁接亲和力强。

(五)老鸦柿

本种多分布于浙江、江苏等地,为落叶小乔木,浅根性,侧根及细根多,耐旱、耐瘠薄,并适于酸性土壤,可作为柿的矮化砧木。

二、砧木种子处理

在我国北方,采集品种纯正、生长健壮、无病虫害的优良母株上充分成熟的果实,放置于容器中或堆积让其软化,然后搓去果肉,取出种子,去掉种子周围的附着物(抑制种子发芽),洗净后阴干,进行沙藏或干藏。沙藏时间为 60~90 天,干藏是将充分阴干的种子装入木箱或布袋,置于阴凉通风干燥环境下储藏。

三、砧木播种及播后管理

苗圃地忌连作(重茬),已育过柿苗的地块,需间隔 3~4 年再育苗。播种前施入充分腐熟的有机肥,深耕 20~30cm,搅碎耙平,做畦,灌水沉实。北方干旱,宜低畦;南方多雨,宜高畦。

干藏种子播种前需浸种处理,用 65℃ 左右的温水浸泡 5min 并充分搅拌,降温后再用清水浸泡 2~3 天,每天换水,当种子充分吸水膨胀后再播种。也可在播种前4~5 天,从君迁子果实中取出种子,用清水洗净后,用冷水或 45℃ 左右的温水浸种(每天换水 1~2 次),当种子充分吸水膨胀后,捞出种子,在温暖向阳处混以湿沙或湿锯末,盖上塑料薄膜,进行催芽,待 1/3 种子露白时播种。沙藏的种子可直接播种或催芽后播种。

播种期分秋播和春播 2 种,秋播宜在秋季作物收获后,土壤上冻以前进行。秋播种子易于,出苗率低,在北方慎用。春季,当地温(地表下 5cm 处)达 8~10℃ 时即可播种,北方一般在 4 月上旬,南方可适当提前。

播种采用条播,行距 40~50cm。用种量 5~6kg/667m^2。播种深度 2~3cm,覆土后耙平镇压,并覆盖地膜或封 3~5cm 高的土埂。幼苗出土前,扒除土埂。随幼苗出土逐渐除膜。当幼苗长出 2~3 片真叶时定苗或移栽,留苗量5 300~6 670株/667m^2。当苗高达 10cm 以上时开始追肥,全年追肥 2~3 次。结合追肥进行灌水和中耕除草,并注意及时防治病虫害。苗高 30~40cm 时可摘心促其加粗,为了促发侧根,本砧最好在深 15cm 处切断主根。待苗木直径达 1cm 以上时,即可进行嫁接。

四、嫁接

（一）接穗的采集和储藏

枝接的接穗，在落叶后至萌芽前，采取树冠外围发育充实，长 30cm 左右的上一年生的发育枝或结果母枝。接穗数量少时，20 根 1 捆，封入塑料薄膜袋冷藏（2~3℃）保存，但应注意接穗与塑料袋密接；接穗数量较多时采用沙藏。在储藏期间，要保证接穗不失水、接芽不萌发。如果接穗的切口出现黑色的斑点，则说明其失水过度，用这样的接穗嫁接，成活率较低。

芽接用的接穗，春夏嫁接时，应采集生长粗壮、1 年生枝条中下部未萌发的饱满芽做接芽。秋季嫁接所用的接穗，采取当年生枝条的腋芽做接芽。接芽须饱满，颜色由绿变褐，剥下后的芽片不应隆起。随接随采，不可久储，必要时可将接穗插在水中，能存放 1~2 天。

（二）嫁接时期和方法

嫁接的时期因方法、地区而不同。枝接应在砧木树液流动、芽已萌发、接穗处于未萌芽时进行。北方各省在清明节前后（3 月下旬至 4 月上旬），南方应根据物候期适当提前，如广东花县在 2 月上旬。常用劈接和腹接。枝接接穗较长时应蜡封，也可采用单芽腹接，直接用塑料膜将接芽和接口一同包扎，接芽处包单层膜，成活后接芽可顶破单层膜，省去划膜工序。

芽接可周年进行，春季萌芽时用嵌芽接，速度快，成活率高。花前芽接，利用 1 年生枝条基部的潜伏芽做接芽，多用嵌芽接、带木质部"T"字形芽接等。6~9 月可用嵌芽接、方块芽接、套管接和"T"字形芽接。据报道，在河北涉县方块芽接和套管接成活率远比"T"字形芽接高，尤以方块芽接技术更简单实用。方块芽接以 6 月 30 日至 7 月 20 日和 9 月 10 日至 9 月 20 日成活率高。7 月下旬以后嫁接发生的新梢易受冻害，不能安全越冬，所以嫁接当年不能剪砧。

专家提醒

提高柿嫁接成活率的关键一是柿砧、穗富含单宁，切面在空气中氧化生成隔膜，阻碍营养物质的交换和愈伤组织的形成，降低成活率，因此，嫁接技术要熟练，速度要快。二是应选粗壮充实、皮部厚而营养丰富的枝条做接穗，枝接时应蜡封接穗，或用塑料薄膜全部包护。芽接时选饱满芽嫁接，成活率高。三是枝接砧、穗削面长则结合面大；芽接时削芽片要稍大些利于成活。四是砧、穗（芽）形成层对准对齐，结合部绑紧绑严，可促进成活。

第四节　草莓苗的培育

一、匍匐茎繁殖

草莓有发生匍匐茎的特性,利用匍匐茎繁殖是草莓生产上普遍采用的繁殖方式。匍匐茎繁殖方法简单,管理方便,既可建立专门的育苗圃,又可利用生产田直接采苗。匍匐茎苗生命力强,生长旺盛,苗木质量好,繁殖系数高,生产田每 $667m^2$ 1 年可繁殖 3 万株左右的匍匐茎苗,在育苗圃内,每 $667m^2$ 1 年可繁殖 5 万 ~6 万株。

(一)育苗圃育苗技术

1. **苗床准备**　选择地势平坦、土质疏松、土层深厚、富含有机质、排灌条件好、光照充足、无病虫害的地块,最好是选择没栽过草莓的地带繁苗,种过茄科类作物而又未轮作其他作物的不宜作草莓苗圃地用。苗圃选好后,每 $667m^2$ 施腐熟厩肥4 000 ~5 000kg,过磷酸钙 30kg 或磷酸二铵 25kg。结合施基肥,深翻土地,使地面平整,土壤熟化。耕匀耙细后做成宽 1 ~1.5m 平畦或高畦,长度根据地形情况而定,一般控制在 30 ~50m。畦埂要直,畦面要平,以便灌水。定植前土壤要适当沉实,以防定植后灌水时幼苗栽植深浅不一或露根。

2. **母株选择**　栽植的母株应选用脱毒原种苗,或选用 1 年生品种纯正具有 4 片以上展开叶、根茎粗度 1.2cm 以上、根系发达、无病虫害的健壮匍匐茎脱毒苗。

3. **母株栽植**

(1)栽植时期。春季或秋季均可,春季当 10cm 地温稳定在 10℃ 以上时便可定植,一般在 3 月下旬至 4 月上旬,秋季栽植可比生产园栽植稍晚,华北地区可在 8 月下旬至 9 月上旬进行。从近几年生产上应用结果看,秋季定植要优于春季定植。秋季定植由于天气逐渐转冷,苗木成活率高,而且翌年春不经缓苗即可进入快速生长期。

(2)栽植方式。定植的株、行距应根据草莓品种抽生匍匐茎的能力确定,抽生匍匐茎能力强的品种株距宜大,反之则小。一般如果畦面宽 1m,将母株单行定植在畦中间,株距 60 ~80cm;如果畦面宽 1.5m,每畦栽 2 行。定植时应该带土坨移栽,以确保成活率。草莓苗根颈部弯曲处的凸面是匍匐茎发生的集中部位,所以栽植时应注意将凸面朝畦中央方向,使匍匐茎抽生后向畦面延伸,以减少后来整理匍匐茎带来的麻烦。植株栽植的合理深度是根颈部与地面平齐,做到深不埋心,浅不露根(图 6 -8 ~图 6 -10)。另外,母株的花蕾要摘除。

图6-8　草莓栽植过深

图6-9　草莓栽植过浅

图6-10　草莓栽植深度适宜

4. 苗期管理

（1）土肥水管理。定植后灌一遍透水，以后要保证充足的水分供应。成活后，进行多次中耕锄草，保持土壤疏松。秋季定植的母株，一般在4月中下旬开始抽生匍匐茎，春季定植的母株，在5月中旬抽生匍匐茎。匍匐茎开始发生后，可以不再中耕，但应及时除去杂草。如果水分充足，就会不断发生又粗又壮的匍匐茎，而且马上发根，接着 2 次、3 次匍匐茎也会很快发生。如果 6 月中旬还没有发生匍匐茎,说明水分不足,需及时灌水。灌溉方式最好采用滴灌。

春季开始旺盛生长时,施 1 次复合肥,每 667m² 追施氮磷钾复合肥 10kg。在植株两侧 15～20cm 处开沟施入,施肥时结合灌水。匍匐茎发生后,叶面喷施 1 次 0.5% 尿素,以后每隔 15 天叶面喷施 1 次 0.5% 磷酸二氢钾溶液。

(2)引茎和压茎。匍匐茎伸出后,及时将匍匐茎向母株四周均匀摆开,以利充分利用土地。当匍匐茎长至一定长度,子苗有 2 片叶展开时,在生苗的节位处挖一个小坑,培土压茎,促进子苗生根。压茎是一项经常性的工作,随时发生随时压茎,后期发生的匍匐茎生长期短,生长弱,应及时去掉,以便集中养分供应前期子苗的生长。

(3)去花蕾。见到花蕾应立即去除,去除时间越早越好,以免消耗养分,有利于早生多生匍匐茎。去除花蕾是育苗的关键性措施,不可忽视。

(4)去老叶。当新叶展开后,应及时去掉干枯的老叶。在整个生长期,随着新叶和匍匐茎的发生,下部叶片不断衰老,应及时将老叶除去,防止老叶消耗营养,利于通风透光,减少病害的发生。在去除老叶的同时要及时人工除草。

(5)应用植物生长调节剂。为促使早抽生、多抽生匍匐茎,在母株定植成活后喷施 1 次赤霉素溶液,浓度为 50mg/L,每株喷 10ml。对抽生匍匐茎能力差的品种,可以在 6 月上中下旬和 7 月上旬各喷 1 次 50mg/L 赤霉素溶液,每株喷 5ml。7 月底至 8 月上中旬当匍匐茎苗爬满畦时,会出现子苗过密而拥挤的现象,造成茎苗徒长,可以在 8 月上中旬各喷 1 次 2g/L 矮壮素,以抑制匍匐茎的产生,保证前期形成的匍匐茎苗生长健壮,减少产生不必要的小苗。此外,8 月底形成的茎苗根系差,应及时间苗以保证前期形成的茎苗生长。

(6)病虫害防治。草莓病毒主要由蚜虫传播,为了防止母株受到蚜虫的侵害,必须防治草莓蚜虫。育苗期高温多雨容易发生炭疽病,应注意预防。

5. **子苗出圃** 可分为两个时期:一个是在花芽分化前的 8 月上中旬,此时子苗已长出 5～6 片复叶,出圃后可直接移栽至生产园,也可以作为假植苗移植到假植育苗圃;另一个时期是在花芽分化后,北方地区一般在 9 月下旬,出圃后可直接移栽至生产园,也可置于低温库中冷藏,打破休眠后定植于保护地中,提早果实采收期。土壤干旱时,在起苗前 2～3 天适量灌水。起苗时从苗床的一端开始,取出草莓苗,去掉土块和老叶、病叶,剔除弱苗和病虫危害苗木,然后分级。

(二)生产田直接繁殖育苗技术

该方法是利用草莓在浆果采收后,母株大量发生匍匐茎苗的特点进行繁殖。首先选择母株生长健壮、无严重病虫害的地块作为繁殖匍匐茎的育苗地,隔一行去一行,并拔除过密株、病株、弱株和杂株,对选留母株加强管理,及时追肥、灌水和中耕除草,促进匍匐茎的发生。匍匐茎大量发生后,要及时将匍匐茎向母株四周均匀摆开,并在匍匐茎偶数节上培土,促发根系。当匍匐茎苗长到 3～4 片叶时,即可从母株上剪离作为定植苗用。生产田直接繁殖秧苗,因母株开花结果消耗大量营养,秧苗的质量较差,不整齐,病害严重,繁殖量少。因此,在有条件的地区,应建立专门育苗的母本圃,用于繁殖秧苗。

二、分株繁殖

又称根茎繁殖或分墩繁殖,生产上应用不多,适用于以下两种情况:一是需要更新换地的老草莓园,将所有植株全部挖出来,分株后栽植;二是用于某些不易发生匍匐茎的草莓品种,如某些四季草莓品种。

在果实采收后,对母株加强管理,适时施肥、灌水、除草、松土等,以促进新茎叶芽发出新茎分枝,去掉过弱的新茎分枝,并少许培土,促进不定根的产生和生长。当母株地上部有一定新叶抽出,地下根系有新根生长时,将母株挖出,选择上部1~2年生根状茎逐个分离,这些根状茎上一般具有5~6片叶、4~5条长4cm以上的生长旺盛的不定根,可直接栽植到生产园中,定植后要及时灌水,加强管理,促进生长,翌年就能正常结果。对分离出来的只有叶片没有须根的根状茎,可保留1~2片叶,其余叶片全部摘除,进行遮阴扦插育苗,待其发根长叶后再在秋季定植,越冬前培育成较充实的营养苗。

分株繁殖法的优点是不需要专门的繁殖田,不需要摘除多余的匍匐茎和在匍匐茎节上压土等工作,节省了劳动力,降低了成本。但其缺点是繁殖系数较低,一般3年生的母株,每株只能分出8~14株适宜定植标准的营养苗,而且分株的新茎苗,多带有分离伤口,容易受土传病菌侵染而感病。

三、种子繁殖

用种子繁殖,由于后代性状发生分离,不能保持母本的优良性状,成苗率也低,生产上一般不采用。但在杂交育种、实生选种、驯化引种中,或对于某些难以获得营养苗的品种,仍然需要用种子繁殖。

(一)采集种子

首先从优良单株上选取充分成熟、发育良好的果实,用刀片将果皮连同种子一起削下,平铺在纸上阴干,然后揉碎,果皮与种子即可分离;也可将带种子的果皮放入水中,洗去浆液,滤出种子,晾干,去除杂质,装入袋内,置于冷凉通风处保存。

(二)播前处理

在室温条件下,草莓的种子发芽力可保持2~3年。草莓没有明显的休眠期,可随时播种,但一般以春播或秋播较好。为了提高种子的出苗率,可在播前将种子包在纱布袋内用水浸泡24h,然后放在冰箱内,经0~3℃低温处理15~20天,再进行播种,或播前对种子进行层积处理1~2个月,也可在播种前将种子浸泡12小时,待种子膨胀后播种。

专家提醒

在播前即使不进行任何处理,也能出苗,但出苗率较低。

（三）播种

草莓种子粒小，适宜播在育苗盆或穴盘内，容器内装入肥沃疏松并过筛的营养土，如在苗床播种，土壤要平整好，多施腐熟厩肥。播前先灌透水，水渗后在土面上均匀撒播种子，然后覆盖 0.2 ~ 0.3cm 厚过筛的细沙土。在育苗容器上可加盖玻璃片或塑料薄膜，以保持表层土壤湿润，还能增加地温、提早出苗。

（四）播后管理

在 20 ~ 25℃ 的条件下，播种后 15 天左右即可出苗。幼苗生长 2 ~ 3 个月，长出1 ~ 2 片真叶时分苗，可将幼苗栽入装有营养土的小盆或育苗钵中，每盆栽 1 株，摆入育苗床精心培育，待苗长到 4 ~ 5 片复叶时，即可带土移栽到大田或育苗圃内继续培育。一般春播的秋季即可在大田定植，秋播的要在翌年春季才能定植。

四、无病毒苗的繁育

草莓被病毒侵染后，植株生长衰弱、叶片皱缩、果实变小并且畸形、品质变劣、产量严重下降，给草莓生产者带来极大的经济损失。但迄今为止，对病毒病还没有有效的治疗方法，目前只能通过培育无病毒苗和控制病毒传播来减少病毒的传播和扩散。

（一）脱毒方法

1. **热处理脱毒**　把培育好的盆栽草莓苗放入可控制温度、光照的培养箱内进行热处理，白天光照 16h，光照强度为 5 000 lx，并保持空气相对湿度在 65% ~ 75%。热处理需要掌握处理时间和处理温度，因处理天数和温度与需脱除病毒种类有关，草莓斑驳病毒在 38℃ 恒温下，处理 12 ~ 15h 即可脱除，草莓皱缩病毒需 50 天以上。而草莓镶脉病毒及轻型黄边病毒则难以用热处理方法脱除。

2. **茎尖培养脱毒**　取长度在 0.2 ~ 0.5mm、带 1 ~ 2 个叶原基的茎尖进行培养，分化出的试管苗可有效脱除病毒。它是目前培育无病毒苗中应用最广泛、最重要的脱毒方法。如果结合热处理，脱毒效果会更好。

3. **花药培养脱毒**　草莓花药培养的最好时间是草莓现蕾时，摘取 4mm 左右大小的花蕾，此时花药直径 1mm 左右，将采集到的花蕾用流水冲洗后，置于铺有湿润滤纸的培养皿中，4℃ 预处理 48h。在超净工作台上，将花蕾放入 70% 乙醇中消毒 30s，再转入 0.1% 升汞溶液中消毒 7 ~ 9min，无菌水冲洗 3 ~ 4 次，剥取花药接种在附加一定浓度的 6 - 苄氨基嘌呤和萘乙酸的 MS 培养基上进行暗培养，2 周后移至光下培养，40 ~ 50 天后即可将分化再生的植株接种到附加一定浓度的 6 - 苄氨基嘌呤和吲哚丁酸的 MS 培养基上进行增殖培养，然后生根、移栽。

（二）病毒的鉴定与检测

采用各种脱毒技术获得的植株是否真正脱毒，还需进行病毒的鉴定与检测，确认完全脱毒后才可进一步扩大繁殖。鉴定与检测的方法主要有指示植物小叶嫁接法、生物学鉴定、血清学鉴定法、电镜检查法、多聚酶链式反应（PCR）技术检测法等。

1. **指示植物小叶嫁接法**　此方法是用 UC - 4、UC - 5、UC - 10、UC - 11、EMC 等做指示植物。嫁接时先从待检植株上采集完整、成熟的 3 片复叶，剪掉 3 片复叶的左右 2 片小叶,将中央小叶带 1~1.5cm 长的叶柄,用锐利刀片把叶柄削成楔形作为接穗。选生长健壮的指示植物叶片,剪除中间小叶,在 2 小叶叶柄中间向下纵切 1 条长 1.5~2cm 的切口,插入削好的接穗,用塑料薄膜条包扎。每 1 株指示植物至少嫁接 2 个待检接穗。

嫁接后把整个花盆罩上塑料袋,以保温保湿,提高成活率。嫁接苗在 25℃背阴处放置 1~2 天后,移至阳光下,1 周后去掉塑料袋。待检接穗和指示植物完全愈合,一般需经过 14~20 天(秋)或 25~30 天(春、冬)。嫁接小叶成活后,不断剪去未嫁接的老叶,定期观察新长出叶上的症状表现。以出现的典型症状判别是否仍带有病毒,观察时间可连续 1.5~2 个月,以确认其是否脱毒。

不同病毒病在指示植物上症状出现的早晚不同,最早为草莓斑驳病毒,一般在嫁接成活后 7~14 天,其次是草莓镶脉病毒和草莓轻型黄边病毒,分别于 15~30 天和 24~37 天后表现症状,草莓皱缩病毒通常在嫁接成活后 39~57 天才能表现出来。症状总是先出现在新展开叶片上,然后再出现在老叶上。不同指示植物对病毒症状反应不一,UC-4 对草莓斑驳病毒、草莓皱缩病毒和草莓轻型黄边病毒有很好的检测效果,EMC 和 UC-5 对草莓斑驳病毒、草莓轻型黄边病毒、草莓皱缩病毒等多种草莓病毒敏感,UC-10 和 UC-11 只对草莓皱缩病毒、草莓轻型黄边病毒敏感。

指示植物小叶嫁接法是一种常规的、行之有效的方法,但周期长,容易受病毒种类、环境条件和季节等影响。

2. **生物学鉴定法** 即对栽培植株的外观性状直接观察、分析、判断,这种方法较为直接,但是由于病毒侵染栽培植株所表现的症状在不同的生育阶段和季节不甚一致,也不太明显,因此用直接观察的办法很难明确判定病毒的种类。

3. **电镜检查法** 可直接观察、检查出有无病毒存在,并可得知有关病毒颗粒的大小、形状和结构,但要求技术条件较高,电镜设备昂贵,目前尚不能普遍应用。

4. **血清学鉴定法** 灵敏度高,具有快速、结果易判断的特点,但要制备抗血清,且草莓的病毒分离提纯还存在一定困难,目前尚处于研究阶段,未能广泛应用。

5. **PCR 技术检测法** 具有快速、准确、灵敏、稳定等优点,也是发展方向。近些年来,国外先后报道了利用 RT-PCR 技术检测草莓轻型黄边病毒、草莓斑驳病等病毒。在国内也已建立了稳定、灵敏的利用 RT-PCR 检测草莓病毒的技术,但距离应用于生产还有一段距离。

(三)无病毒苗的繁殖

经过脱毒和病毒检测,确定为无病毒苗后,可作为无病毒原种进行保存。利用草莓无病毒原种,进行组织培养快速繁殖原种苗,然后以无毒原种苗作母株,在隔离网室条件下繁殖草莓无毒苗,土壤要经严格消毒,避免在栽过草莓的地块重茬繁殖无毒苗,并注意防治蚜虫。无病毒草莓苗的繁殖,主要采用匍匐茎繁殖法。无病毒原种苗可供繁殖 3 年,以后再用则应重新鉴定检测,确认无毒后,方可继续用作母株进行繁殖。

五、草莓苗培育的其他辅助技术

（一）营养钵育苗

将草莓育苗圃中母株发生的匍匐茎小苗移入营养钵中集中管理培养，可有效地避免土传病害，控制氮素营养，促进花芽分化，并且有利于根系发育，栽植成活率高，生长发育快，果实成熟早，产量高。

1. **营养钵及营养土准备** 一般采用口径 10 ~ 12cm、高 10cm 的黑色圆形塑料营养钵，内装保水性好、疏松肥沃、不带病菌及杂草的营养土，多选用 70% 珍珠岩加 30% 谷壳灰，pH6.5 ~ 6.8。

2. **栽植入营养钵** 营养钵育苗要求在花芽分化前进行。在 6 月中旬至 7 月上中旬，把育苗圃中具有 2 ~ 3 片叶的发根小苗起出，移栽在营养钵内，集中管理。亦可于 5 月下旬至 6 月匍匐茎抽生期，把营养钵埋在植株旁，露出钵口，将具有 2 ~ 3 片叶的小苗不剪断匍匐茎直接压入营养钵内，使小苗在营养钵中生根，20 天后将营养钵苗移入苗圃集中管理。

3. **幼苗的管理** 把营养钵苗放在用遮阳网遮阴的棚内，以防夏季强光高温伤害小苗。秧苗装钵后要排放好，在 7 月之前需每天灌 1 次水，以免影响秧苗的生长发育，使花芽分化延迟；8 月以后灌水次数可适当减少。7 月初开始至 8 月上旬，每 7 ~ 10 天追肥 1 次，每个营养钵追 400 ~ 600 倍氮磷钾复合肥液 100ml。8 月中旬以后即花芽分化之前停止施用氮肥。只追施磷、钾肥，每 7 天左右施 1 次，以促进花芽分化，秋季即可定植。

（二）假植

为提高秧苗质量，达到壮苗的目的，必须对匍匐茎苗进行假植。假植就是把育苗圃中由匍匐茎形成的子苗，在栽植到生产田之前先移植到固定的场所进行一段时间的培育。通过假植，把幼苗分类集中管理，促使苗木生长整齐，提高苗木质量，定植到生产田后，缓苗快，成活率高。

1. **假植的时期** 以 8 月底至 9 月初为宜。假植育苗期需 50 ~ 60 天，超过 60 天根系出现老化，容易形成老化苗。因此，假植期应为当地定植前的 50 ~ 60 天。

2. **假植苗的选择** 将育苗圃中的子苗按顺序取出，选择具有 3 片以上展开叶的匍匐茎苗，摘净残存匍匐茎蔓，去掉老叶。

3. **假植** 选择土质疏松、肥沃的沙壤土，做 1m 宽的畦。按秧苗的大小、强弱分畦假植，以便于管理。株、行距为 15cm × 15cm，也可用 12cm × 18cm。假植时根系应垂直向下，不弯曲，埋土做到深不埋心、浅不露根。

4. **假植后的管理** 假植后要充分灌水，避免缓苗，如遇日照强烈、干旱高温，要在白天适当遮阴降温。成活后再掀除遮阳物，一般假植后 15 天左右，营养苗就可恢复生长。对假植苗要精细管理，及时进行中耕除草，追肥灌水。适时摘除枯叶病叶。前期每隔 10 天左右追施速效复合肥 1 次，后期只追施磷、钾肥，并控制灌水，以利促进营养苗的花芽分化和健壮生长。9 月下旬至 10 月上旬正是假植苗的花芽形成期，应及时摘除匍匐茎促进花芽的形成。如果发现苗木出现徒长,应及时进行断根处理。到10月中旬便可培育出理想的优质壮苗,提供移栽定植。

(三)草莓苗的储藏

随着草莓生产的发展,品种交流、苗木流通、苗木储藏逐渐增多。目前,草莓苗储藏方法主要有假植沟储藏和冷库储藏。

1. **假植沟储藏**　在我国北方,冬季气温低、土壤冻结、苗圃内的草莓苗无法提取。需在上冻前将苗圃内的草莓苗起出来,集中储藏保管,以便使用。主要方法是挖假植沟沙藏。

(1)假植沟的规格。在背风向阳、方便管理的地块挖假植沟,最好是东西走向,宽60~80cm、深30~40cm,一般放苗后,叶片与地面平齐即可,沟底可留细土或细沙,假植沟之间留适当距离,通常5~6m,以方便取苗和管理。

(2)假植时间。储藏的开始时间宁晚勿早,尽量推迟起苗时间。随着起苗时间的延迟,气温逐渐降低,有利于苗木的保鲜存放。同时,苗圃内的草莓苗营养积累和回流的数量也增加,草莓苗的营养就愈加充足,草莓苗的储藏效果也愈好。具体时间为,当气温降至0℃以下时起苗,选用壮苗,按每20~30株捆为1捆假植。

(3)假植方法。将草莓苗在沟内逐捆摆齐放成一排,然后用细沙填充空隙,用秸秆覆盖好草莓苗。土壤封冻时,在假植沟的草莓苗上覆盖地膜,并覆碎草厚20~25cm,再向草上洒少量的水保湿、保温。在假植沟的迎风面距沟30~50cm处用秸秆设置防风障。

苗木储藏期间根据需要随时取苗,注意加强管理,防止牲畜毁坏,春季当气温升高至0℃以上时,对于没有提取的苗木要及时通风,防止高温烧苗。

2. **冷库储藏**　草莓生产形式不同,需要草莓苗的时间也有所不同,如反季节栽培和延迟栽培等,在生长季节需要处于休眠状态的储藏苗,可以通过冷库储藏的方法来实现。

(1)冷藏草莓苗的质量要求。用作冷藏的草莓苗,最好是有7~8个叶片,新茎粗在1.5cm以上,根系发达,初生根健壮,苗重40g左右,而且顶花序已经分化。草莓苗入库前应尽量减少叶片,保留叶柄与2~3片嫩叶即可,为便于管理,可用水把根土洗净,装入塑料袋内,装箱准备入库或入库时直接摆放在冷库的货架上。

(2)冷藏类型及方法。

A. 低温黑暗储藏。在育苗期为促进花芽提早形成,8月下旬将子苗放进温度为13~15℃冷库中,存放25~30天。

B. 半促成栽培冷藏。为打破休眠,于11月中下旬把苗放进库温为-1~1℃冷库中,存放20~25天。

C. 长期冷藏。为抑制花芽发育,长期将草莓苗储藏在冷库中(-2~0℃)。

由于冷库内和田间温差较大,在入库前和出库后需在20℃左右气温的环境下进行适应性锻炼1~3天,防止温度骤变伤苗。

六、草莓苗质量标准

植株完整,具有 4~5 片以上展开叶,顶花芽分化完成,根颈粗度 1.2cm 以上,根系发达,有较多的新根,一般要求 20 条以上,粗度 1mm 以上,多数根长 5~6cm,苗重 20g 以上,无病虫害。

第五节　猕猴桃苗的培育

一、猕猴桃嫁接苗培育

(一)砧木种子的采集与处理

猕猴桃目前在国内尚无专用的砧木品种,中华猕猴桃和美味猕猴桃一般采用根系发达、抗逆性强的美味猕猴桃实生苗做砧木;软枣猕猴桃和毛花猕猴桃一般选用同种类型的实生苗木做砧木,保证嫁接亲和性更好。

选择生长健壮、无病虫害的优良单株,待果实完全成熟后采收,除去小果、病虫果和残次果。果实放软后,去果皮,揉搓掉果肉和种子上的黏性物质,阴干,0~5℃低温或干燥箱内保存至播种前 60 天左右沙藏。猕猴桃种子隔年不萌发,不能用。

(二)沙藏(层积)

播种前 60 天左右,猕猴桃种子要进行沙藏(层积)处理,可以明显打破种子休眠、提高萌芽率。将种子事先用清水浸泡一夜,然后用 1% 高锰酸钾溶液浸泡 30~40min,捞出淋水。取大河沙,去除石子杂质等,冲洗干净,同法消毒或不消毒,晾至半湿(手握成团,松开即散)程度。可用底部有排水孔的容器或在田间挖一长方形坑,坑体大小视种子数量的多少,先铺 5~10cm 的半湿沙,再铺 10~20cm 厚沙种比为(10~20):1 的沙拌种子,上面再盖 3~5cm 厚的半湿沙,最后在上面撒上防鼠、防虫药饵。

(三)砧木种子播种

1. **苗床准备**　苗床要在种子播种前一个半月开始准备,南方可做成高畦,防止发生水淹。苗床宽度通常整理成 1m,长度根据种子的数量多少而定。土壤要求 pH 值 5.5~6.5 的沙壤土,否则小苗容易黄化。每 5~7m³ 土拌 1m³ 腐熟的有机肥、1~2m³ 草炭土和 1~2m³ 蛭石,混匀,打碎或过筛,铺成约 40cm 厚的平畦,用 2 000~3 000倍的 50% 对硫磷乳油喷洒后,塑料薄膜覆盖 3~4 周,熏杀地下害虫。之后除去塑料膜,晾晒 1~2 周,其间可翻耕 1~2 次,以充分逸出土壤中的农药气体,避免对幼苗的毒害。也可以在底下有孔的容器里进行扦插,将基质处理好后装盆待用。

2. **播种** 一般在日平均温度11~12℃时播种。播种前事先浇透水,待土壤湿度适宜时即可播种。播种方法有撒播和条播2种方式。播种量为3~5g/m² 种子为宜,还要根据发芽率而定。撒播时可以掺适量细沙土,混匀,再进行播种,有利于播匀。播后上覆0.2~0.3cm厚细沙土,踩实。喷400~500倍的80%代森锰锌可湿性粉剂,布置好喷灌水袋以方便浇水,覆盖草帘、草席或草秸,洒足水,最后再盖塑料薄膜,以保墒、保湿和遮阴。

(四)发芽后管理

1. **去覆盖与遮阴** 猕猴桃种子一般播后1~2周即可出苗完全。在苗高1~2cm时,要及时揭去草秸等覆盖物改成小拱棚,以免影响幼苗生长。拱棚可用1.5m左右长的细竹竿,插入畦两旁,两两交叉成弓状,将草秸、草帘或塑料棚膜盖在其上遮风挡光保湿。注意经常浇水,保持地面不干。

2. **苗圃前期管理** 温度渐高时,更要注意早晚喷水。幼苗2~3片真叶,喷水时可加0.1%~0.2%尿素和磷酸二氢钾,一般不需根际施追肥。另外,温度较高,单纯盖塑料棚膜的拱棚必须要搭设遮阳网,遮阴度为70%~75%为最佳。温度持续增高时,中午要打开拱棚两面的塑料棚膜,适当放风,以免温度过高,将幼苗闷死。猕猴桃幼苗生长较慢,应及时除草,防止被杂草淹没,同时间除弱小病虫苗。

3. **间苗和移栽** 小苗3~5片真叶为移栽适期。移栽选无风、无强光的阴天、小雨天或晴天的早晚进行,可分批进行,达到标准的先移栽。栽植行距15~20cm,株距10cm。取苗时应尽量多带土少伤根,边起边移,移后立即浇水,搭盖遮阴棚,注意每天喷水保湿。

4. **苗圃后期管理** 嫁接用苗木达30cm左右高时应进行摘心,并及时去除基部5~10cm处的萌条,促进苗木迅速加粗生长,尽早达到嫁接粗度(5mm以上)。培育高接苗可在苗木生长到1.5m左右时摘心,并在行两头设支柱,顺行拉铅丝,绑缚茎干,使其直立生长,以防互相缠绕。也可单苗插竿。施肥可在行间沟施,施后立即浇透水。

5. **植保管理** 2周左右喷一次600倍和75%百菌清可湿性粉剂,或800~1 000倍的多菌灵可湿性粉剂等杀菌剂,防止根茎叶部病虫害。

(五)苗木嫁接

1. **嫁接时期** 嫁接时间对嫁接成活率的影响明显大于嫁接方法对其成活率的影响。倘若实生苗粗细适中,定植后的当年6月中旬和9月中旬是嫁接适期。过早嫁接,很有可能尚处于伤流期,影响嫁接成活率。10月以后嫁接,接芽虽能愈合,到了冬季却容易冻死。嫁接要避开夏季高温多雨的时期。实生苗生长期嫁接成活率明显高于休眠期。早期嫁接,砧木和接穗组织充实,温湿度有利于形成层旺盛分裂,容易愈合,成活率高,当年能萌发,到第二年可开花结果。初秋嫁接,形成层细胞仍很活跃,当年嫁接愈合,翌年春萌发早,生长健旺,枝条充实,芽饱满,第三年可结果,且结果多。

2. **接穗的选择** 接穗要在品种纯正、健壮、充实、芽眼饱满的1年生枝上采集,有病虫害、生长细弱或徒长枝上不能采集接穗。采集接穗时要将不同品种、雌雄接穗分别挂牌标记,捆绑好。冬季采集的接穗可埋于地窖或地沟内沙藏,以保持湿润。生长季节采集接穗时应将叶片立刻去掉,只留叶柄,留叶柄不超过 0.5cm,以防接穗失水过快,影响嫁接成活率。应放置在阴凉处,最好随剪随时嫁接。如果短时间不用或外运,要把接穗下部浸入水中或用湿布等包裹以保湿,也可放水井内,能多保存几天,或放在冰箱内,温度保持 4~5℃即可。在田间嫁接时,要将接穗放在阴凉处并用湿布包裹,切忌不能在太阳下面晒。

3. **砧木粗度的选择** 宋爱伟等(2008)研究后认为,地径(砧木干靠近地表处的直径)大于 0.7cm 的实生砧木苗,大田栽植成活率为 94%,可直接就地嫁接;地径 0.5~0.7cm,栽植成活率 87%,栽后翌年 6 月底 7 月初即可嫁接;地径 0.4~0.5cm,栽植成活率 77%,栽后翌年 9 月可嫁接;地径小于 0.4cm,栽植成活率仅为 62%,需 1 年后才能嫁接。因此,粗细不同的实生砧木苗要分开栽植,以便分期分批嫁接。砧木越粗,其抗日灼、干旱、高温和干热风的能力越强,栽植成活率越高,并能早嫁接、早成园。砧木粗,虽然栽植成活率高,但其嫁接成活率并不一定高。试验结果表明,砧木地径在 0.6~0.7cm、距地面 5cm 处直径 0.5~0.6cm 时嫁接成活率最高。

4. **猕猴桃较常用的嫁接方法** 猕猴桃较常用的嫁接方法有劈接法、带木质芽接等。

5. **提高嫁接成活率的要点** ①砧木和接穗粗度一致或接近,粗度 0.4cm 以上。②工具锋利,切削面平滑。③所有创面保持清洁。④至少一边形成层对准。接芽或接穗基部和砧木切口接触紧密,不留缝隙。⑤绑扎严密,不让创面接触外界水分和空气。⑥技术熟练,操作快,伤口暴露时间短。⑦绿枝蔓嫁接时,剪去一半叶片,有利于提高嫁接成活率。

(六)嫁接后管理

嫁接后疏除砧木上萌发的新梢,抹除砧木上的所有芽眼。接后 2 周检查成活情况,一般嫁接 20~30 天伤口即可愈合。夏季快,冬季愈合需时长一些。发现尚未成活时,要及时补接。

为了不妨碍苗木的加粗生长,愈合接芽抽枝后即可解绑,但秋季嫁接要等到翌年 2 月解绑。过早解绑会使成活的芽体因风吹日晒而翘裂枯死,但同时注意防止愈伤组织被塑料条包裹影响营养运输。一般当接芽长到 50cm 以上,说明嫁接部位已完全愈合,此时解绑最好。不妨碍苗木生长的前提下解绑宜晚不宜早。

解绑后在接口上 2~3cm 处剪砧。剪砧后及时抹除砧木萌蘖,减少养分消耗,以利接口愈合,促进品种接芽生长。也可以在成活的接芽上涂发枝素,以促进接芽早萌发。品种芽长至 15~40cm 时摘心、适时绑缚新梢上架,防止风害。

二、猕猴桃扦插苗培育

扦插分为硬枝蔓、绿枝蔓扦插和根插。常用于繁殖砧木自根苗。

（一）硬枝蔓扦插

一般在落叶后到萌芽前进行，具体时间要根据当地气温条件、扦插条件如插床能否加温等而定，一般河南等中部地区可以在2月下旬前后进行，具备用地热线增温的条件可提前到1月进行。

1. 插床准备 插床基质多选用疏松肥沃、通气透水的草炭土、蛭石或珍珠岩。蛭石和珍珠岩做基质时，需要加1/5左右腐熟的有机肥，并充分拌匀。基质事先应消毒，可用1%～2%的福尔马林溶液或50%甲基托布津500倍液等杀菌剂，用喷雾器边喷边翻动扦插基质，以全部喷湿为度，然后堆好，用塑料膜覆盖密闭一周左右，然后揭去薄膜并加以翻动，经过2～3天，其间翻动1～2次，充分逸出土壤中的农药气体，即可在插床中打孔扦插。

2. 插穗准备 根据经验，1年生的充实枝条生根率最高，枝龄越大生根率越低。结合冬季修剪或在扦插前1周左右进行接穗采集。选择枝蔓粗壮、组织充实、芽饱满的1年生枝蔓，剪成20cm左右长段，捆成小把，两端封蜡。如不立即扦插，需要进行沙藏，即一层湿沙，一层插穗埋于土中。沙子湿度为手握成团，松开即散为度。长期保存时，注意每1～2周翻查湿度是否合适，有无霉烂情况。

3. 扦插 在适宜扦插的时期，取出插穗，剪去下端封蜡口，斜剪呈45°，下端浸入2～3cm生长素或生根粉溶液中，处理时间及浓度参照产品包装袋上的说明。另外，中华猕猴桃和美味猕猴桃扦插不易生根，需用高浓度，处理时间长一些。而软枣、毛花、狗枣、葛枣猕猴桃等比较容易生根，处理浓度低，时间短一些。扦插时事先用木棍等打孔，以防插伤表皮，再将插穗的2/3～3/4插入床土，留一个芽在外，斜插较好。扦插行距为10cm，插穗距离5cm，插后盖上锯末或草帘，或搭拱棚遮阴，避免阳光曝晒。

4. 扦插后的管理 扦插前期，气温较低，在有条件的地方可用地热线调控，使插壤保持适宜的温度。插穗愈合前，温度控制在19～20℃，愈合后控制在21～25℃。插后半月左右开始生根，在大部分插穗生根后，断电停止对插壤增温。另外，在扦插前期，插穗尚未萌发展叶，耗水量少，供水不宜太多，一般7～10天浇一次透水；抽梢展叶后，耗水量迅速增加，插壤供水量也相应增多，晴天每隔2～3天浇一次透水，温度高时每天要进行喷水，保持插壤表面不发白。另外，抽梢展叶后，晴天阳光强时需要遮阴，尤其在中午前后，其他时间需适当增加光照，以促进叶片的光合作用。

（二）绿枝蔓扦插

绿枝蔓扦插指生长期带叶枝蔓的扦插，也称为半木质枝蔓扦插。在河南地区一般在6月上中旬的生长季节进行。

1. 插床准备 嫩枝蔓扦插的插床基本同于硬枝蔓插床，有两点不同：一要有充足的光照条件，二要有弥雾保湿设备。光照为插穗的叶片提供光合能量，弥雾保湿减少叶片的蒸腾作用，防止插穗干枯。

2. 插穗准备 绿枝蔓插穗选用生长健壮、组织较充实、叶色浓绿厚实、无病虫害的木质化或半木质化的新梢蔓。绿枝蔓插穗不储藏，随用随备。为了促进早生根，也可用生长素类或生根粉等进行处理下部剪口。浓度及处理时间根据药剂包装说明。

3. **扦插**　一般选择阴天或雨后的天气进行。剪取当年生的半木质化健壮的枝条,粗度以 0.6cm 左右为好,剪成两节带一叶的插条,下端在节下,上端在节上 2cm 处剪平。为了防止水分过多蒸发,留上部叶片的 1/2 ~ 2/3,最好上切口涂蜡处理。绿枝蔓扦插方法同硬枝蔓扦插。

4. **扦插后的管理**　绿枝扦插应严格注意保湿,特别在前 2 ~ 3 周内,能否保持高湿度决定着扦插的成败。弥雾的次数及时间间隔以苗床表土不干为度,弥雾的量以叶面湿而不滚水为准。过干会因根系尚未形成,吸不上水而枯死;过湿会导致各种细菌和真菌病害的发生。

绿枝蔓扦插大约每隔 1 周进行一次药剂喷施。多种杀菌剂交替使用,以防病种的多发性,确保嫩枝蔓正常生长。插后 3 ~ 4 周,根系形成,此后可以逐步减少喷水次数、降低空气湿度。

(三)根插

猕猴桃的根插成功率比枝蔓插高,这是因为根产生不定芽和不定根的能力均较强。根插穗的粗度可细至 0.2cm,插时不用蘸生根粉或生长素。根插的插床准备和方法基本与硬枝扦插相同,也有直插、斜插和平插 3 种方式。但插穗外露仅 0.1 ~ 0.2cm。

根插一年四季均可进行,以冬末春初插效果好。初春插后约 1 个月即可生根发芽,50 天左右抽生新梢。新梢比较多,留一健壮者,其余抹掉。

(四)扦插苗木的移栽及嫁接

扦插苗生根后 1 ~ 2 周,即可移栽。移栽应选无风的阴天或晴天的早晚进行。环境温度 15 ~ 25℃,空气相对湿度接近饱和情况下,移栽成活率高。移栽后立即灌透水,但不要积水。移栽后 1 个月内都要注意保湿和遮阴。其后保湿方面常规管理。

扦插成的砧木苗达到嫁接粗度时可根据需要进行嫁接。品种扦插苗需摘心、绑蔓。

三、猕猴桃苗的质量标准

由中国农业科学院郑州果树研究所主持修订的中华人民共和国国家标准 GB 19174—2010《猕猴桃苗木》于 2011 年 1 月正式发布实施。该标准中详细规定了猕猴桃苗木质量各等级的最低要求(见表 6-4),并且提出检测时不允许使用 3 年生及以上的苗木。

表 6-4　猕猴桃苗木质量标准

项目	级别		
	1 级	2 级	3 级
品种与砧木	品种与砧木纯正。与雌株品种配套的雄株品种花期应与雌株品种基本同步,最好是同步。实生苗和嫁接苗砧木应是美味猕猴桃		

项目			级别		
			1 级	2 级	3 级
根	侧根形态		侧根没有缺失和劈裂伤		
	侧根分布		均匀,舒展而不卷曲		
	侧根数量(条)		≥4		
	侧根长度(cm)		当年生苗≥20,2 年生苗≥30		
	侧根粗度(cm)		≥0.5	≥0.4	≥0.3
苗干	苗干直曲度(°)		≤15		
	高度	当年生实生苗(cm)	≥100	≥80	≥60
		当年生嫁接苗(cm)	≥90	≥70	≥50
		当年生自根营养系苗(cm)	≥100	≥80	≥60
		2 年生实生苗(cm)	≥200	≥185	≥170
		2 年生嫁接苗(cm)	≥190	≥1805	≥170
		2 年生自根营养系苗(cm)	≥200	≥185	≥170
	苗干粗度(cm)		≥0.8	≥0.7	≥0.6
	根皮与茎皮		无干缩皱皮,无新损伤,老损伤处总面积不超过$1cm^2$		
嫁接苗品种饱满芽数(个)			≥5	≥4	≥3
接合部愈合情况			愈合良好。枝接要求接口部位砧穗粗细一致,没有大脚(砧木粗,接穗细)、小脚(砧木细,接穗粗)或嫁接部位突起臃肿等现象;芽接要求接口愈合完整,没有空、翘现象		
木质化程度			完全木质化		
病虫害			除国家规定的检疫对象外,还不应携带以下病虫害:根结线虫、介壳虫、根腐病、溃疡病、飞虱、螨类		

注:苗木质量不符合标准规定或苗数不足时,生产单位应按用苗单位购买的同级苗总数补足株数,计算方法如下:差数(%)=(苗木质量不符合标准的株数-苗木数量不足数)/抽样苗数×100,补足株数=购买的同级苗总数×同级苗差数百分数(%)

第七章

坚果类果树苗木培育

本章导读：本章对坚果类果树核桃和板栗苗木培育过程中砧木品种选择、砧木苗繁育、品种嫁接与接后管理、苗木越冬储藏等方面的技术要求、常见问题及解决方法进行了说明，列出了核桃和板栗成品苗木的质量标准，供生产参考。

第一节　核桃苗木培育

长期以来,我国核桃苗木的生产,除云南一些地区外,一般都沿用实生繁殖的方法。目前,我国核桃栽培正在由实生繁殖向嫁接繁殖和品种化方向转变和发展,实生繁殖已从培育栽培用苗逐步过渡到以繁殖核桃实生砧木为主。

一、常用砧木

我国核桃砧木资源较为丰富,原产和引进的共9种。目前,生产上常用的核桃砧木主要有4种,即普通核桃、铁核桃、核桃楸和野核桃,其中,普通核桃的应用最为普遍。国外一些核桃主产国的砧木应用情况与国内有所不同,美国、法国主要采用加州黑核桃(亦称函兹核桃)、黑核桃、奇异核桃等做砧木,日本多采用心形核桃和吉宝核桃做砧木。

(一)普通核桃

通常称为核桃,是北京、河北、河南、山西、陕西、山东、甘肃、新疆等地主要采用的核桃砧木,它具有嫁接亲和力强、结合牢固、成活率高、嫁接树生长结果性能好等优点。喜深厚土壤,不耐盐碱。近年来美国研究发现,用普通核桃本砧嫁接的核桃树,抗核桃黑线病。缺点是由于长期沿用种子播种繁殖,实生后代分离严重,表现多样,个体间差异大,在出苗期、生长势、抗逆性和亲和力等多方面存在差异。因此,嫁接后影响苗木的整齐度。

(二)铁核桃

亦称漾濞核桃、泡核桃等。铁核桃的野生类型亦称铁核桃、夹核桃、坚核桃、硬壳核桃等,主要分布在我国西南各省。作为砧木应用的一般为铁核桃野生类型,与铁核桃优良品种嫁接亲和力好,耐湿热,但不抗寒冷。我国云南、贵州等地区应用铁核桃砧木已有200多年的历史。

(三)核桃楸

又称山核桃、楸子核桃等。主要分布在我国东北和华北一带,是核桃属中最耐寒的一个种,适于北方寒冷地区应用。核桃楸根系发达,适应性强,耐寒、耐旱、耐瘠薄,但嫁接成活率和成活后的保存率不及普通核桃砧木,大树嫁接部位较高时,易出现"小脚"现象。

(四)野核桃

主要分布在江苏、江西、浙江、湖北、四川、贵州、云南、甘肃、陕西等地,常见于湿润的杂木林中,垂直分布在海拔800～2 000m。果实个小,壳硬,出仁率低。喜温暖、耐湿,嫁接亲和力良好,是适合当地环境条件的砧木种类。

二、砧木种子采集与处理

(一)种子的采集

1. **采种母株的选择**　应选择生长健壮、无病虫害、坚果种仁饱满的结果期大树作为采种母树。如果培育直接用于生产的实生苗木,应从良种基地或优良品种母株上采集种子,采种母株要求产量高而稳定,坚果品质优良。作为嫁接砧木用的种子则要求不严,一般当年产的新鲜商品核桃甚至一些夹仁、小粒、厚壳的核桃,只要成熟度好、种仁饱满,都可用于培育砧木苗。

2. **采种时期**　坚果达到完全成熟,即果实青皮由绿变黄、果实顶端出现裂缝的时期为适宜的采种时期。此时种子发育充实,养分含量高,水分含量低,易于储藏,播种后成苗率高。采收过早,胚发育不完全,储藏养分不足,晾晒后种仁干瘪,发芽率低,即使发芽出苗,幼苗生活力弱,很难长成壮苗。

3. **种子的采收**　有捡拾法和打落法。捡拾法是随着坚果成熟自然落地,每隔2～3天从树下捡拾1次。打落法是当树上果实有1/3以上青皮开裂时将果打落,集中捡拾。果实青皮可直接脱除,或堆积3～5天后脱除。对于个别青皮很难脱除的果实应剔除不要,因为这些果中通常无种仁或种仁发育程度很差。脱青皮后不必漂洗,直接薄薄地摊放在通风干燥处晾晒。晾晒时,不可在水泥地面、石板、铁板上直射光暴晒,以免高温影响种子的生活力。晾晒后种子含水量降至4%～8%为宜,用于秋播的种子含水量可略大些。种子晒干后进行粒选,剔除空粒、破损粒及发育不正常的畸形果粒,确保种子质量。

(二)种子的储藏

用于当年秋播的种子一般采后1个多月即可播种,晾晒后盛装起来,放在阴凉通风处即可。翌年春季播种的种子需经过较长时间的储藏,储藏期间的温度、湿度和氧气均是影响种子生活力的主要条件。储藏时种子含水量以4%～8%最为合适,储藏的适宜环境条件是低温(-5～10℃)、低湿(空气相对湿度50%～60%)和适当通气。储藏期间应注意防治鼠害,避免种子损失。核桃种子的储藏方法主要有干藏法和沙藏法。

1. **干藏法**　将晾晒并筛选合格的种子装入袋、篓、桶、箱、囤、缸等容器内,放在经过消毒处理的室内或地窖内。储藏较少数量的种子时,可将种子装袋吊在冷凉屋内,这样既有利于防鼠,又有利于通风。

因特殊情况种子需进行过夏储藏时,则需采用密封干藏法。将种子装入双层塑料袋内,袋内放干燥剂,袋口密封。密封好的种子袋放入可调温、调湿和通风的种子库或储藏室内。种子库或储藏室的温湿度要求与室内干藏法相同,但要注意温度变化幅度不能过大,应控制在±5℃之间。

2. **沙藏法**　储藏前要先对种子清洗及水选,洗净污物,去掉漂浮于水面的不饱满种粒,沉于水下的种子用清水浸泡 2 ~ 3 天后沙藏。核桃为大粒种子,用沙量远远大于海棠、杜梨等小粒和毛桃等中粒种子,要备足湿沙。翌年春季及时挖出种子播种,防止种子在沙藏沟内发芽或霉烂。

(三) 种子的处理

当年秋季播种,种子处理方法较为简单,播种前将种子在冷水中浸泡 2 ~ 3 天,待种子充分吸水后,即可播种。越冬后春季播种,沙藏的种子无须处理,干藏的种子应在播前进行一定的特殊处理,打破种子休眠,才能播种。

1. **浸泡日晒处理** 春季播种前,将种子放入水缸、水泥池等容器中,用冷水浸泡 3 ~ 5 天,每天换 1 次水。选择晴朗微风天,将已充分吸水的种子,放在日光下暴晒几小时,待 90% 以上种子裂口后即可播种。对于少数未裂口的种子,可采用人工轻砸种尖部位的方法进行促裂。如果不裂口的种子较多,占种子总量的 20% 以上时,应把这部分种子挑选出来,再进行浸泡和日晒促裂。

2. **冷水浸种** 春季播种前,用冷水浸泡种子 7 ~ 10 天,每天换 1 次水。有条件的地方也可将核桃种子装入麻袋,麻袋放在小河等自然流水中,上面压上石块或其他重物,确保种子完全浸泡在水中,如此可免去每天换水环节。

3. **温水浸种** 将种子倒入 80℃ 温水中,随即用木棍连续搅拌,直至水温降至常温,浸泡 7 ~ 10 天,每天换冷水 1 次,种子膨胀裂口后,将种子捞出播种。

4. **开水烫种** 将种子放入容器内,把 1 ~ 2 倍于核桃种子的沸水倒入容器中,随即迅速搅拌,几分钟后,待水温降至不烫手时再加入冷水至常温,浸泡数小时后捞出播种。此法多用于中、厚壳的核桃种子,薄壳或露仁核桃种子不宜采用,否则易烫伤种仁,影响种子萌发及幼苗生长。

三、砧木播种及播后管理

(一) 播种

1. **播种时期** 核桃的播种时期分为春秋 2 个时期。秋播在核桃采收后到土壤结冻前进行,华北地区一般在 10 月中下旬至 11 月。春播一般在 10cm 地温 10℃ 以上时即可,华北地区在 3 月中下旬至 4 月上中旬,北方各省常用春播。

2. **播种深度** 核桃通常进行开沟点播,一般开沟深 6 ~ 8cm 为宜,平沟覆土后,种子覆土厚 3 ~ 5cm。秋播宜深,春播宜浅。缺水干旱的土壤播种宜深,湿润的土壤播种宜浅。沙性土壤播种宜深,黏性土壤播种宜浅。

3. **播种方法和播种量** 核桃为大粒种子,多用点播,春播前 3 ~ 4 天,灌一次透水,待地表方便操作时及时播种。行距 60cm 左右,株距 20 ~ 30cm。种子的缝合线(平面)与地面垂直,种尖偏向一侧为好(图 7 - 1),覆土 3 ~ 5cm。播种后覆盖地膜,以利于保水和增温,促进种子萌发。播种量主要与种子的大小和种子的出苗率有关。一般每 667m² 需要种子 150 ~ 175kg。

(二) 播后管理

1. **出苗期管理** 采用秋季播种时,一般可在翌年春季解冻后灌一次透水,以有

种尖向下　　　种尖向上　　　缝合线平行　　　缝合线垂直正确

图7-1　种子不同放置方式对核桃出苗的影响

效地补充土壤水分。种子开始萌芽后,及时观察,如果大部分幼芽距地面较远,可浅松土,如果大部分幼芽即将出土,可用适时灌水的方法代替松土,以保持地表湿润松软,促进苗木出土。

春季播种后,一般20~30天时种子陆续破土出苗,大约40天苗木出齐。有地膜覆盖的,在幼苗开始出土时,要及时除膜,以防烧苗。没有地膜覆盖的,要密切注意土壤墒情,墒情良好的情况下,出苗前一般不需要浇水;墒情差时,出苗率会大受影响,这时需及时灌水,并视具体情况进行浅松土,以利于出苗。

2. **间苗补苗**　苗木大量出土后,及时检查,疏间过密苗,补足缺损苗。补苗时,可将过密多余的幼苗挖出,带土移栽,也可用浸泡催芽的种子进行点播补苗。每667m² 苗量控制在6 000株左右较为适宜,如果留苗量过大,则砧苗生长细弱,影响以后嫁接及成苗质量。

3. **中耕除草**　苗木生长期间,要及时地对土壤进行中耕除草,促使幼苗健壮生长。中耕深度,前期为2~4cm,中后期可略加深。

4. **施肥灌水**　苗木出齐以后,为了加速幼苗生长,应及时灌水。5~6月是苗木生长的关键时期,北方一般要灌水2~3次,结合追施速效氮肥2次,每次每667m² 施尿素10kg左右。7~8月雨量较多,灌水与否要根据雨情灵活掌握,并追施磷、钾肥2次。9~11月一般灌水2~3次,特别是最后一次灌水为冻水,必须予以保证。在多雨地区或多雨季节要注意排水,以防苗木徒长或因积水严重而死苗。幼苗生长期间还可进行叶面喷肥,用0.3%尿素或磷酸二氢钾溶液喷布叶面,每7~10天喷肥土次。

5. **摘心**　当砧木苗长至30cm高时摘心,摘心的目的是促进砧木基部增粗。在实施摘心措施过程中,如果发现梢顶受害而萌生2~3个梢头时,要剪除生长较弱的梢头,保留一个较强的正头,以利苗木的正常生长。

6. **断根**　在夏末秋初对砧木苗实施断根措施,促进侧根的生长发育,进而显著提高砧木根系质量。将断根铲倾斜放在行间距苗木基部约20cm处,与地面成45°角斜插,然后用力猛蹬一脚,将主根一铲切断。也可在苗木行间的一侧,距砧木20cm处,用方头平锨挖深10~15cm的沟,然后在沟底内侧用力斜蹬平锨,将主根切断,然后培土埋沟。实施断根措施后要加强管理,及时浇水及中耕,半个月后可叶面喷肥1~2次,以增加营养积累。

7. **病虫害防治**　核桃苗木的病害主要有细菌性黑斑病等,核桃苗木害虫主要有象鼻虫、金龟子、浮尘子等，应注意进行及时有效的防治。

四、接穗培育及接后管理

（一）接穗的培育

核桃是嫁接较难成活的树种，核桃嫁接对接穗质量要求很高，大量结果后的核桃树（尤其是早实核桃）很难采到符合要求的接穗枝条。目前，我国核桃嫁接繁殖逐步代替实生繁殖，使优良品种接穗更显紧缺。因此，建立核桃良种采穗圃、培育优质接穗意义尤为重要。

1. **采穗圃的建立**　建立采穗圃可直接栽植优良品种（或品系）嫁接苗，也可先栽植实生砧木苗，然后再嫁接优良品种，还可利用幼龄核桃园高接换头改建而成。无论采用哪种方法建立采穗圃，都要对园地进行严格选择，选择要求与育苗园地选择要求相同。采穗圃最好建在苗圃地内或苗圃地附近。所用种苗一定要经过严格筛选，确保来源可靠、品种准确、无病虫害。定植时，做好规划和标记，绘制定植图，建立采穗圃档案。采穗圃的株行距可比生产园略小，一般株距 2～4m，行距 4～5m。

2. **采穗母树的管理**　采穗母树定植后 1～2 年内，行间可间作绿肥或适宜的经济作物。每年秋季施基肥。追肥和灌水的重点在生长前期。如有雄花芽于膨大期抹除。对采穗母树的树形要求不严，一般多采用开心形、圆头形或自然形，树高控制在 1.5m 以内。新梢长到 20～30cm 时，对生长过旺的新梢进行摘心，促发分枝，增加接穗数量，摘心还可以防止新梢生长过粗而不便嫁接。采穗时要注意兼顾树形培育和保持树冠完整，这样才能使接穗枝条数量逐年增加。每年采穗量不能过大，特别是树龄较小的树，否则会因叶面积少、伤流量大而削弱树势。采穗 4～5 年后可考虑树体结构和果实产量，并在适当时机将采穗圃转为丰产园。采穗圃的病虫害防治非常重要，由于每年采接穗，造成较多伤口，树体极易发生干腐病、腐烂病、黑斑病、炭疽病等。防治措施应以预防为主，一般在春季萌芽前喷一次 5 波美度石硫合剂，6～7 月每隔 10～15 天喷 1 次等量式波尔多液 200 倍液，连喷 3 次。

（二）接穗采集和储藏

1. **接穗的采集与处理**

（1）芽接接穗的采集。芽接所用接穗为新梢，多在生长季节随用随采。采集时，要特别注意选择顺直、节部无明显弯曲的枝梢。节部明显弯曲的枝梢所取下的芽片弓弯大、不平展，嫁接时，难与砧木密切贴合，影响嫁接成活率。为了提高接芽质量和接穗的利用率，在采前 1 周，对备采新梢进行摘心处理，可以促进新梢上部芽子成熟，可以使每个接穗多出 1～2 个有效芽。摘心要有计划地分批进行，防止摘心后不能及时采用，接穗抽生二次枝而不能利用。接穗采下后立即去掉复叶，保留 1～1.5cm 的叶柄，放在塑料袋中或其他方便实用的器物中，供嫁接使用。采穗量较大或需异地嫁接时，要对接穗进行打捆和保湿处理。使用塑料薄膜条、布条等具有一定柔韧性的材料打捆效果较好，可防止接穗皮层被勒伤。打捆后的接穗置阴凉处，覆盖湿毛巾、湿麻袋或其他透气保湿材料进行保湿。运输时，必须做好降温保湿措施。

(2)枝接接穗的采集。一般在落叶后至翌年春季萌芽前 2~3 周的休眠期采集，要求选择充实健壮、芽子饱满、髓心较小、无病虫害的枝条为接穗，发育枝或结果枝均可。采集接穗时剪口要平，不要斜剪。

2. **接穗的储藏** 芽接接穗需要进行短期储藏时，储藏时间一般不宜超过 3 天。接穗储藏时间越长，嫁接成活率越低。储藏方法主要有 2 种：一是浸水法，在阴凉处，将接穗下端约 10cm 浸在水中，接穗上部覆盖保湿，每天换水 2~3 次。二是埋沙法，在阴凉处挖浅沟，沟底先铺一层湿沙，接穗竖立放在沙上，用湿沙将接穗下端埋住，接穗上部进行覆盖保湿或喷水保湿。

休眠期所采枝接穗耐储性很强，可进行长期储藏，方法主要有窖藏和沟藏 2 种。储藏的最适温度是 0~5℃，最高不超过 8℃。

（三）嫁接方法及接后管理

核桃嫁接方法有芽接、枝接、室内嫁接、子苗嫁接、绿枝嫁接、微枝嫁接等。近年来，核桃芽接育苗技术逐渐成熟和普及，华北、西北等普通核桃产区大量采用，已成为核桃嫁接育苗的主要方法，其他嫁接方法在生产实践中应用相对较少。

1. **嫁接时期** 核桃枝接适宜时期与大多果树相同，为砧木萌芽期至展叶期，接穗保持未萌发状态。核桃芽接时期依据砧木生长状况而定。如果立地条件好，管理水平高，大部分砧木当年可达到嫁接粗度，可当年嫁接。嫁接适宜时期以 7 月为宜，7月之前砧木通常达不到嫁接粗度，进入 8 月后，因降雨、露水等因素的影响，空气湿度往往很大，芽接后，容易出现芽片上叶柄腐烂现象，嫁接成活率低。如果大部分砧木当年达不到嫁接粗度，则翌年嫁接。萌芽前先平茬，把砧木从地面处或略高于地面处剪断。平茬后，及时选留一个强壮新梢，加强土肥水等各项管理，促进新梢旺盛生长。当砧木长达 50cm 以上时，及早嫁接，时间越早越好，一般于 5 月下旬至 6 月中旬进行。

2. **嫁接和管理**

（1）方块芽接。核桃芽接通常采用方块芽接，当年嫁接。嫁接部位比一般果树要高，距地面 15~20cm 为宜，接后，将接芽以下部位的复叶全部去除。管理中，要加强园地的通风透光，降低空气湿度，防止接芽腐烂。翌年嫁接，接后要促进接芽当年萌发。可采取二次剪砧法促进接芽萌发，嫁接后，在接芽以上留 2 片复叶剪砧，待接芽萌发新梢长 5~10cm 时，进行二次剪砧，并解绑，二次剪砧口距接芽距离要远些，约 3cm。剪砧以后特别注意灌水，增加土壤水分，提高地面空气湿度，防止砧木灼烧，接芽抽干死亡。

（2）插皮舌接。核桃枝接通常采用插皮舌接、劈接、贴接等方法，插皮舌接砧木与接穗接触面积大，成活率高。插皮舌接具体做法：剪（锯）断砧木树干，削平锯口，然后选砧木光滑处由下而上削去老皮，长 5~7cm、宽 1cm 左右，露出皮层。蜡封接穗削成长 6~8cm 的大削面（注意刀口一开始就要向下切凹，并超过髓心，然后斜削，保证整个斜面较薄），用手指捏开背面皮层，使之与木质部分离，然后将接穗的木质部插入砧木削面的木质部与皮层之间，使接穗的皮层盖在砧木皮层的削面上，最后用塑料条绑紧包严接口。

为了保证嫁接成活,接穗保湿极为重要,采用接穗蜡封、塑料条包扎接口的方法,效果较好。嫁接时伤流量的多少是影响核桃枝接成活的关键因素,可采取多种措施控制和减少伤流。嫁接前后2~3周禁止灌水;嫁接前1周对砧木断根;在砧木基部造伤引流(砧木基部不同方位斜砍3~4刀,深达木质部);嫁接前1周提前剪砧放水(嫁接时再剪出新茬)等。枝接后砧木通常会长出许多萌蘖,应随时把萌蘖去除,确认嫁接未成活时,可选留一个位置和长势好的萌蘖保留培养,以备再嫁接。接后2个月解绑,接穗上萌发的新梢长至20~30cm时,立支柱,引缚新梢,防止遭受风折。先把支柱插入土中站牢,并绑在砧木上,再用"∞"绳扣把新梢引缚在支柱上,当新梢长至60~70cm时,第二次引缚新梢。

除以上管理外,还应注意中耕除草,适时灌水和施肥,防治病虫害等,可参照实生苗管理部分。

图7-2 核桃苗圃

五、苗木越冬与储藏

冬季寒冷、干旱和风大地区,为防止接芽受冻或抽条,在土壤封冻前应在芽接苗根际培土防寒,培土厚度应超过接芽6~10cm。春季解冻后及时扒开防寒土,以免影响接芽的萌发。对于成品苗,北方地区多在秋季落叶后至土壤结冻前起苗,然后进行假植越冬。对于较大的苗木或"抽条"较轻的地区,也可在春季土壤解冻后至萌芽前起苗,或随起苗随假植。

六、苗木质量标准

核桃嫁接苗要求品种纯正,砧木正确,嫁接接合部愈合良好。枝条健壮充实,芽体饱满。根系发达,须根多,断根少。无检疫对象,无严重病虫害和机械损伤。具体分级标准可参照河北省地方标准《优质核桃生产技术规程苗木》,见表7-1。

表7-1 核桃嫁接苗质量分级

项目	级别	
	1级	2级
苗高(cm)	≥60	30~60
基茎(cm)	≥1.2	1~1.2
主根长度(cm)	≥20	15~20
侧根条数(条)	≥15	

第二节 板栗苗木培育

一、板栗常用砧木

(一)板栗

我国北方及长江流域板栗产区常用的砧木,嫁接亲和力强,嫁接苗生长旺,根系发育好,耐干旱,耐瘠薄,抗根头癌肿病,但抗涝性差。

(二)野板栗

长江流域及南方各省丘陵地带广泛分布,是板栗的原生种,树冠矮小,小乔木。与板栗嫁接亲和力强,有矮化倾向,适宜密植。缺点是树势弱,单株产量低,寿命短,干易空心。

此外,茅栗、锥栗、日本栗以及栓皮栎、辽东栎及蒙古栎等都曾尝试用作板栗砧木,但大都嫁接成活率低,或难以成活,在生产中极少应用。

二、实生苗培育

(一)种子采集与储藏

1. 种子采集 采种时要从盛果期树中严格选择丰产、稳产、结果早、品质好、生长健壮的单株作为采种母树。做种子用的栗粒,要在栗蓬开裂,栗粒完全成熟而自然掉落时采收。或当栗蓬开裂30%~40%时,用木杆打落捡拾栗蓬和落栗,并把未开裂的栗蓬集中在冷凉处,堆厚40~50cm的栗堆,后熟5~7天,栗蓬开裂后再分出栗粒。打落栗蓬时要轻,否则影响翌年产量。挑选充实、饱满、整齐、无碰伤、无病虫的作种用。

图7-3　成熟板栗

2. **种子储藏**　板栗种子怕干、怕湿、怕热、怕冻,所以板栗果采收挑拣后先在室内摊晾5~7天,以降低果实含水量,然后立即储藏,以保持水分。最常用的办法是湿沙埋藏。

(二)苗圃地选择

板栗适宜在酸性或微酸性的土壤上生长,pH 5.5~6.5的土壤上生长良好,pH超过7.5则生长不良。板栗在碱性土质上生长不良,石灰质土壤碱度偏高,影响栗树对锰的吸收,生长不良。另外,板栗种子呼吸强度大,耗氧量多,通气良好的土壤有利于种子萌发。因此,板栗育苗苗圃地应选择土质偏沙性的微酸性土壤为宜。

(三)播种

1. **播种时期**　板栗春播、秋播均可。北方地区春播一般在3月中旬至4月上旬,南方在2月中旬至4月上旬。秋播一般在10月下旬至11月上旬。秋播种子不需储藏,在苗田里自然完成休眠,但外界条件变化大,湿度过高或过低,易引起种子霉烂,降低发芽率,并易遭鸟兽等危害。需要注意的是,冬季严寒的北方地区,一般不采用秋播。

2. **播种方法**　分直播和畦播。一般山地常用直播建立实生栗园或作为就地嫁接的砧木。播种后覆土,出苗后选留一株壮苗。此法的优点是省工、根系发达、生长旺盛,但管理不便。

畦播是将种子集中播于畦内。采用纵行或横行条播,株行距为(15~20)cm×(40~50)cm,每667m² 播种量100~150kg。播种前若进行催芽处理,可使种子出苗快而齐。把种子沙藏处理2个月或3个月后,当种子萌发芽长达0.5~1cm时,把种子放在容器内微微振动,种间相互折断幼根后即可播种,这样可促进幼苗根系发达。但注意不要碰断子叶柄,如果双侧子叶柄折断则幼苗不能成活。播种前要灌足底水,

2~4天土壤湿润疏松后播种。播种时宜将种子平放,种尖不可朝上或朝下,否则幼根、幼芽生长困难(图7-4)。覆土3~5cm,太深易烂,太浅则易受鸟兽害。北方地区播种后要适当镇压。镇压后用平耙把表土耙松。播种后到出苗前一般不浇蒙头水,以防土表板结,影响出苗。

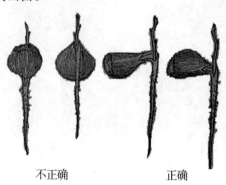

不正确　　　　　正确

图7-4　板栗播种姿势与发芽状态

育苗时,为防止鼠、兽危害,可用药剂拌种或毒饵诱杀。用硫黄、草木灰拌种,种子50kg,硫黄粉400g,草木灰1kg加上适量的黄土泥,把黄土泥加水打成泥浆,再把种子倒入泥浆,使种子表面沾上浆后,取出放到混有硫黄的草木灰中滚动,使种子表面粘上硫黄与草木灰。拌种也可用磷化锌,每50kg栗种用磷化锌2.5kg、碳酸镁1.5kg、水4kg、面粉350g。

(四)播后管理

播种后条件适宜,1~2周内幼苗便出土,出土后应加强管理。

1. **间苗、补苗**　栗苗出土后,应适时间苗、补苗和定苗。栗具有双胚性,若一种出双苗,应去弱留强。

2. **肥水管理**　幼茎出土后,若气候干旱,可于行间开沟适量灌水。幼苗放叶后,6月及8月各追尿素10~15kg/667m²,施肥后灌水。秋季苗木停长后,可追施一次有机肥,入冬前灌一次封冻水,有利于苗木越冬。板栗苗积水10天便死亡,生长期内要注意雨后排涝。生长期内应视情况中耕除草2~4次。

3. **防寒**　一般情况下,实生苗当年只能生长到30~60cm,抗寒力差,秋天不起苗,田间苗木自然越冬极易抽条。在秋施有机肥并灌封冻水后,入冬时应顺垄弯苗,埋土防寒。也可秋末平茬,把苗子从距地面4~5cm高处剪截(即平茬),伤口培土,翌年发芽后选留一旺梢,其余抹掉。

4. **病虫草害防治**　除播种时防止鸟兽及地下害虫危害外,生长期内还要防治金龟子、舟形毛虫、刺蛾幼虫、象鼻虫、栗大蚜及白粉病等病虫害。为加快育苗速度,可用地膜覆盖或用地膜棚膜双覆盖育苗,这样早播种早出苗,管理得当,当年即能培育出健壮实生苗或砧木苗。苗木生长期间,要及时地对土壤进行中耕除草,促使幼苗健壮生长。

三、嫁接及接后管理

（一）接穗的采集与处理

1. **接穗的采集** 应选择早实、丰产、优质、综合经济性状好、适应当地条件的单株作为采穗母树。一般应从母树的外围枝中，选充实而粗壮的枝条做接穗，通常选用1~2年生基径0.6cm以上、长20cm以上的壮枝做接穗。采集时期为落叶后到萌芽前的整个休眠期。春季枝接用接穗可在萌芽前1个月采集，过晚芽子膨大，成活率低。采集后每一品种按50~100根捆为1捆，标记品种、数量、产地，然后及时放入冷凉潮湿的深窖、沙藏沟或山洞内，也可放入2~5℃的冷库内保湿储藏。窖藏时将接穗竖放，捆间以湿沙隔开，再以湿沙埋至稍露顶芽为止。储藏期间接穗要保持新鲜状态，防止干枯、发热、发霉或萌发。

2. **蜡封接穗** 春季枝接用的接穗蜡封，可以减少水分蒸发。

（二）嫁接

1. **嫁接时期** 板栗因枝茎内含有大量单宁物质，削伤后易氧化而妨碍愈伤组织的形成，嫁接时期很关键。板栗树在砧芽开始萌动、树皮易剥离到发芽后5天这段时间内枝接成活率最高。培育板栗嫁接苗木应抓住春季嫁接这一关键时期。河北、山东一带在4月中下旬至5月上旬。春季既可枝接也可带木质芽接，在春季芽即将萌动时期（4月中下旬）以及秋季枝芽发育充实时期（8月中下旬至9月上中旬）带木质部芽接效果好，嫁接成活率可达90%以上。

2. **嫁接方法** 枝接常用的方法有插皮接、插皮舌接、腹接等。芽接法在板栗育苗中则主要用带木质芽接和嵌芽接。

（三）嫁接苗的管理要点

1. **除砧萌** 嫁接后应及时除去砧木发生的萌蘖，一般去3~4次萌蘖后，接穗便旺盛生长，砧萌也随之减少。

2. **解除绑缚物并设支棍** 约1个月后，新梢长到30cm时，就须把包扎条去掉。同时，要绑设1cm左右的立杆，把接穗新梢固定在立杆上，以防风折或人畜碰断，并保证苗木干形直立。

3. **摘心** 当新梢长到40~50cm时即摘心，当二次枝达到50cm时进行第二次摘心，促进副梢生长，扩大树冠，有些副梢顶芽饱满，翌年可结果。

4. **加强土肥水管理** 适时中耕除草。在生长期内每30天左右追施1次尿素，每667m² 施10~15kg。生长后期应追施1次磷、钾肥，促进苗木充实健壮，每次追肥后要及时灌水。在生长期内，可每20天左右喷施0.3%尿素和0.2%~0.3%磷酸二氢钾混合液（1:1）1次，或0.3%果树专用光合微肥。干旱地区或遇干旱年份需要及时灌水，雨季积水应及时排涝。

5. **加强病虫害防治** 参考板栗实生苗木培育管理要点。

四、子苗嫁接繁殖

（一）培育子砧苗

2月下旬,将沙藏的种子取出,挑拣无霉烂优质种子,均匀摆放在塑料温棚的平床上,然后用含水量约10%的湿沙覆盖3cm。当胚根长到3～5cm时,取出种子,将胚根用刀片切去1/3～1/2,留1.5～2cm,促使增加侧根,苗砧变粗,以利于嫁接。截去胚根的种子,按株距5cm、行距10cm平放于苗床上,覆盖湿沙7cm。一般播后10天左右开始出土,此时注意遮阴防日灼,棚内温度控制在32℃以下。

（二）接穗采集与储藏

3月上旬,在优良母树上采集发育充实、芽子饱满、粗3～8mm的1年生枝,截成15cm长枝段,用石蜡全封后放入塑料袋阴凉处保存。也可用湿沙埋于阴凉处备用。

（三）子苗嫁接

当子苗第一片叶子即将展开时为嫁接最适期。将砧木苗轻轻挖出,防止机械损伤,保持根系完整,防止损伤子叶柄和坚果脱落。将挖出的砧木整齐放入底部铺有湿锯末的盆内,用湿纱布盖上,保持根系水分。

嫁接采用劈接法。选与砧苗粗度基本相当的接穗,留2个芽,下端削成楔形,削面长1.5cm。用刀片在子苗砧子叶柄上2.5cm处切断,从幼茎中间劈开,深1.5cm,随即将接穗插入,使一侧形成层对齐。若接穗粗于砧苗,也可将多出部分削除。插好后用麻坯、麻绳或电工黑胶布绑扎,最后将接好后的苗放于盆内保湿备用。

（四）嫁接苗培育

接好后的苗可栽于温棚内或大田培育。栽植时,用拇指、食指和中指轻轻捏住包扎处,不要提动接穗,防止接合处脱落和松动,埋土深度与接穗顶端持平。棚内空气相对湿度90%～95%,温度20～32℃为宜。极限温度最高34℃,最低12.4℃。当嫁接苗长出2～3片叶、日平均温度达到20℃左右时,开始炼苗。开始时在14时后将塑料棚膜揭开,日落后盖好,幼苗接受阳光直射的时数应逐日增加,直至全天揭膜。炼苗时间1周左右。以后管理同普通苗培育。

五、苗木质量标准

苗木分级标准一般分为三级:一级为优质苗。即苗木超过要求规格,并且木质化良好,发育充实,苗木粗壮,芽子饱满。二级为合格苗,达到嫁接苗规格标准。三级是不合格苗,在规格标准以下。

目前,尚无板栗苗木的国家标准,可参考河北省唐山市板栗苗木地方标准,见表7-2。

表 7 - 2 板栗苗木质量标准

项目	级别	
	1 级	2 级
苗高(cm)	≥100	>80
基茎(cm)	>1	>0.8
主根长度(cm)	>15	>10
侧根长度(cm)	>20	15
侧根数量(条)	>5	>3
检疫对象	无	
病虫害	无	
病虫害嫁接苗愈合程度	接口愈合良好	

第八章

果树苗木常见问题与防除

本章导读：果树育苗中的病虫害管理和自然灾害的防控是苗木能否顺利长成出圃的关键，本章就果树育苗中常见的病虫害和温度、光照、水分等自然环境异常对果树苗木的影响及防控措施进行阐述，对病虫害综合防治技术进行讲解。

第一节 病害

一、侵染性病害

（一）根癌病

1. **症状** 根癌病危害苹果、梨、樱桃、葡萄等。发病苗木根部生长许多瘤状突起，是由一种杆状细菌侵染造成的。这是一种常见的苗期病害，又叫根瘤病。根癌病菌能长期生活在土壤中，多从苗木的嫁接伤、机械伤、虫伤等伤口处侵入根系，使病部细胞增生膨大，形成癌瘤。主要发生在根颈，有时在主根上也有发生，严重时侧根上也有感染。初期为灰白色的瘤状物，后期变为褐色，瘤体不断长大，表皮细胞枯死，内部木质化，瘤的周围还长很多毛根。患有根癌病的苗木，定植后生长衰弱，结果不良。因此，必须从苗期加以防治。

2. **防治方法** 根癌病的发生，与苗圃地的土壤有关，黏重土的苗圃易得此病，疏松沙壤土的苗圃此病发生较少。由于病菌多由土壤经伤口侵染根系，因此，避免苗圃地连茬，减少根部伤口，新定植的苗木用5波美度石硫合剂或石灰水进行消毒处理，消灭地下虫害，都具有一定的预防作用。苗木出圃时，要进行严格检查，发现病菌剔除烧毁，以免后患。

（二）立枯病

1. **苹果幼苗立枯病**

（1）症状。苹果实生砧木幼苗期枯死。根据山东烟台地区果树试验站调查，幼苗出土后至2片真叶期发病最重，病株子叶先行萎蔫，而后逐渐干枯变黄褐色，真叶枯死状况与子叶相似。被害幼苗根颈部凹陷，该处组织腐烂变细，很快从变细处折倒死亡。发病严重时，死苗率高达13%～14%。至幼苗嫩茎半木质化后，病害就不再发生。因此，幼苗嫩茎半木质化以前的这段时间是防治立枯病的关键时期。

（2）防治方法。勿使苗木过湿，避免苗圃重茬及以马铃薯、棉花、瓜地等为前茬，播种时用200倍的五氯硝基苯配成毒土盖在种子上，幼苗出土后及早拔除病株，及时喷布200倍甲基硫菌灵溶液，或浇灌200倍硫酸亚铁溶液，每$667m^2$灌药量3 000kg，具有良好的防治效果。

2. **山楂幼苗立枯病**

（1）症状。立枯病是山楂苗期的一种主要病害。病菌在越冬幼苗出土后开始发病，多从表层土壤侵染幼苗根部和茎基部。由于侵染时期不同，在幼苗上有猝倒和立枯两种表现。如幼苗刚出土组织幼嫩时感病,则为猝倒症状。在幼苗组织已木质化后发病,则表现为立枯症状。

(2)防治方法。

A. 育苗地实行轮作,避免重茬,圃地要施腐熟的有机质肥料,播种前浇水,并掌握适宜的播种深度。

B. 福尔马林(40%的甲醛)对水80份喷洒种子,使种子受药均匀,然后覆盖堆积2h,再将种子摊开,使甲醛气体挥发干净,随即播种。也可用0.5%五氯硝基苯或1.5%的多菌灵拌种。在幼苗出土20天内,严格控制灌水,干旱时也要尽量少浇水。

C. 用50%多菌灵可湿性粉剂或70%甲基硫菌灵可湿性粉剂或70%五氯硝基苯进行土壤消毒,每1m² 用药8~10g,加半干细土10~15kg拌匀,播种前将1/3的药土撒在沟里做垫土,然后将种子播在上面,再将余下的药土覆盖在种子上面。

(4)幼苗发病初期,及时拔掉病株,然后用70%甲基硫菌灵可湿性粉剂1 000倍液或50%代森铵可湿性粉剂500倍液喷布防治。用药量以充分湿透土壤,浸湿幼苗地下部分为宜,一般喷药量为2.5~3.5kg/m²。

(三)白粉病

1. **症状** 苹果、葡萄、草莓等都易感染白粉病。白粉病病菌可侵染果树所有的绿色组织,幼芽、新梢、嫩叶、花、幼果均可受害。枝干病部表层覆盖一层白粉,病梢节间缩短,发出的叶片细长,质脆而硬,长势细弱,生长缓慢。受害严重时,病梢部位变褐枯死。受害芽干瘪尖瘦,春季重病芽大多不能萌发而枯死,受害较轻者则萌发较晚,新梢生长迟缓,幼叶萎缩,尚未完全展叶即产生白粉层。受害嫩叶背面及正面布满白粉。叶背初现稀疏白粉。新叶略呈紫色,皱缩畸形,后期白色粉层逐渐蔓延到叶正反两面,叶正面色泽浓淡不均,叶背产生白粉状漏斑,病叶变得狭长,边缘呈波状皱缩或叶片凹凸不平;严重时,病叶自叶尖或叶缘逐渐变褐,最后全叶干枯脱落。

2. **防治方法**

(1)选用抗病品种。

(2)加强栽培管理。冬季彻底清扫田园,结合冬季修剪,剔除病枝、病芽。早春及时摘除病芽、病梢,减少菌源。施足底肥,控施氮肥,增施磷、钾肥,增强树势,提高抗病力。

(3)药剂防治。春天结合防治其他病害,喷3波美度石硫合剂+200倍五氯酚钠混合液,或45%晶体石硫合剂40~50倍液等,以铲除越冬病菌。于发病初期喷布1:0.5:(200~240)倍波尔多液,或70%甲基硫菌灵可湿性粉剂1 000倍液,或25%三唑酮1 500倍液,或40%硫黄胶悬剂400~500倍液等,对白粉病都有良好的防治效果,并可兼治短须螨及介壳虫。只要防治及时,都能控制住该病的发生蔓延。

(四)早期落叶病

早期落叶病包括褐斑病、斑点落叶病、轮斑病、灰斑病等。目前危害严重的是褐斑病和斑点落叶病,对苹果、梨、葡萄、核桃、石榴等都有危害。

1. 症状

（1）褐斑病。主要危害叶片，也可危害果实、叶柄。叶片发病先出现褐色小点，散生或数个连生呈不规则褐斑，但病斑的边缘保持深绿色。病斑扩展后分3种类型，即同心轮纹型、针芒型、混合型，病斑形状不规则，但病斑周围保持深绿色是其主要特征。

（2）斑点落叶病。可危害叶片、果实和叶柄。主要在嫩叶期危害，叶片染病，先出现褐色小斑，病斑扩展到6mm后不再增大，病斑红褐色，边缘紫褐色中央具一深色小点。空气潮湿时，病斑背面有黑色或黑绿色霉状物。后期病斑被黑斑病再次寄生，呈黑褐色至灰白色。叶柄受害产生长椭圆形凹陷病斑，易脱落。果实受害，先产生褐色小点，周围有红晕，病斑扩展到5mm后不再增大，病斑稍凹陷。

2. 发生规律

（1）褐斑病。病菌以菌丝在落叶中越冬，翌年降雨后产生孢子，借风雨传播。6~8月为发病高峰，雨水是病害流行的主要条件。环境和树势对发病也有很大的影响，地势低洼，树冠郁闭，通风透光差发病严重。

（2）斑点落叶病。病菌以菌丝在受害部位越冬，翌春产生分生孢子，随风雨传播。新梢生长期阴雨高湿，病菌易侵染幼嫩组织。因此，每年有两个发病高峰，即春梢生长期和秋梢生长期，发病率和新梢期降雨有密切关系。品种的抗病性差异明显，苹果上的元帅系品种发病严重。

3. 防治方法

（1）褐斑病。加强栽培管理，增施有机肥，注意排水，提高树体抗病力。秋冬季彻底清除落叶，消灭越冬病源。喷药防治，落花后1周开始，可先喷70%甲基硫菌灵可湿性粉剂1 000倍液或50%多菌灵可湿性粉剂800倍液，然后根据天气情况，交替喷洒波尔多液、代森锰锌等药剂。一般防治轮纹病时可很好地兼治。

（2）斑点落叶病。清理苗圃，发芽前彻底清除落叶，集中深埋或烧毁，冬剪时把病枝剪除烧毁。在落花后20天左右，喷洒50%扑海因可湿性粉剂1 500倍液或10%多氧霉素可湿性粉剂1 000倍液，间隔20天后再喷一次，也可和70%代森锰锌可湿性粉剂1 000倍液或波尔多液交替使用。在秋梢生长期根据天气情况喷药1~2次即可。

（五）干腐病

苹果、梨、桃、樱桃、石榴、核桃等都易感染该病害。

1. 症状 幼树发病多在嫁接部位出现暗褐色病斑，沿树干向上扩展，病斑上密生突起的小黑点，严重时幼树干枯死亡。大树多发生在主枝和侧枝上，被害部位初生褐色小斑，表面湿润，有黏液流出，病斑扩大呈紫褐色或黑褐色，以后病部逐渐干枯凹陷，与健部交界处裂开。病斑上密生小黑点。

2. 发生规律 病菌以菌丝和分生孢子器在病树皮内越冬，翌春分生孢子器成熟后，遇雨产生大量的分生孢子，借风雨传播到健株上。干腐病多从伤口侵入，因其寄生力弱，病菌先在伤口外的死组织上生长一个时期后，再向活组织扩展。在地势低注,排水不良,土壤黏重的苗圃发病率高。一般干旱年份发生较重。

3. **防治方法** 加强栽培管理,增施磷钾肥,提高苗木抗病能力。涂药预防,用5%菌毒清水剂30倍液对嫁接口涂抹,防止感染。冬季修剪时注意去除病枯枝、枯桩等。春季经常检查,发现病斑及时刮治,方法同治疗腐烂病。

(六)葡萄霜霉病

葡萄霜霉病是葡萄生长过程中极易出现的一种严重的真菌性病害。该病害发生后极易导致葡萄早期落叶、新梢生长停滞、枝条不能成熟老化。

1. **症状** 葡萄霜霉病主要危害叶片,也能危害新梢、卷须、叶柄、花序、果柄和幼果。叶片受害后,在叶面产生边缘不清晰的水浸状淡黄色小斑,随后渐变呈黄褐色多角形病斑,病斑常互相融合成不规则大病斑。天气潮湿时,在叶片背面产生白色霜霉状物。发病严重时,整个叶片变黄反卷焦枯脱落。

嫩梢受害,初生水浸状、略凹陷的褐色病斑,天气潮湿,病斑上产生稀疏的霜霉状物,后期病组织干缩,新梢生长停止,扭曲枯死。卷须、叶柄、花序的受害症状与嫩梢相似。

2. **防治措施**

(1)栽培管理。及时中耕锄草,排出苗圃积水,降低地表湿度。合理修剪,及时整枝,尽量去掉近地面不必要的枝叶,使葡萄植株通风透光,创造不利于病菌侵染的环境条件。增施磷、钙肥及有机肥,酸性土壤多施石灰,提高植株抗病能力。

(2)药剂防治。萌芽前全园喷布3~5波美度石硫合剂进行病菌铲除,进入秋季以后交替使用1∶0.7∶200波尔多液、35%碱式硫酸铜悬浮剂400倍液、80%科博800倍液、易宝1 000倍液或42%喷富露800倍液,每隔10~15天喷布1次,进行叶面保护,预防病害发生。

发病初期,应喷布具有内吸治疗作用的杀菌剂,药剂可选用克露600倍液、波尔多精·甲霜灵500倍液、69%的烯酰吗啉·锰锌600倍液、72%霜脲氰锰锌600倍液。目前病菌对甲霜灵已有抗性,单喷效果不好,最好与代森锰锌混用为好。通常喷药后1天后即可发现叶片背面的白色霉层变褐消失,表明产生了药效,如果没有变褐消失,则应再次喷药防治。该病害极易产生抗药性,应注意不同药剂的交替使用。

(七)苹果锈果病

1. **症状** 在7月上中旬以后,当苗木生长到30~50cm时,苗干中部以上的叶片,自基部有规则地向背面弯曲,从侧面看去卷成圆圈状或圆弧状。中脉附近急剧皱缩,叶片较小,质硬而脆,往往由叶柄中部断裂,而造成叶片早落。8月上中旬以后,苗茎中部以上发生褐色条斑,继而发展成灰褐色木栓化锈斑,且龟裂粗糙,严重时干枯翘起。

2. **防治方法** 选用无病的接穗和砧木,这是防止锈果病发生的最主要措施。用种子繁殖砧木,可以解决传毒问题,需要用根蘖苗做砧木,必须严格检疫。在苗木生长期间,要经常检查,发现病苗要及时拔除烧毁,以绝后患。

二、非侵染性病害

(一)缺素症

1. 缺锌小叶病

(1)果树树体内锌的含量与分布。果树器官中含锌量以花粉最高,平均125μg/g,依次为花(93.7μg/g)、根(81μg/g)、种子(50μg/g)、叶(28μg/g)、果实(3μg/g)。生长季节,地上部自下而上含锌量递增,最有活力的幼叶、茎尖含锌最高。锌在根内也有积累。苹果高产树,细根含锌(86.2μg/g)高于低产树(66μg/g)大年树高于小年树。锌与树体发育和产量水平有密切关系。

(2)缺锌症状。植物以吸收锌离子为主,在幼嫩组织中与酶形成结合态锌,促进生长。缺锌时可向新叶转移,但较少。锌在体内再利用能力较弱,缺锌幼叶发育不良,呈灰绿色,叶小不舒展,呈舌状或卷曲,节间短,叶簇生,严重时枝条上部叶缘失绿或呈褐色内卷,顶梢不分枝呈旗杆状。苹果、梨、桃缺锌花蕾难以绽开,随之变黑干枯。果实小而木栓化、畸形,失去固有风味。葡萄缺锌,落果严重,穗散,穗尖的果粒不发育。

(3)果树缺锌的土壤因素。湖相沉积土和黄河冲积土含锌较高,风沙土最低,中性钙质发育的褐土和酸性母质发育的棕壤介于两者之间。以山地丘陵酸性母岩发育的棕壤最高,这与该地区气候湿润、淋溶较强、盐基不饱和以及生物富集有关。丘陵区的非石灰性土的苗圃缺锌不明显,只在砾质瘠薄如以长石、石英为主的马牙沙土苗圃出现缺锌。湖沼相及、河海相冲积发育的砂姜黑土全锌量不低,但有效锌低,这与土壤物理性质不良有关。黄河流域及沿河、沿海风沙土苗圃,因有效锌低而普遍出现缺锌症状。土壤有效锌含量与土壤有机质呈正相关。在一定范围内,与土壤 pH 呈负相关。有机质低于0.5%、pH 高于6.8的石灰性土壤常有缺锌症发生,优以低洼地较重。

(4)果树缺锌症的矫治。

A. 施用锌肥。果树出现缺锌症,土壤有效锌含量一般低于1μg/g。结合秋施基肥每666.7m² 拌入硫酸锌1~2kg,可保持后效3~5年。土壤施后仍有缺锌症状,可能有障碍因子影响锌的吸收,如水质污染、淹水、磷肥用量过大或伤根、修剪和环剥过重等,需根外叶面喷施锌肥。喷氨基酸效果良好。

根外喷施锌肥一般在休眠后期(芽萌动前)喷3%~5%硫酸锌溶液一次,当年防治小叶病效果明显。浓度低于2%时,防治效果降低。缺锌严重的树,花后3周隔5~7天喷一次0.2%~0.4%的硫酸锌溶液,连喷2~3次。

B. 保持营养元素间的平衡。土壤中锌的有效性取决于土壤 pH 和矿质元素之间的相对含量。当 pH 高于6.5 时,随 pH 增加,锌有效性迅速下降。pH 比较高的苗圃和由氯化钠转碳酸钠的碱化苗圃,在完善排水条件下,施用有机肥,控制pH 7.2以下,维持施锌肥后土壤有效锌在1.5~2μg/g,可基本满足果树对锌的吸收需要。

C. 应注意磷锌比例。土壤磷锌比，以 100~120 为宜。磷肥施用量过多，形成难溶性的磷酸锌，如同碱土中形成碳酸锌一样，降低锌的有效量。土壤有效磷在 $30\mu g/g$ 以上，不应将硫酸锌直接施入土壤。可喷施或在复合肥中配入硫酸锌，减少锌在土壤中的化学固定。

2. 缺铁失绿

（1）果树体内铁的含量与分布。果树体内，铁是含量最高的微量元素。器官中含铁的顺序为：根（$450\mu g/g$）、果枝（$319\mu g/g$）、种子（$184\mu g/g$）、叶（$175\mu g/g$）、果（$8.3\mu g/g$）。器官之间含铁量差异比其他微量元素小而稳定。

植物体内 70% 以上的铁存在于叶绿体内，铁与叶绿素的含量呈正相关，两者的摩尔比为 $1:4~1:10$。

植物主要吸收 2 价铁离子，螯合态铁（柠檬酸铁）也可以被吸收。3 价铁离子溶解度低，只有在根表面还原成 2 价铁离子以后，才能被吸收。代谢活力最强的根尖细胞吸铁的速率比根基部高。2 价铁离子被根吸收后，在根细胞中氧化为 3 价铁离子，并与柠檬酸螯合，通过木质部输送到芽和幼叶，合成稳定的有机物，如铁蛋白、铁钼蛋白、血色素等。

（2）缺铁症状。缺铁时叶绿体结构破坏甚至解体。铁在植物体内移动性小，再利用能力弱，缺铁失绿症多表现在新叶、新梢，叶肉黄化甚至白化，随之叶脉失绿、叶缘褐斑，幼叶枯黄凋落。叶的缺铁失绿在雨季加重。雨季过后，外围营养枝有所复绿，但已严重影响叶功能。

（3）果树缺铁失绿的影响因素。缺铁失绿是多因素交互作用的结果。各因素可直接或间接诱发失绿，主导因素因条件而异。

A. 果树营养特性。果树对铁的吸收能力受遗传基因控制，苹果易表现缺铁失绿。不同苹果品种，红星系、国光等发病轻，金冠、富士系等发病较重。果树地上部的失绿还受砧木对铁吸收能力的影响，山荆子砧、平邑甜茶砧易失绿；八棱海棠、莱芜茶果等做砧木发病较轻。罗新书选出的 Luo-2 砧嫁接富士、新红星、首红、嘎拉等品种，在 pH 7.8~8.2、含盐量 0.2%~0.4% 的条件下不表现黄叶症状，5 年生树生长结果正常。

B. 土壤 pH 值。土壤 pH>7、有机质含量低于 0.5%、碳酸钙高于 3% 时，土壤有效铁平均 $8\mu g/g$，其中砂姜黑土平均 $7.5\mu g/g$ 以下，最低为 $2.2\mu g/g$，多种果树常出现缺铁黄叶症状。

C. 土壤透气性。土壤的紧实度对果树根的发育和铁的吸收影响很大。石灰性和非石灰性重壤（砂姜黑土、红黏土）耕层土壤容重 $1.35~1.5kg/m^3$，底层高达 $1.6kg/m^3$，超出果树适宜的容重范围（$1.1~1.2kg/m^3$）。这类土壤的黏质矿物，以蒙脱石类膨胀性矿物占优势，胀缩性极强。土壤失水时，黏质土粒强烈吸水膨胀，封闭空隙，使通气导水空隙减少，根系呼吸困难，果树吸水势减弱，养分吸收受阻，并且土壤微量元素有效量的本底值低（锌 $<1\mu g/g$、铜 $<1.5\mu g/g$、铁 $<10\mu g/g$、锰 $<10\mu g/g$），导致黏土苗圃的缺铁失绿严重。

D. 生物因素。果树砧木根系共生泡囊丛枝菌根可使地上部叶黄化症减轻。包括山荆子这种对铁吸收低效型的砧木，接种泡囊丛根菌根后，由于菌根分泌氢离子，使根际 pH 降低，有效铁浓度增加，减轻发病。长期施用有机肥，逐渐矫正果树叶失绿症，其中有微生物改善土壤供肥状况的作用。

（4）缺铁失绿症的防治途径。

A. 筛选铁高效型砧木及品种。筛选适应土壤的果树砧木和品种，比改良土壤适应植物更经济有效。苹果砧木中，Luo-2、西府海棠、烟台沙果、福山小海棠、青州林檎、淄博海棠、莱芜茶果、八棱海棠嫁接苹果叶片黄化轻，其中 Luo-2 可为首选砧木。山荆子及苹果实生砧地上部黄化严重，不宜在石灰性黏质土区做苹果砧木。

B. 施用含铁化合物。早春果树萌芽前喷施 0.75%～1% 的硫酸亚铁溶液，喷施液的 pH 以 4～5.5 为宜。缺铁果树大多在石灰质土壤区，水质对叶面肥效影响明显。果树叶片失绿症一般不单由缺铁引起，往往与树体氮、锌、锰等不平衡有直接关系。在喷施硫酸亚铁时，配施尿素、硫酸锌、锰等，对叶片复绿效果明显，一般 3～4 天见效，几种化合物的总浓度以 0.4%～0.5% 为宜。浓度过高，叶片会出现不扩散的绿斑，甚至发生肥害。石灰质土区喷施柠檬酸铁或 EDTA 螯合铁，比硫酸亚铁效果稳定，但成本稍高。喷施单体氨基酸铁或复合的氨基酸盐防治缺铁症，效果甚好。向树体内注射硫铁化合物也有明显效果，但要注意浓度和时间，防治铁在果树顶端积累中毒。应急措施只在当季有效。

C. 防治缺铁失绿症的根本措施是施用有机肥。在土壤和水质含钙高的条件下，每 666.7m² 年施有机肥 3 000kg 以上的苗圃，也很少出现失绿症。对砂姜黑土苗圃的改造，在注意排水的同时，通过施有机肥、压绿肥，促使根系分枝，扩展吸收范围，增强铁的吸收，可逐年减轻缺铁失绿症。

3. **缺硼** 苹果、葡萄等会出现缺硼症状。苹果幼苗缺硼症，8 月中旬至 9 月上旬为发病盛期，其病症表现是当新梢顶端叶片生长至宽 1cm 以上时，叶缘向叶背卷缩。随着叶片的生长，叶片逐渐变厚而脆，并出现不规则的褐色圆斑。约 15 天后，有的病叶开始脱落，苗木生长停滞。苹果幼苗缺硼症状，叶子外形近似蚜虫危害，叶面病斑又似褐斑病。当缺硼的嫁接苗长到 40～60cm 时，则从幼苗顶端幼叶开始，下部老叶很少表现症状。砧木苗也同样发生。

苹果幼苗发现缺硼症状后，可喷布 0.2% 的硼砂溶液，叶面和叶背都要喷布均匀。喷硼后 7～10 天幼苗恢复正常生长，喷后 10 天再喷 1 次，效果更好。

（二）药害

化学药剂如使用不当，会使苗木产生药害。

1. **急性药害** 一般在喷药 2～5 天出现，其症状表现为叶面或叶柄茎部出现烧伤斑点或条纹，叶子变黄、变形、凋萎、脱落。多因施用一些无机农药，如砷制剂、波尔多液、石灰硫黄合剂和少数有机农药如代森锌等所致。

2. **慢性药害** 施药后症状并不很快出现，有的甚至 1～2 个月才有表现。可影响植物的正常生长发育，造成枝叶不繁茂、生长缓慢，叶片逐渐变黄或脱落，叶片扭曲、畸形,着花减少,延迟结实,果实变小,籽粒不饱满或种子发芽不整齐、发芽率低等。多因农药的施用量、浓度和施用时间不当所致。拌种用的砷、铜和汞剂侵入土壤后可破坏土壤中的有益微生物或毒杀蚯蚓,造成土壤中元素的不平衡和土壤结构的改变,也可使植物生长不良或茎叶失绿。但不同的作物或果树品种对农药和除草剂的抵抗能力有差别,植物体内的生理状况、植物叶片的酸碱度和植物所处的不同生育阶段也可影响其对农药的敏感程度。

第二节 虫害

(一)叶螨类

1. **危害特点** 目前苗圃发生的红蜘蛛有多种,以山楂叶螨、苹果全爪螨、二斑叶螨为主。山楂叶螨、二斑叶螨主要在叶背面危害,苹果全爪螨喜欢在叶正面危害,只有数量特多时才向反面扩散。山楂叶螨、二斑叶螨危害的叶片,从正面看有失绿的黄点,严重时呈黄烟色,可引起落叶。苹果全爪螨危害的叶片失绿,变成绿灰色,远处看和银叶病危害类似,严重时也可引起落叶。

2. **形态特征**

(1)山楂叶螨。成螨越冬型鲜红色,夏型枣红色,体枣状椭圆形。卵圆球形,黄白色,幼螨3对足,蜕一次皮后成4对足若螨,若螨取食后成暗绿色。

(2)苹果全爪螨。又叫苹果红蜘蛛,体暗红色,体形较山楂叶螨为圆,且小。越冬卵、夏卵均为红色,圆形,上有一柄,洋葱头形。幼螨初孵为浅黄色,后变为红色,足3对,蜕皮若螨足4对。

(3)二斑叶螨。成螨越冬型橘红色,夏型污白色,体两侧各有1个明显的褐色斑。卵圆球形,黄白色,若螨白色,胴部也有2个明显的褐色斑。

3. **发生规律**

(1)山楂叶螨。又叫山楂红蜘蛛,在我国北方是分布最广,危害最重的叶螨。辽宁每年发生6~9代,中部可发生10多代,以成螨在树皮下、干基土缝中越冬,花芽膨大期出蛰,落花后出蛰结束,麦收前气温升高,繁殖加快。山楂叶螨先集中在近大枝附近的叶簇上危害,麦收期间数量多时大量扩散,6月份危害最烈。7~8月根据树体营养状况进入越冬早晚不一。一直到9月仍可在树上见到夏型成螨。

(2)苹果全爪螨。辽宁可发生6~7代,山东、河南7~9代。以卵在短果枝、2年生以上枝条上越冬,越冬卵孵化高峰期在红星品种花蕾变色期。一般麦收前后是危害高峰期,夏季叶面数量较少,秋季数量回升又出现小高峰。

(3)二斑叶螨。二斑叶螨是近年传入的一种新害螨,俗称白蜘蛛,在中部地区每年可发生 20 代左右。主要在地面土缝中越冬,少数在树皮下越冬。春季惊蛰前后即可有少量出蛰,开始在地面杂草、间作物上活动,近麦收时才开始上树危害。上树后开始主要集中在内膛,6 月下旬开始扩散,7 月危害最烈,二斑叶螨在条件适宜时 7~8 天可发生一代,繁殖力高,抗药性强。

4. 防治方法

(1)山楂叶螨、苹果全爪螨。

A. 消灭越冬螨(山楂叶螨)、越冬卵(苹果全爪螨)。在发芽前结合喷杀菌铲除剂,加入 98.8% 机油乳剂 50 倍液可防治。

B. 活动螨防治。在苹果花前花后,用 5% 尼索朗乳油或 20% 螨死净可湿性粉剂 2 000 倍液喷雾,生长季每周调查一次树上发生量。在每个苗圃近 4 个角及中心部位各选一株有代表性的苗木,随机取成龄叶 5 片,统计活动螨数,当平均每叶活动螨达到 5 头时,开始喷药,可用 20% 哒螨灵可湿性粉剂 3 500 倍液、73% 克螨特乳油 2 000 倍液、50% 硫悬浮剂 400 倍液喷雾。

C. 在喷药防治叶螨时,一定要注意喷药均匀周到,特别是树冠上部和内膛,往往由于喷药不均匀,使红蜘蛛在局部繁殖暴发起来。

(2)二斑叶螨。

A. 地面防治。由于前期主要在地面危害,麦收前要注意清除地面杂草和根蘖。发现间作物有二斑叶螨危害时,及时喷药,可用 0.2% 阿维菌素乳油 2 000 倍液喷雾。

B. 在 6 月发现树上有二斑叶螨时,喷药要特别注意内膛叶背。在数量较少时,可用 20% 螨死净 2 000 倍液或 5% 尼索朗 1 600 倍液。数量较多时,可用 1.8% 阿维菌素乳油 8 000 倍液、0.2% 阿维菌素乳油 2 000 倍液,半月后再喷一次。

C. 苗圃喷药时要注意保护天敌,在不用广谱性杀虫剂时,六点蓟马、食螨小黑瓢及捕食螨可发挥明显的控制害螨作用。

(二)金龟子类

1. 危害特点 危害苹果的金龟子主要有东方金龟子、苹毛金龟子、铜绿金龟子,它们的危害特点、形态特征、发生规律见表 8-1。

表 8-1 金龟子类害虫的种类、危害特点、形态特征和发生规律

种类	危害特点	形态特征	发生规律
东方金龟子	取食嫩芽	成虫体长 6~9mm,体棕褐色,密被灰黑色绒毛,鞘翅在阳光下呈紫黑色光泽	每年 1 代,以成虫在土中越冬,萌芽期出蛰,晴朗暖日傍晚,出土危害嫩芽
苹毛金龟子	取食花器	成虫体长 9~13mm,头、胸古铜色,被黄白色绒毛,鞘翅茶褐色,有金属光泽	每年 1 代,以成虫在土中越冬,近开花时出蛰,先在杨柳树上危害嫩叶,果树开花时再取食花蕾和花
铜绿金龟子	取食叶片	成虫体长 20mm 左右,头、胸背面深绿色,鞘翅铜绿色	每年发生 1 代,以老熟幼虫在土壤中越冬,麦收前成虫羽化出土

2. **防治方法** 在早晚温度低时,地上铺塑料膜,利用其假死性振树收集成虫。东方金龟子、苹毛金龟子地面施药防治,在开花初期,在树盘下用50%辛硫磷乳油,每667m²0.5kg加水300倍液喷雾,然后用耙把药搅入土中,结合早晚振树防治效果更好。铜绿金龟子除发生期人工捕捉外,也可树上喷药防治,用40%辛氰乳油或30%氰马乳油1 200倍液喷雾。

(三)苹果黄蚜

1. **危害特点** 主要危害苹果,也可危害梨、桃、樱桃等果树,被害叶片向叶背横卷,影响新梢生长。蚜虫分泌的汁液,在后期感染霉菌,污染叶片和果面,影响果品外观质量。

2. **形态特征** 无翅胎生雌蚜体长1.6mm,体黄色或黄绿色,头、复眼、蜜管均为黑色。若蚜和成蚜相似,卵椭圆形,漆黑色。

3. **发生规律** 苹果黄蚜俗称腻虫,以卵在苹果芽腋、枝杈处越冬,在苹果花开绽时孵化,开始多喜欢在花内、顶梢危害。生长季孤雌生殖,每年10多代,在深秋产生有性蚜,雌雄交尾后产卵越冬。

4. **防治方法** 发芽前可结合防治红蜘蛛,用98.8%机油乳剂50倍液杀卵及初孵幼蚜。落花后用40%氧乐果乳油5倍液在树干光滑处涂宽20cm药环,然后用塑料膜包严,半月后解除,涂药前要先刮去粗皮。为了保护天敌,可用选择性杀蚜剂防治,10%吡虫啉5 000倍液、3%莫比朗乳油2 500倍液、25%唑蚜威2 500倍液、生物农药蚜霉菌300倍液喷雾。在麦熟期不要喷广谱性杀虫剂,保护麦田转移到苗圃的天敌控制蚜虫等危害。

(四)苹果绵蚜

1. **危害特点** 成、若虫集中在剪锯口,新梢叶柄基部和根部危害。绵蚜聚集处分泌白色棉花状蜡丝,被害部肿胀成瘤状,严重削弱树势。

2. **形态特征** 无翅胎生雌蚜体长1.8～2.2mm,卵圆形,暗红褐色,背覆白色绵毛蜡丝。有翅胎生雌蚜体长1.7～2mm,体暗褐色,头胸部黑色。若蚜和成蚜相似。

3. **发生规律** 苹果绵蚜是一种检疫性害虫,近年自东向西蔓延很快。该虫因地区而异可发生10～20代,多以1～2龄若虫在树皮缝、剪锯口,根颈部越冬。春季树液流动后开始危害,5～6月进入危害高峰期,枝干、新梢均可受害。然后到9月中旬以后出现第二个危害高峰。

4. **防治方法**

(1)加强检疫。禁止从疫区调运苗木,从疫区运出的接穗必须严格药物处理,可用10%吡虫啉可湿性粉剂5 000倍液浸泡5min。

(2)药物防治。花前或花后用40.7%乐斯本乳油2 000倍液喷雾。

(3)药物涂干。在落花后,先将树干上粗皮刮去,用40%氧乐果乳油10倍液涂药环,宽度20cm,涂后用塑料膜包扎,2周后去除塑料膜。

(4)保护利用天敌。可引进日光蜂消灭苹果绵蚜,注意保护自然天敌瓢虫、草蛉等。

(五)潜叶蛾类

1. **危害特点** 苹果上发生的潜叶性害虫主要有金纹细蛾和旋纹潜叶蛾,近年以金纹细蛾危害严重。两者区别在于金纹细蛾幼虫先在叶背表皮下取食叶肉,叶背表皮翘起成白膜状。随幼虫长大,叶正面出现针眼网状斑,虫斑处皱缩。旋纹潜叶蛾危害后,叶面出现深褐色圆斑,形似病斑,但对着太阳看,可见斑内螺旋状虫道和幼虫,因目前发生量小,不作详细介绍。

2. **形态特征** 金纹细蛾成虫体长约2.5mm,翅展8mm,全身金黄色,上有银白色细纹。头部银白色,顶部有2丛金色鳞毛。老熟幼虫体长6mm,淡黄色。

3. **发生规律** 金纹细蛾每年发生5~6代,在黄河故道地区生长季基本1月1代。以蛹在落叶内越冬,苹果发芽时开始羽化,卵产在嫩叶叶背,前两代在树冠下部、内膛危害较多,以后虫斑较为分散。当发生严重时一叶可有多个虫斑,造成落叶。幼虫老熟后在虫斑内化蛹,羽化时在叶背虫斑上留有蛹壳。

4. **防治方法** 秋季彻底清除落叶,消灭越冬蛹。在麦收前平均百叶有1个活虫斑时,用性诱剂测报成虫羽化高峰,可喷洒25%灭幼脲胶悬剂2 000倍液或10%杀铃脲乳油8 000倍液,麦收后调查平均百叶3~5个活虫斑时,用药同前。当同时需要防治红蜘蛛时,可改用30%蛾螨灵可湿性粉剂2 000倍液。

(六)梨花网蝽

1. **危害特点** 梨花网蝽又叫军配虫,主要危害苹果、梨叶片,靠近围墙、山坡处危害严重,在叶背面危害,被害处有许多黑褐色斑点状粪便,叶正面出现苍白色斑。

2. **形态特征** 成虫体长3~3.5mm,黑褐色,头胸背部隆起,前翅半透明,有网状纹。若虫初孵或蜕皮后白色,渐变成褐色。卵长椭圆形,一端稍弯曲。

3. **发生规律** 一年发生4~5代,以成虫在翘皮、土缝、落叶下越冬。苹果开花时开始出蛰,前期多在树冠下部危害,雌虫产卵在叶背近主脉两侧的叶肉内,孵化的若虫喜欢聚集在一起危害,到后期危害较重。

4. **防治方法** 秋冬季彻底清除苗圃杂草落叶,消灭越冬成虫。喷药防治,在麦收前第一代若虫期,可喷洒90%敌百虫晶体1 200倍液,或20%氰戊菊酯乳油、2.5%敌杀死乳油、20%甲氰菊酯乳油2 500倍液。在苗圃局部发生时,不必全园喷药,可挑治。

(七)卷叶蛾类

1. **危害特点** 苹果卷叶蛾种类较多,以苹小卷叶蛾危害为重,发生普遍,寄主广泛。不但危害叶,而且可危害果实。顶梢卷叶蛾发生也很普遍,对幼树生长、整形影响很大,对盛果期树危害较小。其他两种卷叶蛾发生不很普遍。它们的危害特点、形态特征、发生规律区别见表8-2。

表 8 - 2　卷叶蛾类害虫的种类危害特点、形态特征和发生规律

虫名	危害特点	形态特征	发生规律
苹小卷叶蛾	幼虫吐丝卷叶,或将叶贴于果面,啃食果皮形成坑凹	成虫体长 6~8mm,黄褐色,前翅中部有一条深褐色"h"形横带	每年发生 3~4 代,以小幼虫在树皮缝、剪锯口等处越冬。发芽后开始出蛰危害
苹果卷叶蛾	多数卷叶,危害果少	成虫体长 10~13mm,前翅有许多波状纹,前翅顶角向上翘	
褐卷叶蛾	多数卷叶,危害果少	成虫体长 8~11mm,前翅褐色,中央有一条斜向的浓褐色宽带	
顶梢卷叶蛾	仅危害新梢顶部,卷叶较紧实	成虫体长 6~7mm,前翅暗灰色,上有黑褐色波状斑纹	每年发生 2~3 代,以幼虫在枝条顶端叶内越冬,苹果发芽时出蛰危害新梢嫩叶。影响幼树新梢生长

2. **防治方法**　苹小卷叶蛾上年危害严重的苗圃,在越冬出蛰前,可用 80% 敌敌畏乳油 50 倍封闭老剪锯口。在冬季修剪时,注意将顶梢卷叶蛾危害的梢剪除,并集中销毁。诱杀成虫,在越冬代和第一代成虫发生期,可用性诱剂加糖醋液诱杀成虫。成虫产卵期释放赤眼蜂,每次每株释放 1 000 头左右,间隔 5 天释放一次,连放 4 次可取得良好效果。

(八)黑星麦蛾

1. **危害特点**　幼虫在新梢顶部危害,常数头幼虫集聚在一个梢上吐丝缀叶,取食叶肉,残留表皮干枯,严重时似火烧状。

2. **形态特征**　成虫体长 5~8mm,体黑褐色,前翅中部有两个不明显的黑星。幼虫通体为紫褐色与污白色相间的纵向条纹。

3. **发生规律**　一年发生 4 代,以蛹在杂草、落叶中越冬,翌年 4 月羽化。在管理粗放的苹果、桃园危害严重。幼虫活泼,喜欢聚集缀叶危害,严重时新梢受害焦枯。

4. **防治方法**　秋末清除苗圃落叶杂草,消灭越冬蛹。幼虫发生期喷洒 Bt 乳剂 300 倍液,或 25% 灭幼脲 3 号悬浮剂 2 000 倍液,混加 20% 氰戊菊酯乳油 10 000 倍液。

(九)大青叶蝉

1. **危害特点**　大青叶蝉又名大绿浮尘子,成虫在枝条上刺破表皮产卵,形成半月形凸痕。成、若虫刺吸叶片,使叶片失绿变白。可危害苹果、梨、桃等,对幼树危害性大。

2. **形态特征**　成虫体长 8~10mm,全体绿色,头部橙黄色,凸出呈三角形,顶部有两个黑点。前翅绿色,末端白色,半透明。若虫似成虫,无翅,初龄黄白色,3 龄后变黄绿色。卵长茄形,稍弯曲,乳白色。

3. **发生规律**　1 年发生 2~3 代,以卵在枝条表皮下越冬。4 月越冬卵孵化后,

若虫先在杂草上寄生,以后到玉米、高粱等作物上危害,晚秋,转移到白菜、萝卜等蔬菜上危害。11月在苹果、梨等果树或林木枝条上产卵越冬。

4. 防治方法 在成虫产卵前,可喷洒农药防治,用10%吡虫啉可湿性粉剂5 000倍液或30%氧乐氰乳油1 500倍液喷雾。

(十)蛀枝干类害虫

1. 蛀枝干害虫的种类、危害特征和发生规律(见图8-1、表8-3)

天牛虫洞　　　　　　　天牛虫道　　　　　　老熟幼虫

图8-1　天牛危害

表8-3　蛀枝干害虫的种类、危害特征和发生规律

虫名	危害特点	形态特征	发生规律
桑天牛	幼虫蛀食较大枝干。成虫产卵前在枝条上咬"U"形刻槽,产卵其内	成虫体长39~46mm,褐色,密生暗黄色短绒毛	2~3年一代,以幼虫在枝干内越冬,幼虫自上向下蛀食
星天牛	幼虫蛀食较大枝干。成虫产卵前在枝条上咬"T"形刻槽,产卵其内	成虫体长32mm左右,全体漆黑色,有光泽。鞘翅散生白色斑点	1~2年一代,以幼虫在枝干内越冬,幼虫自上向下蛀食
苹果枝天牛	幼虫蛀食小枝。幼虫自梢上向下蛀食,每隔一定距离有一排粪孔	成虫体长15~18mm,橙黄色,触角、口器、足、鞘翅均乌黑色。幼虫橙黄色	1年发生一代,以老熟幼虫在枝条内越冬。麦收前成虫开始羽化,卵产于新梢皮层内
豹纹木蠹蛾	幼虫蛀食小枝。幼虫先在枝条木质与韧皮部之间咬一蛀环,然后沿髓部向上蛀隧道。被害梢枯萎易折	成虫体长11~15mm,全体灰白色,体上散生蓝黑色斑点。幼虫红褐色,前胸背板基部有一黑褐色斑块	1年发生一代,以老熟幼虫再枝条内越冬。麦收前成虫开始羽化,卵产于芽腋处

2. 防治方法 从萌芽期开始,当发现枝干有新虫粪排出时,随即用毒签插入,并将上部老排粪孔用泥堵住,对大孔可插入两根,以熏杀幼虫。桑天牛、星天牛羽化后,要经一段取食营养,在6~7月雨后羽化期捕捉成虫,可显著减少危害。对于苹果枝天牛、豹纹木蠹蛾,在6~8月发现树上枝条枯萎时,要及时剪除集中销毁。

(十一)蚱蝉

1. **危害特点** 蚱蝉俗称知了,成虫在枝条上产卵,使枝条死亡。成虫在树上刺吸枝条汁液,幼虫在根部吸食汁液,影响树体生长。

2. **形态特征** 成虫体长44～48mm,全体黑色,有光泽。前后翅透明,翅脉黄褐色,雄虫有鸣器。若虫形似成虫,无翅,土褐色。卵长约2.5mm,乳白色。

3. **发生规律** 数年发生一代,以卵在枝梢内越冬,翌年6月若虫孵化落地入土,在根部吸食危害,秋季移动到土壤深处越冬。若虫老熟后,7～8月在傍晚时,钻出土面,爬到树干上羽化。

4. **防治方法** 秋季剪除产卵枝梢,冬季结合修剪剪净产卵枝,集中烧毁,可减少发生。成虫羽化前,在树干上绑一条塑料带,拦截出土爬蝉,傍晚捕捉,盐水浸泡后可食用。

(十二)葡萄根瘤蚜

葡萄根瘤蚜是一种世界性的检疫对象,曾经对葡萄生产发达的欧美国家造成过毁灭性的灾害。我国南方部分地区已经发现葡萄根瘤蚜,必须提高警惕。

1. **危害特点** 葡萄根瘤蚜为严格的单食性害虫,危害葡萄栽培品种时,美洲系和欧洲系品种的被害症状明显不同。危害美洲系品种时,它既能危害叶部也能危害根部,叶部受害后在葡萄叶背形成许多粒状虫瘿,称为叶瘿型;根部受害,以新生须根为主,也可危害主根,危害症状在须根的端部形成小米粒大小,呈菱形的瘤状结,在主根上形成较大的瘤状突起,称为根瘤型。欧洲系葡萄品种,主要是根部受害,症状与美洲系相似,但叶部一般不受害。在雨季根瘤常发生溃烂,并使皮层开裂,剥落,维管束遭到破坏,根部腐烂,影响水分和养分的吸收和运输。受害树体树势明显衰弱,提前黄叶、落叶,产量明显下降,严重时植株死亡。

2. **形态特征** 我国发现的均为根瘤型。根瘤型无翅成蚜,体长1.2～1.5mm,长卵形,黄色或黄褐色,体背有许多黑色瘤状突起,上生1～2根刚毛。卵长0.3mm左右,长椭圆形,黄色略有光泽。若蚜淡黄色,卵圆形。

3. **生活史及习性** 葡萄根瘤蚜的生活史周期因寄主和发生地的不同有两种类型,在北美原产地有完整的生活史周期,即两性生殖和孤雌生殖交替进行,以两性卵在枝蔓上越冬。春季孵化为干母后只能危害美洲野生种和美洲系葡萄品种的叶,成为叶瘿型蚜,共繁殖7～8代,并陆续转入地下变为根瘤型蚜,在根部繁殖5～8代。以上均为无翅、孤雌卵生繁殖,至秋季才出现有翅产性雌蚜,在枝干和叶背孤雌产大(雌)、小(雄)两种卵,分别孵出雌、雄性蚜,不取食即交配,繁雌仅产1粒两性卵在枝条上越冬。

该蚜在传入欧、亚等地区后,其种型逐渐发生了变异,在以栽培欧洲系葡萄为主的广大地区,主要以根瘤型蚜为主,不发生或很少发生叶瘿型,秋季只有少量有翅蚜飞出土面。虽然在美洲野生种、美洲系品种、欧美杂交中和以美洲种做砧木的欧洲葡萄上也可发生叶瘿型蚜,但从未在枝干上发现过两性卵。

在山东烟台地区,以根瘤型蚜为主,每年发生8代,以初龄若蚜和少数卵在根叉缝隙处越冬。春季4月开始活动,先危害粗根,5月上旬开始产卵繁殖,全年以5月中旬至6月和9月的蚜量最多,7~8月雨季时被害根腐烂,蚜量下降,并转移至表土层须根上造成新根瘤,7~10月有12%~35%成为有翅产性蚜,但仅少数出土活动。在美洲品系上也发生少量叶瘿型蚜,但除美洲野生葡萄外,其他品种上的叶瘿型蚜均生长衰弱不能成活。枝条上未发现过两性卵。

根瘤型蚜完成一代需17~29天,每雌可产卵数粒至数十粒不等。卵和若蚜的耐寒力强,在-14~-13℃时才死亡,越冬死亡率35%~50%,4~10月平均气温13~18℃,降水量平均100~200mm时最适其发生,7~8月干旱少雨可引起猖獗,多雨则受抑制。一般疏松、有缝隙的壤土、山地黏土和石砾土均发生重,而沙土因间隙小、土温变化大可抑制其危害、插条和包装材料的异地调运则是远距离传播的主要途径。

葡萄根瘤蚜生长期对环境的适应过程中还在不断发生着变异,例如对某些欧洲种葡萄品种有逐渐适应产生叶瘿型蚜的趋向,对某些抗蚜品种也逐渐产生了适应性。又如据研究,少数有性蚜可在根部产越冬卵。中国也曾发现少数有翅蚜可产3种卵,其中1种卵孵出的若蚜有口器。

4. 防治方法 葡萄根瘤蚜唯一的传播途径是苗木,在检疫苗木时要特别注意根系及所带泥土有无蚜卵、若虫和成虫,一旦发现,立即就地销毁。对于未发现根瘤蚜的苗木也要严格消毒,将苗木和枝条用50%辛硫磷乳油1 500倍液或80%敌敌畏乳剂1 000~1 500倍液浸泡10~15min。

在发病地区建葡萄园,采用抗根瘤蚜的砧木如SO4、5BB等进行嫁接栽培是唯一有效的防治措施。目前,除了毁园尚无彻底有效的治疗措施。

(十三)根结线虫

1. 危害特点 果树根结线虫在我国分布较广,在苹果、梨、葡萄、山楂、柑橘、枣等果树上都有发生。主要危害根部,使根组织过度生长,结果形成大小不等的根瘤(图8-2)。根部成根瘤状肿大,为该病的主要症状。根瘤大多数发生在细根上,感染严重时,可出现次生根瘤,并发生大量小根,使根系盘结成团,形成须根团。由于根系受到破坏,影响正常机能,使水分和养分难于输送,加上老熟根瘤腐烂,最后使病根坏死。在一般发病情况下,病株的地上部无明显症状,但随着根系受害逐步变得严重,树冠才出现枝短梢弱、叶片变小、长势衰退等症状。受害更重时,叶色发黄,无光泽,叶缘卷曲,呈缺水状。

图8-2 葡萄根结线虫危害

2. 防治方法 育苗圃要严格进行轮作,已发现根结线虫的圃地在轮作时要采取高温焖室等方法加以铲除。接穗要严格检查,不使用带虫材料。尽量选用抗性砧木进行嫁接栽培,如葡萄具有抗性的砧木有 SO4、420A、光荣河岸葡萄、抗砧 3 号等。苗圃地要适当增施有机肥,改良土壤、增强树势,减轻危害。此外,如土壤沙质较重时,逐年改土,也能有效地减轻危害。

已发生危害的苗木,使用二溴氯丙烷有良好的防治效果。每 667m² 使用 80% 二溴氯丙烷 500ml,对水冲施,在 2～3 月使用。或用 2% 阿维菌素 1kg 装 2～3 瓶,持效期 1 个月,杀灭土壤中残留虫原。

第三节 自然灾害对苗圃的影响及防除

一、温度异常

(一)高温伤害

1. **高温伤害的原因及表现** 高温对植物的伤害,也称为热害或日灼(图 8－3、图 8－4)。高温可以造成物理伤害,使植物体新陈代谢失调,致使光合作用和呼吸作用失调,不利于其生长发育,造成很多北方树种、高寒树种在南方生长不良,存活困难,如桃、苹果等引种到华南会生长不良。

高温对苗木的伤害程度,因树种、品种、器官和组织状况而异,同时受环境条件和栽培措施的影响。不同树种或同一树种的不同时期对高温的敏感性不同,同一树种的幼树,皮薄、组织幼嫩易遭高温的伤害。当气候干燥、土壤水分不足时,因根系吸收的水分不能弥补蒸腾的损耗,将会加剧叶子的灼伤。树木生长环境的突然变化和根系的损伤也容易引起日灼。如新栽的幼树,在没有形成自我遮阴的树冠之前,暴露在炎热的日光下,或北方树种南移至高温地区,或去冠栽植、主干及大枝突然失去蔽荫保护以及习惯于密集丛生、侧方遮阴的树木,移植在空旷地或强度间伐突然暴露于强烈阳光下时,都易发生日灼。当树木遭蚜虫和其他刺吸式昆虫严重侵害时,常可使叶焦加重。此外,树木缺钾可加速叶片失水而易遭日灼。

图 8－3 高温缺氮造成的黄叶

图8-4 核桃叶日灼症状(引自碣石农夫的百度空间)

2. 高温伤害的防治措施

(1)及时灌溉。采用扦插育苗的,应在扦插后灌水,首次水一定要灌足。苗木出齐后灌水,一次不宜过大,以保持圃地湿润为宜。苗木追肥后宜灌一次透水,不仅可减少肥害,而且能尽快让肥料被苗木吸收。苗木封头后灌水,有利于提高苗木胸径,延长绿叶功能期,延长落叶时间。在夏季高温期,灌水应选择在傍晚或清晨,最好采用喷灌,无喷灌条件的,则采用沟灌,切忌大水漫灌,造成高温煮苗。

(2)遮阴。苗木遮阴有利于降低表土温度,减少苗木的蒸腾和土壤蒸发强度,防止苗木根茎受日灼危害。对耐阴树种和嫩弱阔叶树种的幼苗在高温炎热、干旱条件下应进行遮阴,其方法有搭遮阴棚、铺盖遮阳网、插阴枝等办法。遮阳棚透光度不宜低于40%,高温期过后(约8月底),即应将遮阳棚逐步拆除。

(3)及时追肥,使树体健壮。苗木施用追肥,应视苗圃土壤肥力、生产情况而定。山地育苗、土壤较差,要特别注意多施肥。在苗木初生产阶段,应掌握少量多次,适时适量,分期巧施,先稀后浓的原则,并注意氮、磷、钾的配合。幼苗初期以施氮、磷肥较好,以促进幼苗发育生根。在苗木生产旺盛期,则以氮、磷、钾的配合施为好,以促进苗木迅速生长。入秋后停施氮肥,防止苗木徒长。

(4)树干涂白。树干涂白可以反射阳光,缓和树皮温度的剧变,对减轻日灼和冻害有明显的作用。涂白多在秋末冬初进行,有的地区也在夏季进行。涂白剂的配方:水72%,生石灰22%,石硫合剂和食盐各3%,将其均匀混合即可涂刷。据河北昌黎果树研究所(1975)测定,在夏末涂白的苹果树干,阳光直射处昼夜温差达18℃,阴面只有8.5℃,最高温度分别为23.5℃和14℃,相差9.5℃。涂白后效果显著,树干降温总量依次为南21.6℃、东3.6℃、西13.5℃、北3.8℃。南面最高温度降至14.5℃,已接近北面。这足以说明涂白可以明显缓和温度的变化,可起到防止日灼的作用。此外,树干缚草、涂泥及培土等也可防止日灼。

(二)低温伤害

苗木的低温伤害,主要指晚秋和冬春较低气温对果树苗木所造成的冷害或冻害。我国北部和西北各省是温带落叶果树发生低温伤害的重点地区,常会遭受不同程度的低温伤害,给苗木生产造成了一定损失。

1. **苗木冻害的症状** 我国北方地区冬季寒冷,对于南种北移苗木、新移栽苗木及露地栽培的苗木,必须进行防寒才能避免低温危害。苗木冻害症状一般可以分为以下几种情况。

(1)嫩枝冻害。停止生长比较晚、发育不成熟的嫩枝,因为组织不充实,保护性组织不发达,极易受冻害而干枯死亡。

(2)枝条冻害。在温度太低时,发育正常的枝条耐寒力虽比嫩枝强,但也会发生冻害。枝条外观看起来似无变化,但发芽迟、叶片瘦小或畸形,生长不正常。木质部颜色变褐色,之后形成黑心,这便是冻害所致

(3)枝杈冻害。在低温下受冻枝杈皮层下陷或开裂,内部由褐变黑,组织死亡,严重时大枝条也会出现死亡。生长在地下的根系受冻后不易被发现,但春季会出现萌芽晚或不整齐现象,或在苗木放叶后再度出现干缩现象,挖出根系可见到外皮层变褐色,皮层与木质部易分离甚至脱落。

2. **苗木的防寒防冻措施**

(1)合理修剪。入冬前要将苗木上的病枝、枯枝、重叠枝、下垂枝全部剪去,使养分集中转往枝叶,提高枝叶的抗寒能力。

(2)覆盖。寒潮来临前,用土壤、禾秆、草帘、席子或大薄膜袋覆盖在苗木上面或将整个植株束扎好,这样既能保护叶片不受霜冻,又能保护心叶和生长点不受霜冻及冷风冷雨的侵袭。

A. 覆土防寒。即把越冬的苗木在整个冬季埋入土壤中,使苗木及苗地土壤保持一定的温度,不仅不受气温剧烈变化和其他外界不良因素的影响,还可以减少苗木水分蒸腾和土壤水分的蒸发,保持苗木冬季体内水分平衡,有效地防止冻害和苗木生理干旱而造成死亡。苗木覆土时间应在苗木已停止生长,土壤结冻前 3~5 天,气温稳定在0℃左右时进行。

B. 覆草防寒。入冬前,苗床地铺草非常有效,常用切短的作物秸秆如稻草、麦秸、青草、枯草等,取材容易,厚度以不露苗梢为宜,是经济有效的护苗方法。春天时腐烂入泥后,铺草还是可供苗木吸收利用的肥料。虽然覆草防寒不如覆土防寒保温保湿效果好,但在土质黏重不宜覆土防寒的苗圃,多采用覆草防寒法。

C. 塑膜覆盖防寒。冬季寒流到来之前,在苗床地覆盖一层塑料薄膜,或用竹片及铁筋支撑成形,在上面盖上薄膜制作成小拱棚,四周用土压实,不仅能够防止苗木地表层根系受冻,具有良好的保温效果,还具有良好的保墒效果,对干冻年份的防寒防冻作用更加明显。

(3)灌溉法。灌溉防寒注意浇好冬灌水和返青水。在土壤结冻前灌一次透水,使苗木和土壤保持充足的水分,土壤含有较多水分后,严冬表层地温不至于下降过

低、过快,开春表层地温升温也缓慢。浇返青水一般在早春进行,由于早春昼夜温差大,及时浇返青水,可使地表昼夜温差相对减小,避免春寒危害植物根系。通过对苗木的合理浇灌,科学施肥等措施,促进苗木生长健壮,增强其自身的抗寒能力。

(4)药物防寒法。喷施植物生长调节剂。对绿叶苗木越冬前喷施抗寒型喷施宝、抗逆增产剂、那氏778、广增素802、沼液肥等,能加强越冬苗木的新陈代谢,有效增强苗木抗冻能力以减轻冻害。

(5)涂白防寒。冬季到来前要将一些生长较大的苗木主干及主枝用石灰浆(加入少量食盐更好)涂白,将太阳光反射掉,可以降低枝干昼夜温差,减轻苗木冻害。在入冬的时候,多给苗木施点钾肥,能更好地提高苗木的抗寒能力。

二、水分异常

苗圃水分异常主要是旱、涝、雹、霜、雾等异常气候对苗木生长的影响。

(一)旱害

旱害主要是由于苗木生长环境缺水导致苗木生长减缓、停顿甚至死亡的现象(图8-5)。北方缺水地区,旱害的发生对苗木的生长影响很大,需要注意。

图8-5 干旱造成的葡萄叶片黄化焦枯

1. **旱害发生原因** 苗木旱害主要由大气、土壤、生理三个方面的影响造成。

(1)大气干旱。北方主要表现为春季和伏旱,由于干燥多风,空气湿度太低,叶片水分蒸腾强烈,许多苗木可出现暂时萎蔫现象。利于苗木正常生长的空气相对湿度应常维持在70%~80%。

(2)土壤干旱。土壤干旱主要是由于长时间不下雨,或连晴高温,造成土壤水分缺乏。维持露地苗木正常生长的适宜土壤相对湿度为50%~70%,降至30%以下,则枝叶开始萎蔫,苗木体内水分失去平衡,植物停止生长或死亡。尤其是在保水性差的沙土地,夏季连晴数天,土壤就会缺水。

(3)生理性干旱。生理性干旱主要是由于施用水质不纯或施肥浓度过大,使土壤溶液浓度超过根细胞浓度,造成细胞内水分反渗透的现象。因此,不要用工厂排放的污水以及生活污水浇灌苗木,污水中的有毒物质含量高,对苗木生长也不利。

2. **干旱的预防** 干旱预防主要是及时灌溉,保证苗木的生长用水需求,在缺水地区可以采取节水灌溉、地面覆膜保墒及少量多次灌溉等方式来加强用水效率,减轻干旱发生的频率和程度,为苗木生长创造较好的水分环境。

(二)涝害

1. **涝害发生原因** 苗木的涝害是指土壤中含水量过高,缺少氧气,厌氧菌迅速滋生,使苗木根系不能进行正常呼吸,吸水吸肥受阻。在缺氧条件下,根呼吸产生的中间产物及微生物活动而生成的有机酸(如乙酸)和还原性物质(如甲烷、硫化氢)又会对树体造成毒害,导致根系窒息、腐烂甚至死亡,从而导致植株生长不良甚至死亡的现象。苗木遭受涝害的死亡过程是缓慢的,一般要持续20天左右才会明确是否死亡。我国南方雨水较多,涝害时有发生。北方虽然春夏季干旱,但秋季雨水集中,在低洼、河槽排水不良的苗圃也常发生涝害。出现涝害主要有以下3种状况:①水淹并持续一定的时间。②持续下雨或持续过量浇水。③土壤黏性大,不透水,使土壤长时间保持过大的含水量。

2. **涝害的症状**

(1)梢叶的症状。受涝程度轻时,叶片和叶柄偏向正面弯曲,新梢生长缓慢,先端生长点不伸长或弯曲下垂。严重时梢叶呈水黄状、萎蔫,叶片会卷曲,嫩梢发黄下垂。梢叶缓慢干枯,干枯后不脱落。

(2)树干的症状。缓慢干枯。死亡植株的主干,因为根先枯死,因此一般是从下往上逐渐干枯。

(3)根系的症状。地下部(根)表现症状根发黑(深蓝色)腐烂,黑带点蓝灰,且有酒霉(糟)味。树根的危害从低部位开始逐渐向上发展,根的部位越低,危害越严重。根部(木质部)颜色由低到高呈蓝黑—蜡黄—浅黄色的变化。

3. **涝害预防措施** 填土提高种植平面,起墩、起垄种植起到抬高地势的作用。开好排水沟,从而降低水位(图8-6)。准备好排水设备,未雨绸缪,如堵塞进水口,备好疏通排水的工具,如用于排水的抽水机等。苗圃地选择疏松透水的土壤。对通透性较差的黏性土壤,需在植穴底层加10cm的沙石层来预防和减少水涝危害。

4. **涝害发生后补救措施** 及时排除苗床和田间积水,减少田间和耕层滞水时间(滞水后要采取的首要工作)。采用机械排水和挖排水沟等办法。及时清理植株表面的淤泥,以利进行光合作用,促进植株生长。植株经过水淹和风吹,根系受到损伤,容易倒伏,排水后必须及时扶正、培直。改善园土环境,疏松板结的园土,通气不良,水、气、热状况严重失调,必须及早疏松,防止沤根。作物经过水淹,土壤养分大量流失,加上根系吸收能力衰弱,及时追肥对恢复植株生长有利。在植株恢复生长前,以叶面喷肥为主(14-0-14,20-10-20两种配方的水溶性肥料交替使用)。植株恢复生长后,再进行根部施肥,增施磷钾肥及微量元素,增强植株抗逆能力。涝灾过后,苗床或盆土温度高、湿度大,再加上植株生长衰弱,抗逆性降低,适于多种病虫害发生,要及时进行调查和防治,控制蔓延。

图 8-6 葡萄行间的排水沟

（三）雹灾

冰雹是对流性雹云降落的一种固态水,也叫"雹",俗称雹子,有的地区叫冷子和冷蛋子等,夏季或春夏之交最为常见。它是一些小如绿豆、黄豆,大似栗子、鸡蛋的冰粒。我国除广东、湖南、湖北、福建、江西等省冰雹较少外,每年都会受到不同程度的雹灾。尤其是北方的山区及丘陵地区,地形复杂,天气多变,冰雹多,受害重,对农业危害很大。猛烈的冰雹打毁庄稼,损坏房屋,人被砸伤、牲畜被砸死的情况也常常发生。特大的冰雹甚至能比柚子还大,会致人死亡、毁坏大片农田和树木、摧毁建筑物和车辆等,具有强大的杀伤力。冰雹是我国的重要灾害性天气之一。冰雹出现的范围小,时间短,但来势凶猛,强度大,常伴有狂风骤雨,短时间内将叶片打落甚至将苗木打折,因此往往给苗木生产带来巨大打击(图 8-7)。

图 8-7 雹灾后的葡萄树

1. **雹灾的预防** 冰雹对苗木的伤害主要是机械打伤和相伴随的风害。冰雹轻者打伤枝芽叶,重者打烂树皮、折断苗木。阵性大风还可刮倒树苗甚至连根拔出。雹害的预防途径主要有以下几条。

(1)建苗圃时避开雹线区。冰雹每次降雹的范围都很小,一般宽度为几米到几千米,长度为20～30km,所以民间有"雹打一条线"的说法。冰雹发生有一定的规律性,与地势关系很大,因此,建立苗圃要避开经常发生雹灾的地区。

(2)采用碘化银等制剂防雹。主要方法是用火箭、高炮或飞机直接把碘化银、碘化铅、干冰等催化剂送到云里或在地面上把碘化银、碘化铅、干冰等催化剂在积雨云形成以前送到自由大气里,让这些物质在雹云里起雹胚作用,使雹胚增多,冰雹变小。向雹云放火箭打高炮,或在飞机上对雹云放火箭、投炸弹,以破坏对雹云的水分输送。向暖云部分撒凝结核,使云形成降水,以减少云中的水分,以抑制雹胚增长。

(3)架设防雹网。在雹灾多发地区,可架设防雹网来预防雹灾,这是目前最为有效的防雹手段(图8-8)。防雹网是一种采用添加防老化、抗紫外线等化学助剂的聚乙烯为主要原料,经拉丝制造而成的网状织物,具有拉力强度大、抗热、耐水、耐腐蚀、耐老化等优点。常规使用收藏轻便,正确保管寿命可达3～5年。防雹网还可以和遮阳网,防鸟网等结合使用。

图8-8 甘肃静宁果园防雹网

2. **雹害后的补救** 雹灾发生后,要及时采取措施进行补救,治疗和恢复树体,并加强肥水管理和病虫防治,把损失降到最小。

(1)排除积水和淤泥,松土散墒。暴风骤雨停止,冰雹融化后,立即排除积水,清除园地和树体枝、叶上的淤泥。必要时扒开根颈周围的土壤晾根,以防长时间积水浸泡树根,导致根系腐烂。

(2)处理受伤的枝、叶。对已劈裂或被折坏的枝条,在适当位置加以短截,尽量使剪截口小些,剪口光滑,以利剪口愈合。对劈裂较轻的枝条,可用塑料薄膜包裹后,促进愈合。被冰雹砸伤后,树皮翘起者,刮掉翘皮促进伤口愈合。尽快将落叶连同病叶,集中在果园外加以处理。

（3）补充营养。雹灾过后，需要给树补充营养，促进树的营养生长，尽快恢复树势。补肥应以氮、磷肥为主。可以叶面喷 0.3% ~ 0.5% 的尿素 + 0.3% ~ 0.4% 磷酸二氢钾溶液，喷 2 ~ 3 次，或对主干涂 3 ~ 5 倍的氨基酸 + 5% 尿素。应在秋季早施基肥，多施腐熟有机肥。

（4）防治病虫。天晴后，应立即喷广谱性杀菌剂或结合叶面喷肥加入杀虫剂，可选用 5% 安索菌素清 500 倍液，或 70% 甲基硫菌灵可湿性粉剂 800 倍液与 300 倍磷酸二氢钾和 200 倍尿素液混喷，防治病虫。此外，一定要清除伤枝、落叶，减少病虫发生源。

（四）霜和霜冻

1. **发生原因**　霜是由于贴近地面的空气受地面辐射冷却的影响而降温到霜点。即气层中地物表面温度或地面温度降到 0℃ 以下，所含水汽的过饱和部分在地面一些传热性能不好的物体上凝华成的白色冰晶。其结构松散。一般在冷季夜间到清晨的一段时间内形成，形成时多为静风。霜在洞穴里、冰川的裂缝口和雪面上有时也会出现。

在我国四季分明的中纬度地区，深秋至第二年早春季节，正是冬季开始前和结束后的时间，夜间的气温一般能降至 0℃ 以下。在晴朗的夜间，因为无云，地面热量散发很快，在前半夜由于地面白天储存热量较多，气温一般不易降到 0℃ 以下。特别是到了后半夜和黎明前，地面散发的热量已很多，而获得大气辐射补偿的热量很少，气温下降很快，当气温下降到 0℃ 以下时，近地面空气中的水汽附着在地面的土块、石块、树叶、草木、低房的瓦片等物体上，就凝结成了冰晶的白霜。

霜冻多出现在春秋转换季节，白天气温高于 0℃，夜间气温短时间降至 0℃ 以下的低温危害现象。农业气象学中是指土壤表面或者植物株冠附近的气温降至 0℃ 以下而造成作物受害的现象。出现霜冻时，往往伴有白霜，也可不伴有白霜，不伴有白霜的霜冻被称为"黑霜"或"杀霜"。晴朗无风的夜晚因辐射冷却形成的霜冻称为"辐射霜冻"，冷空气入侵形成的霜冻称为"平流霜冻"，两种过程综合作用下形成的霜冻称为"平流辐射霜冻"。无论何种霜冻出现，都会给农作物带来不同程度的伤害。

霜冻是生长季节里植株体温降低到 0℃ 以下，而受害是一种农业气象灾害。霜冻与气象学中的霜在概念上是不一样的，前者与作物受害联系在一起，后者仅仅是一种天气现象（白霜）。发生霜冻时如空气中水汽含量少，就可能不会出现白霜。出现白霜时，有的作物也不会发生霜冻。

霜冻对苗木造成伤害的原因是树体内部是由许许多多的细胞组成的，细胞与细胞之间的水分，当温度降到 0℃ 以下时就开始结冰。从物理学中得知，物体结冰时，体积要膨胀。因此当细胞之间的冰粒增大时，细胞就会受到压缩，细胞内部的水分被迫向外渗透出来，细胞失掉过多的水分，它内部原来的胶状物就逐渐凝固起来，特别是在严寒霜冻以后，气温又突然回升，则作物渗出来的水分很快变成水汽散失掉，细胞失去的水分没法复原，植株便会死去。

2. **霜冻的表现**　对果树危害最大的是春霜冻,主要是在花期产生危害。如苹果、梨、桃等果树 4~5 月正是萌芽至开花期,此时花芽已解除休眠,抗寒力大大降低,若遇突然降温,极易遭受冻害。一般苹果树在花蕾期遇到 −3.9℃、花期遇到 −2.8 ~ −2.2℃ 的低温,持续 0.5h 以上,花器官就要受到冻害。果树花期受冻后,通常表现为授粉不良、柱头干枯死亡、花丝或子房变褐。

3. **霜冻的预防**

(1)合理灌溉。灌溉既能增加空气湿度,又可减少辐射冷却,使夜间苗木的叶面温度比不灌水的提高 1~2℃。灌水选择在冷空气过后而霜冻还未发生时最好,也可在苗木霜后第二天太阳未出之前,喷雾给植株喷水洗霜。

(2)熏烟法。根据天气预报,在低温霜冻即将来临时,于上风处利用杂草、枯枝或米糠等熏烟(图 8-9)。在地面温度还未大幅下降以前点火,让其慢慢燃烧,以提高靠近地面气层的温度,并防止冷空气下沉,达到防霜冻的目的。熏烟一般能提高地表温度 2~3℃。霜冻一般在清晨形成,所以熏烟要从前一天的傍晚就开始。而且,点燃的火堆要放在树冠以外的空地,以免靠得太近灼伤树木。熏的时候,火堆不要太大,同时混入一些泥土,压得实心一点,减少其与空气的接触面积,点燃后才不会产生明火,也更容易熏出浓烟来。不过,如果熏烟时遇到有大风的天气,浓烟很容易被风吹散,那么保暖的作用也就微乎其微了。常用于圃地露地苗木,一般在晴天的夜里进行,点燃草堆,

图 8-9　熏烟防冻

利用烟雾减少土壤热量散失,温度过低时使用此法效果不明显,而且对环境造成一定的污染,所以此种防寒措施在靠近市区的地方尽量避免使用。

(3)混合法。对条件适合的小范围苗木可用在以下两种方法增温防冻:一是吹风法,即在晴朗夜的近地层常为逆温层,用吹风机吹风搅动,把上面暖空气搅动向下混合,达到提高下层温度,以防结霜。二是加热法,即在果园或珍贵作物园,摆许多加热炉直接加热空气,这样可使霜凌无法形成,规避冻害。

霜冻危害苗木的主要原因是低温使植物细胞间隙的水形成冰晶,并继续夺取细胞中的水分。冰晶逐渐扩大,不仅消耗了细胞水分,而且引起原生质脱水使原生质胶体变质,从而使细胞脱水引起危害。霜冻会使苗木局部受伤害,造成落花、落叶,失去食用价值或全株死亡。对新植或引进的树种,有主风侧或植株外围用塑料布做风障(图 8-10)防寒,有的品种还需加盖草帘,一般过上 1~2 年即可适应。

图 8 - 10　设置风障

（4）及时施肥。在霜冻来临前 3 ~ 4 天,在田地里施上厩肥、堆肥、草木灰等暖性肥料,既能提高地温和土壤肥力,又能增强机体抗寒能力。霜冻过后,也要多给苗木加些钾肥,让它们更快从霜冻的伤害中恢复过来。

（五）雾

在水气充足、微风及大气层稳定的情况下,如果接近地面的空气冷却至一定程度时,空气中的水汽便会凝结成细微的水滴悬浮于空中,使地面水平的能见度下降,这种天气现象称为雾。雾的出现以春季 2 ~ 4 月较多。凡是大气中因悬浮的水汽凝结,能见度低于 1 km 时,气象学上称这种天气现象为雾。

由于大雾的存在,会减少日照时间,减弱光照强度,影响光的质量,使果树在成长过程中的光合作用变差,导致果树体质瘦弱。由于大雾生成时,空气中的水汽达到了饱和状态,使得果树的蒸腾作用不能正常进行,从而也就减小了果树吸收水肥的数量。

大雾还会使果树的抗病能力下降,并有利于病菌的滋生。在多雾季节,水汽黏附在果树表面,促进了霉菌的生长,从而影响了树体健康。目前,人们对大雾还没有更好的防治办法,虽说可以进行人工消雾,但代价太大,得不偿失。从根本上来讲,人们主要还是要搞好环境保护,尽量减小大气中的水汽凝结核,才能使大雾少出现,减少大雾对果树成长的危害。

三、光异常

光照是一种主要的农业气候资源,包括光合作用能直接利用的可见光和对农业生产有意义的红外线、紫外线。日照时数、光照强度和光质都会影响果树苗木的生长发育。各种果树对光照的要求不同,桃、扁桃、杏、枣树最喜光,苹果、梨、沙果、李、樱桃、葡萄、柿子、栗子居中,核桃、山楂、猕猴桃比较耐阴。果树苗木的正常生长发育需要一定的光照强度和光照时间。光照充足时,果树树势中庸,树冠紧凑,果树形状开张,树枝粗壮,叶片颜色浓绿。如果光照异常,就会对苗木的生长发育产生不良影响。

(一)光照过强

果树光合作用对光强的响应表现为在黑暗中叶片不进行光合作用,通过呼吸作用释放二氧化碳。随着光照强度的增大,光合速率相应增大,当达到某一光照强度值时,叶片的光合速率等于呼吸速率,此时光照强度即为光补偿点。在低光照强度时,光合速率会随着光照强度的增大而增大,当光强增加到达某一强度时,光合速度不再增加,此时的光照强度即为光饱和点。若光强进一步升高,当叶片吸收过多光能,又不能及时加以利用或耗散时,植物就会遭受强光胁迫,引起光合能力降低,发生光抑制,光合速率反而下降。

光照过强会引起气温升高,导致果树整体作用加强,会引起气孔的保护性关闭,从而导致夏季午间的光合作用"午休"现象。还会对苗木的叶片和枝条造成灼伤,影响苗木的正常生长发育。因此,在必要的时候,需要对果树苗木进行遮阴处理,以降低强光的伤害。

遮阴不仅可以降低地表温度,防止幼苗受到日灼的危害,减少土壤水分和苗木本身水分的蒸发,节省灌水。在我国北方降水量少、蒸发量大、灌溉条件较差的苗木基地育苗,采取遮阴措施是很有必要的。但是遮阴后,苗木会由于光照不足而光合作用降低,制造营养物质偏少,苗木的含水率较高,组织较松散,造成苗木质量下降。因此,遮阴措施应根据实际情况结合其他技术或管理措施选择应用。

生产上应用遮阴的方法很多,有搭建遮阴棚、混播遮阴及苗粮间作等形式,其中遮阴棚应用最广泛。由于遮阴透光度大小和时间长短影响苗木生长,为了保证苗木质量,应尽量增加透光度和缩短遮阴时间,原则上遮阴是从气温较高会使幼苗受害时开始,到苗木不易再受日灼危害时立即停止,具体时间因苗木树种或气候条件而异。

(二)光照不足

同样,光照不足也会对苗木的生长发育产生不利影响。如果遮光严重或连阴雨天气持续时间较长,光照不足,容易出现旺长或疯长,树枝细长,叶片黄化,根系生长明显受到影响。如桃苗对光照十分敏感,光照充足时,植株生长发育健壮,在光照不足、荫蔽的环境中,植株容易徒长,枝梢瘦弱,叶片小而薄、色淡,容易落叶。特别是在温室、大棚等保护地育苗时,容易出现光照不足的情况,必要时要进行人工补光。

1. 确定合理的方位,提高采光保温性能 单坡面大棚及阳畦的方位,以坐北朝南为好,这样才能接收最大日光量。而拱棚以早春和秋延迟生产为主的,以南北延长为宜。要尽力增加采光面的倾斜度,因为角度越大,日光射入量越多,设施内光照条件越好。棚内宜采用悬梁吊柱式结构,以减少设施内遮阴面积,改善光照条件。

2. 选用优质的棚膜 保护地设施的透光覆盖物的质量直接影响透过的光照强度和光质,所以必须选用优质的棚膜。目前大棚内使用最多的是聚氯乙烯膜,这种膜的优点是保温性好,但聚氯乙烯膜容易黏附灰尘而使透光率下降。而聚氯乙烯无滴长寿膜透可见光率88%、紫外线率20%、红外线率72%,且反射率损失小、保温好、抗老化、易粘补,比有滴膜温度高2~4℃,所以是现在大力推广应用的。

3.采取各种措施,增加棚内光照 在冬暖大棚北墙或山墙内侧涂白,可以增加反射率。定植时在棚室地面覆盖白色薄膜,三面墙体上张挂反光膜,都能增加植株下部和棚室后部光照强度,使室内气温、地温增加,提高植株的光合能力,增加产量。要注意,反光膜要平整,张挂的时间宜在10时以后,15时以前,这样可以充分地利用棚内的光照。若遇连续阴雨天气(冬季或早春),可采用电灯补光,一般采用钠灯、卤化金属灯、荧光灯、白炽灯等(图8-11)。

图8-11 温室补光(引自鞍山市农业信息网)

为保证棚室内的光照条件,除以上所述之外,还应正确掌握草苫的揭盖时间。生产上大棚内进行多层覆盖时,应做到早揭晚盖,尽量延长作物的光照时间。原则上以揭开草苫后室内温度短时间下降1℃左右,随后温度开始回升比较适时。如遇雨雪天气,尽可能在中午时分揭苫见光,只要棚温不下降,可尽量延长见光时间。在大风天气,或揭开下部草苫并固定好,使温室下部见光。在连阴天后骤晴,则要采取"回苫"措施,让植株逐步适应强光照。

四、气体异常(有毒有害气体)

有害气体是指自然过程中(如火山爆发、地震、森林火灾等)或人为活动过程中向大气排放出的各种污染物,当其浓度超过环境所允许的极限时,就会对大气造成污染。目前,随着工业及交通运输业的发展,大气污染日益加重,尤其是靠近工矿企业、码头、车站及交通干道的农林作物受害严重。

目前已知的对环境及果树危害大的气体污染物主要有粉尘、硫化物、氮化物、氟化物、重金属、烟尘等有害气体。这些污染物既能直接伤害果树,影响果树的光合作用,甚至使叶片脱落,苗木死亡。

1. **二氧化硫** 二氧化硫主要由叶片的气孔侵入植物,因此二氧化硫对苗木的危害多发生在生理功能旺盛、气孔张开最大的成熟叶片上,幼叶和老叶不易受害。二氧化硫由气孔侵入叶片组织,首先破坏植物栅栏细胞的叶绿体,然后破坏海绵组织的细胞结构,造成细胞萎缩和解体。受害作物初始症状有的从微失膨压到开始萎蔫,也有的出现暗绿色的水渍状斑点,进一步发展成为坏死斑。急性中毒伤害时呈现不规则形的脉间坏死斑,伤斑的形状呈点、块或条状,伤害严重时扩展成片。另外,二氧化硫遇水则变为亚硫酸,若树上喷过波尔多液,则会将其中的铜离子游离出来,从而造成药害。

在自然条件下,大气中的二氧化硫很容易被进一步氧化为三氧化硫。三氧化硫极易溶于水生成硫酸,当遇到潮湿天气时即和雨、雾、霜等融为一体,形成 pH 值低于 5.6 的酸雨。酸雨对果树及农作物危害很大,可使叶片上的叶脉间出现因硫酸漂白而造成的失绿现象,并逐渐变为棕色坏死枯斑。

二氧化硫造成的危害程度与其浓度和作用时间有关,也与果树所处的环境条件有关,当二氧化硫的浓度一定时,白天光照越强,温度越高,空气湿度越大时,果树受害越重,反之则轻。

2. **氟化氢** 在我国氟化物是仅次于二氧化硫的大气污染物,主要包括氟化氢、氟化硅、氟化钙及氟气等,其组成和比例与污染源类型有关,对人及动、植物均有较大危害。氟化物主要来自磷肥、冶金、玻璃、搪瓷、塑料、砖瓦等生产工厂以及用煤为主要能源的工厂排放的废气。在氟化物中以氟化氢的毒性最强,氟化氢是一种无色且具臭味的剧毒气体,其对植物的毒性比二氧化硫大 20 倍,当空气中含量达 1×10^{-7} ml/L 时,即可使敏感植物受害。另外氟化物的密度较小,可随大气扩散到很远的距离,使多种植物中毒。

氟化物对植物的危害,主要是通过叶片气孔进入体内,但它不伤害气孔周围组织细胞,而是溶入植物体液,通过细胞间隙进入输导组织,并随体内水分运输流向叶片尖端和边缘,当积累到一定浓度时即出现病症。同时,氟化物还能显著抑制植物体内的葡萄糖酶、磷酸果糖酶等多种酶。当酶的活性下降时,叶绿素则难以形成,阻碍了光合作用,从而造成植物组织失绿。另外,氟化物和钙结合成不溶性物质时可引起植物钙营养失调,会使细胞液外溢,造成植物生长点、嫩叶、顶端发生溃烂、枯死。氟化物对果树的影响,主要表现为破坏苗木的营养生长,严重抑制秋梢生长,叶片狭小、失绿并造成早期落叶。常见症状是叶尖和叶缘出现红棕色斑块或条痕,叶脉也呈红棕色,最后受害部分组织坏死,破碎、凋落。植物对氟化物的敏感性因种类和品种不同而有很大差别。在低水平氮和钙的条件下,坏死现象较少发生;在缺钾、镁或磷时,则影响特别严重。

3. **氮氧化物** 氮氧化物是各种含氮氧化物衍生物的总称,主要包括一氧化氮、二氧化氮、硝酸雾等,其中对植物毒害较大的是二氧化氮。其污染源主要来自汽车、锅炉以及某些药厂烟筒排放的气体。另外,在塑料大棚中,当氮肥使用过多时,土壤中会发生脱氮反应,从而使大棚中产生高浓度的二氧化氮,造成对大棚作物的直接毒害。二氧化氮对植物毒害症状近似于二氧化硫,但危害性明显低于二氧化硫。

4. 氯气 氯气是一种黄绿色的有毒气体,对果树及农作物的危害极大,污染源主要来自食盐电解工业以及生产农药、漂白粉、消毒剂、塑料、合成纤维等工厂排放的废气。氯气对植物的危害比二氧化硫重,对植物的叶肉细胞有很大的杀伤力,能很快破坏叶绿素,产生褪色伤斑,严重时全叶漂白、枯卷甚至脱落。受伤组织与健康组织之间无明显界线,同一叶片上常相间分布不同程度的失绿、黄化伤斑。它可以破坏细胞结构,阻碍水分和养分的吸收,使植株矮小,分枝少;叶片褪绿或起小水泡,严重时焦枯;根系不发达,直至根系脱水萎蔫而死亡。

5. 乙烯 低浓度乙烯是植物激素,但浓度太高会抑制生长,毒害作物。棉花最敏感。行道树和温室作物也常受害,产生缺绿、坏死、器官脱落等症状。

6. 粉尘 空气中飘浮的固体或液体的微细胞颗粒被称为粉尘。工矿企业以煤炭为主要能源所排放的烟尘,是我国污染农作物及果林最重要的空气粉尘。烟尘的主要成分包括未燃尽的炭黑颗粒、煤粒和飞尘。烟尘中的颗粒粒径大于 $10\mu m$,易降落,故叫降尘。这些烟尘降落到果树的叶片上,特别是嫩叶上就会产生污斑,影响果树正常的光合作用、蒸腾和呼吸代谢等生理作用。

另外,有的工厂还会向大气中排放出大量的极细小的金属微粒,如铅、镉、铬、锌、砷、汞、镍、锰等,这些微粒能较长时间在大气中飘浮,故称"飘尘"。飘尘因其体积微小,可随气流传播飘移至远处,飘尘在空气中因相互碰撞而吸附成为较大的粒子,降落地面后造成对土壤、灌溉水、果树的严重污染。如某炼锌厂周围 500m 的农田,经该厂废气中排出镉尘污染 6 个月以后,每 1kg 土壤含镉量由原来的 0.7mg 上升到 6.2mg,增加了近 9 倍。

7. 其他污染 机动车排放的废气,工厂排放的二氧化硫、氧化氮和碳氢化合物,在特殊气候下发生化学反应,形成臭氧和过氧化硝酸乙酰酯等对果树等造成污染。化工厂、化肥厂排放出的氨气和尿素粉尘,由于含氮量过高,可使果树营养元素比例失调,容易诱发生理病害。

大气的严重污染还会促进害虫的繁衍。国内外研究表明,大气污染除对作物造成危害以外,还会促进某些害虫种群的繁衍,表现在刺激害虫取食,促进害虫生长发育,提高害虫的生殖力,同时还会导致植物防御能力的下降,改变植物体内的生理过程,杀伤天敌,破坏害虫和天敌的自然平衡。例如墨西哥瓢虫、舞毒蛾、蔷薇长管蚜、粉纹夜蛾,特别喜欢取食被二氧化硫、臭氧、氟化氢、汽车尾气污染的寄主植物。粉纹夜蛾幼虫取食被氟化氢污染的寄主植物后,发育明显加快,5 龄幼虫体重增加24%。桃蚜取食被二氧化硫污染的寄主植物后,种群指数提高 39.2% ~91%。高速公路周边山楂树上苹果蚜的生殖力增强 6 倍等。由于瓢虫、寄生蜂、食蚜蝇等天敌受到不同程度的杀伤,促进了蚜虫的繁衍。

第四节　草害的防除

果树苗圃土壤疏松、肥沃,极易滋生各类杂草,杂草生长旺盛,与果苗争水争肥,加重病虫害发生,如果防除不及时,将会对幼小果苗的生长发育产生较大危害,因此,苗圃除草是培育优质苗木过程中十分重要的环节,近年来,由于劳动力成本的显著上升,苗圃除草这一费工费力的工作越发显得重要起来,因此,采取一些新的技术方法,有效防除杂草,是现代苗圃必须注意的重要环节。

一、北方苗圃常见杂草

杂草对苗木的危害程度主要与杂草生长时期、高度、杂草攀爬高度及有害杂草的密度密切相关。苗圃中常见恶性杂草主要有芨芨草、野燕麦、大狗尾草、藜、播娘蒿、曼陀罗、艾蒿、猪殃殃、菟丝子等。这些杂草要么生长量大,长得很高,如艾蒿可以长到1m多高,要么如菟丝子等攀爬型杂草缠绕幼苗生长,危害严重,要及时防除。但很多野草,如狗牙根、竹节草、刺藜、茅、马齿苋、刺儿菜等由于其生长量小,高度低,不会对苗木生长造成影响,反而可以覆盖地面,保水保墒。因此,判断是否是需要防除的杂草,主要是看其是否对苗木生长产生了不良影响,而不是一概消灭。

二、杂草防除的方法

苗圃常用的杂草防除方法有人工除草、化学除草、机械除草等几种方法,各有优劣,需根据实际情况结合起来使用。目前,苗圃较为常用的是,种植前在苗床土壤表层喷布乙草胺等封闭性除草剂,然后用薄膜覆盖;在苗木生长期,行间用除草剂或机械翻耕,种植行上进行人工除草。

1. **人工除草**　人工除草最大的优点是选择性强,可以只除去恶性杂草而保留有益杂草,在需要防除的时候可以及时进行除草,不会影响苗木生长。但是,随着劳动力成本的上升,人工除草已经越来越无法满足苗圃除草的需要,一般是在种植行上等无法应用化学和机械除草的地方应用。

2. **化学除草**　化学除草主要是应用除草剂进行除草,化学除草是控草效果显著、成本最低的除草方式,可以达到"斩草除根"的效果。苗圃化学除草的基本思路是"先控后除、除早除了",就是在播种后、扦插后、移植后的苗圃均可用乙草胺喷雾处理,主要目的是控草;在生长期内要分类使用除草剂,使用乙氧氟草醚、盖草能混合药剂处理,可有效防除禾本科及各种阔叶杂草。苗圃化学除草的技术要点如下:

做好苗床。苗圃做床是化学除草前的技术环节,苗床的状况直接影响到除草剂的使用效果。做床前圃地内的杂草根茎、石块捡拾干净,苗床上土壤颗粒细而均匀、床面平整湿润,以利于除草剂药膜的形成。

播种苗圃在播种覆土后使用乙草胺 $100ml/667m^2$ 喷雾处理苗床,可覆盖稻草等覆盖物而不影响药效。扦插苗圃在扦插后即可用乙草胺喷雾处理,插穗最上的一个萌芽位置在土印以上即可,扦插后的床面适当镇压以保持平整。移植苗圃在移栽结束并将动过的土壤平整后方可用乙草胺喷雾处理。扦插及移植苗圃乙草胺用量为 $200ml/667m^2$,喷雾处理后不能破坏土壤层,以免影响药效,乙草胺在土壤中持效期为 45 天。

在苗木生长期内使用除草剂要谨慎,要分树种做严格的田间试验确认对苗木无药害后才可以推广使用,而且在生长期内混合使用除草剂除草可扩大杀草谱,效果较好。一般常用的是乙氧氟草醚和盖草能混合使用。使用时间上要严格把握,约在出苗 1 个月后,苗木出现真叶是可以施药的标志,需注意的是施药后 24h 不能降雨,要在无风的天气进行。干旱会影响药效,温度不能过低,使用清水配制药液。对于阔叶杂草施药 3 天即可产生除草效果,持效期 7 天,一般用药量为 240g/L 的乙氧氟草醚 $100ml/667m^2$ 与 250g/L 的盖草能 $100ml/667m^2$ 混用。

3. **机械除草** 机械除草主要是利用割草机刈割或用微耕机翻耕。

第五节 病虫害综合防治

我国于 1975 年在全国植保大会上提出"以防为主,综合防治"的植保方针,随着研究的深入,生产的发展,现在更为合适的策略称为病虫害综合治理。它的发展经过了三个阶段:第一阶段即一虫一病的综合防治,对于某种主要病虫害,采取各种适宜的方法进行防治,把它控制在经济允许危害水平以下。第二阶段是以一个生物群落为对象进行综合治理,如对一个果园,一片农田进行综合治理。目前的综合治理已发展到以整个生态系为对象,进行整个的区域治理。它的基本含义是,从农业生态系整体出发,充分考虑环境和所有生物种群,在最大限度的利用自然因素控制病虫害的前提下,采用各种防治方法相互配合,把病虫害控制在经济允许为害水平以下,并利于农业的可持续发展。

一、农业防治

农业防治法是利用自然因素控制病虫害的具体体现,通过各种农事操作,创造有利于作物生长发育而不利于病虫害发生的环境,达到直接消灭或抑制病虫害发生的目的。如改变土壤的微生态环境,作物合理布局,轮作间作,抗病虫育种等。

二、物理机械防治

应用各种物理因子,机械设备以及多种现代化工具防治病虫害的方法,称为物理机械防治法。如器械捕杀,诱集诱杀,套袋隔离,放射能的应用等。

三、利用自然因素控制病虫害

病虫害综合治理包括许多措施,但首先要考虑利用自然控制因素,它包括寄主的适宜性,生活空间,隐蔽场所,气候变化,种间竞争等。创造不利于病虫害发生的环境是病虫害防治的根本方法。

四、生物防治

利用有益生物及生物的代谢产物防治病虫害的方法,称为生物防治法。包括保护自然天敌,人工繁殖释放、引进天敌,病原微生物及其代谢产物的利用,植物性农药的利用,以及其他有益生物的利用。该种方法在病虫害综合治理中将越来越显得重要。

我国农田的天敌资源极为丰富,仅苹果上就多达208种。主要的有瓢虫、草蛉、小黑花蝽、六点蓟马、捕食螨类、食蚜蝇、蜘蛛、螳螂、赤眼蜂、金纹细蛾跳小蜂、姬小蜂等。

1. 瓢虫　是果园中主要的捕食性天敌,以成虫和幼虫捕食各种蚜虫、叶螨、介壳虫及低龄鳞翅目幼虫、梨木虱等。瓢虫的捕食能力很强,1头异色瓢虫成虫一天可以捕食100～200头蚜虫。1头黑缘红瓢虫一生可捕食2 000头介壳虫。

2. 草蛉　是一类分布广、食量大,能捕食蚜虫、叶螨、叶蝉、蓟马、介壳虫及鳞翅目低龄幼虫及卵的重要捕食性天敌。1头普通草蛉一生能捕食300～400头蚜虫,1 000余头叶螨,是苹果生长中期控制苹果黄蚜和植食螨的重要天敌。

3. 小黑花蝽　是苹果园中最为常见一种天敌。它捕食各种蚜虫、植食螨、蛾类的卵和初孵化的鳞翅目幼虫,最喜食苹果瘤蚜和杆食螨。小黑花蝽的捕食能力很强,1头成虫平均每日可捕食苹果树上各虫态的叶螨20头,蚜虫26.8头,一生可消灭2 000头以上的害螨。

4. 六点蓟马　六点蓟马与深点食螨瓢虫、小黑花蝽、小黑隐翅甲等,是春季苹果园中出现最早的天敌。六点蓟马的成虫和幼虫都捕食叶螨的卵。1头雌虫一生能捕食1 700个螨卵。

5. 捕食螨类　是以捕食螨为主的有益螨类。其中的植绥螨最有利用价值,它不仅捕食果树上常见的苹果全爪螨、山楂叶螨、二斑叶螨等害螨,还能捕食一些蚜虫、介壳虫等小型害虫。植绥螨具有发育周期短、捕食范围广、食量大、捕食凶猛等特点。在25～28℃的适温下,植绥螨的发育历期仅4～7天。1头植绥螨雌螨一生可捕食100～200头害螨。

6. 食蚜蝇　以捕食果树蚜虫为主,又能捕食叶蝉、介壳虫、蓟马、蛾蝶类害虫的卵和初龄幼虫。它的成虫颇似蜜蜂,但腹部背面大多有黄色横带。每头食蚜蝇幼虫一生可捕食数百头至数千头蚜虫。

7. **蜘蛛** 三突花蛛游猎于苹果树上,主要捕食绣线菊蚜、苹果瘤蚜,是早春果园蚜虫的重要天敌。

8. **螳螂** 螳螂是多种害虫的天敌。它分布广、捕食期长、食虫范围大,繁殖力强,在植被丰富的果园中数量较多。螳螂的食性很杂,可捕食蚜虫、蛾蝶类、甲虫类、蜻类等60多种害虫。

9. **赤眼蜂** 是一种寄生在害虫卵内的寄生蜂,体长不足1mm,眼睛鲜红色,故名赤眼蜂。赤眼蜂是一种广寄生天敌昆虫,能寄生400余种昆虫的卵,尤其喜欢寄生在梨小食心虫、棉铃虫、黄刺蛾、棉褐带卷蛾等果树害虫的卵里。在苹果园中主要用于防治苹小卷叶蛾。

10. **跳小蜂和姬小蜂** 是寄生金纹细蛾的重要天敌。跳小蜂将卵产于寄主卵内,当寄主幼虫近老熟时,跳小蜂的卵胚胎开始发育,最终导致寄主死亡。姬小蜂则为幼虫体寄生蜂。在用药较少的果园,寄生率一般可达30%~50%,高者达80%以上。

加强对天敌的利用需要做好以下工作:

(1)改善果园的生态环境,创造一个适宜天敌生存和繁殖的环境条件。果园生草可为天敌提供一个良好的活动场所。在果园内种植一些开花期较长的植物,可招引寄生蜂、寄生蝇、食蚜蝇、草蛉等天敌到苗圃取食,定居及繁殖。保护好苗圃周围麦田里的天敌,对控制果树上的蚜虫亦有明显效果。

(2)刮树皮及收集虫果、虫枝、虫叶时注意保护天敌。枝干鞘皮里及裂缝处是山楂叶螨、二斑叶螨、梨小食心虫、卷叶蛾等害虫的越冬场所,因此休眠期刮树皮是消灭这些害虫的有效措施。但同时也应注意到,六点蓟马、小花蝽、捕食螨、食螨瓢虫以及好多种寄生蜂也是在树皮裂缝处或树穴里越冬的。为了既能消灭虫害又能保护天敌,可改冬天刮树皮为春季果树开花前刮,此时大多数天敌已出蛰活动。如刮治时间早,可将刮下的树皮放在粗纱网内,待天敌出蛰后再烧掉树皮。虫果、虫枝、虫叶中常带有多种寄生性天敌,因此可以把收集起来的这些虫果、虫枝及虫叶放于大纱网笼内,饲养一段时间,适时释放。

(3)有选择地使用杀虫剂。首先是选择使用高效、低毒、对天敌杀伤力小的农药品种。一般来说生物源杀虫剂对天敌的危害轻,尤其是微生物农药比较安全。

化学源农药中的有机磷、氨基甲酸酯杀虫剂对天敌的杀伤作用最大。菊酯类杀虫剂对天敌的危害也很大。昆虫生长调节剂类对天敌则比较安全。昆虫调节敌灭灵(除虫脲)和有机锡类杀螨剂倍乐霜对赤眼蜂十分安全。而乐斯本、对硫磷、氧化乐果则对赤眼蜂危害极大,在金纹细蛾的防治方面,灭幼脲3号对金纹细蛾跳小蜂比较安全,氯氟氰菊酯和对硫磷对瓢虫和跳小蜂的致死率均达100%,灭幼脲3号和农抗杀虫剂阿维菌对瓢虫的杀伤率达44.44%~55.55%。尼索朗对捕食螨最安全,灭幼脲、达螨灵、蚍虫灵对草蛉等天敌比较安全。

另外,要根据苗圃里益虫、害虫的比例(益害比)作喷药决策,不要见害虫就喷药。例如对叶螨类害虫,当益害比例在1:30以下时可不喷药,当益害比例超过1:50

時,需喷药防治。在全年的防治计划中,要抓住早春害虫出蛰期的防治。压低生长期的害虫基数可以有效地减轻后期的防治压力,减少夏季的喷药次数。喷药时注意交替使用杀虫机制不同的杀虫剂,尽可能地减低喷药浓度和用药次数。

(4)人工释放天敌。由于多数天敌的群体发育落后于害虫,因此单靠天敌本身的自然增殖很难控制住害虫的危害。在害虫发生初期,自然天敌不足时,提前释放一定量的天敌,可以取得满意的防治效果。冯建国等在棉褐带卷蛾的卵盛期分 4 次释放松毛虫赤眼蜂8 万 ~ 12 万头/666.7m^2,使赤眼蜂的卵粒寄生率平均达到 91.49%。其防效明显高于杀虫剂防治的苗圃。同时使大量天敌得到了保护,瓢虫、草蛉、食蚜蝇等天敌的数量比喷药园高 17 倍。

五、化学农药的合理使用

农药的使用应遵循经济、安全、有效、简便的原则,避免盲目施药、乱施药、滥施药。具体来讲,应掌握以下几点:

(1)对症下药。应根据病虫害发生种类和数量决定是否要防治,如需防治应选择对路的农药。不要看人家打药我也跟着打,不要隔几天就防治一次打所谓"保险药",更不要用错药。

(2)适时用药。应根据病虫害发生时期和发育进度并根据作物的生长阶段,选择最合适的时间用药。一般在病害暴发流行之前,害虫在未大量取食或钻蛀危害前的低龄阶段,病虫对药物最敏感的发育阶段,作物对病虫最敏感的生长阶段。

(3)科学施药。一要选用效率高、损耗低、效果好的新型药器械。二是用药量不能随意加大,严格按推荐用量使用。三是用水量要适宜,以保证药液能均匀周到地洒到作物上,用药液量视作物群体的大小及施药器械而定。四是对准靶标位置施药,如叶面害虫主要施药位置是茎叶部位,稻飞虱施药部位是稻的中下部,稻纵卷叶螟的施药部位是上部嫩叶部分。五是施药时间一般应避免晴热高温的中午,大风和下雨天气也不能施药。六是坚持安全间隔期,即在作物收获前的一定时间内禁止施药。

六、化学农药的施后禁入期及采前禁用期

苗圃喷药后园内有一定的危险性,在一定时间内禁止人畜进入。采前禁用期则是为了减少农药在果实里的残留,保证果品安全,喷药至采收必须间隔一定天数。表8-4 列举了一些农药的施后禁入期和采前禁用期。

表 8-4　农药的施后禁入期及采前禁用期

农药品种	施后禁入期	采前禁用期(天)
杀菌剂		
克菌丹	1~4 天	30
代森锰锌	2 天	28
福美双	2 天	10

农药品种	施后禁入期	采前禁用期(天)
福美锌	4 天	14
代森联	2 天	77
异菌脲	2 天	21
嘧菌酯(阿米西达)	4 h	72
醚菌酯	12 h	30
肟菌酯	12 h	35
氢氧化铜	24 h	
硫黄粉	2 天	20
氟菌唑	12 h	14
腈菌唑	2 天	14
氟硅唑	2 天	30
戊唑醇	12 h	
丙环唑(敌力脱)	2 天	
甲基硫菌灵	12 h	1
嘧菌环胺(抑霉胺)	12 h	72
百菌清	12 h	
嘧菌唑(施佳乐)		72
噁醚唑		21
杀虫杀螨剂		
印楝素		30
甲基谷硫磷	15 天	14
杀扑磷	4~14 天	
多硫化钙	4 天	
石硫合剂	2 天	
毒死蜱	4 天	30
西维因(对益螨有害)	12 h	
马拉硫磷	12 h	
澳氰菊酯	12 h	
高效氯氰菊酯	2 天	
尼索朗(噻螨酮)1 次/年	12 h	14

农药品种	施后禁入期	采前禁用期（天）
吡虫啉	12h	30
阿维菌素	12h	30
阿波罗		21
多杀菌素	4h	
哒螨灵		14
灭幼脲		
啶虫脒		30
敌百虫		

七、果树常用农药

防治果树苗木病害的主要农药有波尔多液、5%菌毒清水剂,腐必清乳剂(涂剂),2%农抗120水剂,80%喷克可湿性粉剂,80%大生 M-45 可湿性粉剂,70%甲基硫菌灵可湿性粉剂,50%多菌灵可湿性粉剂,40%福星乳油,50%扑海因可湿性粉剂,70%代森锰锌可湿性粉剂,15%三唑酮可湿性粉剂,68.5%多氧霉素可湿性粉剂等,这类农药称为杀菌剂,主要作用在于抑制或杀灭各类病菌。

防治果树苗木害虫的主要农药有1%阿维菌素乳油,0.3%苦参碱水剂,10%吡虫啉可湿性粉剂,25%灭幼脲3号悬浮剂,50%辛脲乳油,50%马拉硫磷乳油,50%辛硫磷乳油,5%尼索朗乳油,20%螨死净胶悬剂,15%哒螨灵乳油,苏云金杆菌可湿粉,10%烟碱乳油等,这类农药称为杀虫剂,主要作用通过胃毒、触杀、内吸、熏蒸等不同毒杀方式杀灭害虫。另有兼治类农药,如石硫合剂,既防病又治虫。

下列几种农药不可混用。

波尔多液和石硫合剂不可混用。因为这两种农药混用后会发生化学变化,生成多硫化铜,不仅降低药效,而且会造成药害。先后使用这两种农药时,也要间隔一定时间。先用石硫合剂,需间隔20~25天后可喷用波尔多液;先喷用波尔多液,需间隔25~30天才可使用石硫合剂。波尔多液和石硫合剂与多数杀虫剂,如辛硫磷、三硫磷、磷胺、敌敌畏、三氯杀螨醇、克螨特、西维因等均不可混用,混用后则导致药剂分解而失效。微生物杀虫剂,如白僵菌、青虫菌,不可与微生物杀菌剂,如井冈霉素、春雷霉素混用,否则微生物会被杀伤而降低药效。油乳剂、皂液与多数杀虫、杀菌剂不可混用,混用则会造成药剂分解或沉淀而降低药效。有机磷农药与溴氰酯混用,虽能增加杀虫效果,但也能增加对人的毒性。因此,使用要注意安全,或者避免使用。

第九章

果树苗木出圃

　　本章导读：经过播种、砧木苗管理、嫁接、接后管理等一系列工作，苗木在达到预定标准后，要进行出圃工作。本章介绍了起苗，苗木分级、检疫、消毒、包装、假植等苗木从出圃到成为商品苗的过程中需要注意的问题。

第一节　起苗与分级

一、起苗前准备

苗木出圃是育苗工作的最后环节。出圃准备工作和出圃技术直接影响苗木的质量、定植成活率及幼树的生长。出圃前的准备工作主要包括以下几个方面。

(一)苗木调查

苗木调查是为了掌握苗木的种类、数量和质量,对苗木种类、品种、各级苗木数量等进行核对和调查。苗木调查的时间一般在苗木出圃前进行,落叶性苗木以在秋季生长已经停止、落叶之前进行为宜。在生产上应用较为普遍的苗木调查方法,主要有以下几种。

1. **标准行调查法**　每隔一定的行数选出一行或一垄为标准行,在标准行上选长度有代表性的地段,在选定地段上调查苗木的不同质量的数量。

2. **标准地块调查法**　在育苗地上按调查要求,从总体内有意识地选取一定数量有代表性的典型地块进行调查,每一调查地块的面积一般以 1 ~ 2m² 为宜。

3. **抽样调查法**　首先制定苗木的调查指标。然后划分调查区,确定样地。此后根据事先确定的指标或标准,测定苗木的生长情况。最后进行统计分析,做出判断。具体操作步骤如下。

(1)划分调查区。根据培育的树种、苗龄、育苗方式、繁殖方法、密度和生长情况划分不同的调查区。在同一调查区内,树种、育苗方式、繁殖方法、繁殖密度、生长情况等应基本一致。

(2)测量面积。在同一调查地内,测量各苗床面积,计算调查区总面积。

(3)确定样地。样地的大小取决于苗木密度,一般每个样地应包含 20 ~ 50 株苗木。样地数目应适当,样地多工作量大,样地少则调查精度低。样地数目确定后,用随机抽取的方法确定要调查的苗床或垄,然后在抽中的苗床或垄上确定样地位置,注意样地分布要均匀。

(4)苗木调查。先统计样地内苗木株数,得到总株数,再确定需测株数,一般需测 60 ~ 200 株,通常苗木生长整齐,株数可少些,60 株即可,生长不太整齐的要测 100 株以上。抽中测量的苗木,再根据事先制定的调查指标进行测量。

(5)统计分析。将所测的数据汇总,分别根据株数和质量进行统计计算。

(6)做出结论。将上述抽样调查与统计分析结果汇总,根据苗木产量和质量数据与本地区的苗木标准对照比较,评价苗木生产情况。

标准行或标准地块调查法较粗放,调查工作量有时很大,而且无法计算调查精度。抽样调查法比较细致准确,在生产中得到推广应用。

在苗木调查时,除了按要求调查苗木的质量外,还要调查、核对苗木种类、品种、砧木类型、繁殖方法等。田间调查完成后,对调查资料进行整理并填写苗木情况调查表。

(二)制订苗木出圃计划及出圃操作规程

根据调查结果及订购苗木情况,制订出圃计划及苗木出圃操作规程。确定供应单数量、运输方法、装运时间,并与购苗和运输单位联系,及时分级、包装、装运,缩短运输时间,保证苗木质量。

苗木出圃操作技术规程包括起苗方法和技术要求、苗木分级标准、苗木消毒方法要求、包装方法及技术要求、包装材料及质量要求等。

二、起苗

(一)起苗时期

依果树种类及育苗地区的不同而异。在生产上大致可分为秋季和春季2个起苗时期。

1. 秋季起苗 在苗木开始落叶至土壤结冻前进行。在同一苗圃可根据不同苗木停止生长的早晚、栽植时间、运输远近等情况,合理安排起苗的先后时期。如桃、梨等苗木停止生长较早,可先起;苹果、葡萄等苗木停止生长较晚,可后起;急需栽植或远运的苗木可先起,就地栽植或翌年春天栽植的苗木可后起。秋季起苗既可避免苗木冬季在田间受冻及鼠、兔和家畜危害,又有利于根系伤口的愈合,对提高苗木栽植成活率及促进翌年幼树生长具有明显作用。此外,秋季起苗结合苗圃秋耕作业,还有利于土壤改良和消灭病虫害。秋季起出的苗木,在冬季温暖的地区,可以在起苗后及时栽植;在冬季严寒地区,容易因生理干旱造成抽条或出现冻害而降低成活率,因此需要将起出的苗木先行假植越冬,翌年春季萌芽以前栽植。

2. 春季起苗 在土壤解冻后至苗木萌芽前进行,芽萌动和根系生长,消耗营养,造成苗木开始生长时营养不足,因此起苗过晚,栽植成活率下降。春季起苗可省去假植或储藏等工序,但在冬季严寒地区,存在越冬过分失水抽条或冻害的风险,不宜春季起苗。在生产上,北方落叶性果树多在秋季起苗,常绿果树秋季或春季均可起苗。

(二)起苗方法

起苗可分为人工起苗和机械起苗2种。目前生产中小型苗圃主要靠人工起苗,一些大型专业化苗圃已经开始实行机械起苗。

1. 人工起苗 又可分为裸根起苗和带土起苗。

(1)裸根起苗。起出的苗木不带土。先在行间靠苗木的一侧,距苗木25cm左右处顺行开沟,对于1~2年生苗,沟深20~25cm,移植苗和扦插苗长为25~30cm。再在沟壁下侧挖斜槽,并根据起苗的深度切断根系,然后把铁锹插入苗木的另一侧,将苗木推倒在沟中,即可取出苗木。取苗时不可用猛力勉强将苗木拔出,以免过多地损伤苗木的侧根和须根。取出的苗木也不要抖掉根部上的泥土,轻轻放置沟边即可。裸根起出的苗木,若需要远运还必须蘸泥浆护根。

（2）带土起苗。对于根系不发达、须根较少或根系的再生能力较弱的果树种类,起苗时一般要求带土起挖。采用高空压条繁殖的苗木,因其根系脆嫩而容易被折断,起苗时也要求带土。例如树菠萝、人心果、荔枝等果树的高空压条苗,均要求带土挖取并包扎好泥团,减少损伤根系。

带土起苗时,根据苗木大小、树种成活难易、根系分布情况、土壤质地以及运输条件等因素确定所带土球的大小。成活较难、根系分布广的,土球应当大些;土壤沙性或运输条件较差的,所带土球不宜过大,否则土球容易散开,也不便于运输。一般情况下,土球的大小以保证2/3的主侧根取出为宜。起苗时先铲去根际附近3～5cm厚的地表浮土,以便减轻土团不必要的重量,也便于土球的包扎。然后在规定土球大小的外围部分用铁锹垂直下挖,切断苗木的侧根和须根。达到要求深度后,再向内向下斜挖,使土球呈坛形。在挖掘时如遇到较粗大的根系,不要用铁锹铲根,应该使用修枝剪将根剪断,或用手锯将根锯断,以防止土团因受震动而松散。

土球的直径在40cm以上的,当土球周围挖好后,应立即用蒲包、草绳等材料包扎,打包的形式和草绳围捆的密度,依土球大小、土壤质地和运输条件而定。土球大、土质易松散、运输距离远的,应采用包扎牢固的形式。草绳也要捆扎密一些;反之,就可以简单包扎,捆扎稀一些。土球的直径在40cm以下者,可以不使用草绳捆扎,仅用蒲包、稻草、麦秸或塑料薄膜包扎即可。

2. 机械起苗　机械起苗不但能有效保证起苗的根系质量、规格一致,而且可以大大提高起苗效率,节省劳力。因此,机械起苗是实现苗木高标准生产的重要措施之一。随着劳动力价格的提高,越来越多的苗圃开始使用机械起苗,效率更高,对苗木的损伤更小。

为了保证苗木的质量,除了合理选择起苗方法和按操作要求进行起苗外,还应注意以下事项:起苗前,视土壤墒情可适度灌水,以保持土壤潮湿和疏松,不仅起苗省力,而且能避免损伤过多的须根。在苗木起挖和运输过程中,注意不要损伤苗干,尤其要注意保护圃内整形苗木上的侧生分枝。苗木挖起后,苗木不可长时间裸露存放,尤其北方寒冷地区不可裸根过夜,以防根系受冻和风干。最好随挖随运随栽(假植),如挖起的苗木不能及时运出或假植,必须进行覆盖保温、保湿。起苗应避开大风天气,使用的工具一定要刃口锋利。

三、苗木分级和包装

为了保证出圃苗木质量,提高苗木栽植成活率和定植后苗木生长整齐度,也为了便于苗木的包装和运输,苗木起出后,要根据苗木的大小、质量优劣进行分级。分级时应根据苗木规格要求进行,不合格的苗木应留在苗圃内继续培养。

一般果树苗木可分为三级,一级和二级苗为合格苗,可以出圃栽植;三级苗为弱苗或称为等外苗,不能直接出圃栽植,应留在圃内继续培育;其他因起苗时严重受损伤或没有培养前途的苗木,在选苗分级时应作为废苗剔除。不同果树种类对苗木质量的具体要求不同,但都应遵循如下原则:品种纯正,砧木正确;地上部枝条健壮、充实,具有一定的高度和粗度,芽体饱满;根系发达,须根多,断根少;无严重的病虫害和机械损伤;嫁接苗的接合部愈合良好。主要落叶果树苗木出圃规格见各树种育苗部分。

四、选择优质苗木

果树苗木是建立果园的物质基础,果树苗木的优劣关系到建园后果树生长的好坏、结果的多少和经济效益的高低。因此,要认真选择苗木。优良果树苗木的必备条件是:

● 根系优质果树苗木,必须具有较多侧根、须根。同时侧根要生长、分布均匀,不可太少或偏向一根。一、二级苗木,应具备 3 条以上的侧根,根粗要达到 0.4cm 以上。

● 芽子优质果树苗木,必须在定干部位以下的整形带 40～80cm 范围内,具有 8 个以上充实、饱满的芽子。

● 苗木并不是越高越好,一、二级苗的高度,一般能达到 1m 以上,最高不超过 1.2m。有秋梢的苗木,茎干粗度要达到 0.8～0.9cm。

● 无论枝接或芽接的果树苗木,接口必须愈合牢固,愈合不足 1/2 者,即使其他条件合格,也不宜购买。

● 凡有花叶病、苹果锈果病、柿疯病、枣疯病,苹果、梨、桃、樱桃根头癌肿病、烂根病以及各种病毒病的苗木一定不要购买,带有苹果蚜虫的苗木也要进行消毒。

第二节　苗木检疫

一、苗木检疫的作用和意义

苗木检疫是在苗木调运中,国家以法律手段和行政措施,禁止或限制危险性病、虫、杂草等有害生物人为传播蔓延的一项制度。

许多有害生物,包括各种植物病原物及有关的传病媒介、植食性昆虫、蛾类和软体动物、对植物有害的杂草等,可以通过各种人为因素,特别是通过调运种苗等途径,进行远距离传播和大范围扩散。这些有害生物一旦传入新区,如果条件适宜,就能生存、繁衍,甚至造成严重危害,留下无穷的后患。例如,葡萄霜霉病、白粉病、根瘤蚜,原分布于北美洲,19 世纪随同葡萄苗木的引进而传入法国及欧洲其他国家,致使欧洲的葡萄园遭受了一场毁灭性的灾难,特别是法国,白粉病使其葡萄在短期内减产

3/4，根瘤蚜使其毁灭了过半的葡萄园。栗疫病通过苗木从东方传入美国，1904年在美国首次检出，此病在检出后的25年内，几乎摧毁了美国东部的所有栗树。因此，苗木检疫工作是十分重要和必要的。它是植物保护总体系中的一个重要组成部分，即是植物保护总体系中的防止危险性病、虫、杂草传播扩散的预防体系。它在植物保护工作中，具有独特的、其他措施所无法替代的重要作用和深远意义。

随着人类生产活动和贸易交往的发展，从国外或其他地区引进果树种子、苗木等繁殖材料增加，因而人为传播植物病、虫、杂草等有害生物的危险性也更为突出。而且由于现代交通工具的使用，使得人为传播病、虫、杂草等有害生物，比以往任何时候都更加容易、更加迅速。因此，在当今社会，通过对果树苗木的检疫来防止危险性病、虫、杂草的人为传播，较之以往也就更加困难、更加重要。为了保护新产区不被危险性病虫危害，国家规定只有由检疫部门检疫合格并发给检疫证书的苗木才能在地区间调运。

二、检疫对象和有害病虫

检疫对象是我国对检疫性有害生物的习惯叫法，我国植物检疫法规中所提的检疫对象，是指经国家有关植检部门科学审定并明文规定要采取检疫措施禁止传入的某些植物病、虫、杂草。它们是一些危险性大、能随植物及其产品传播、国内（或本地）尚无发生或虽发生但分布不广、正在积极防治、扑灭的危险性病、虫、杂草。凡带有危险性病虫的材料禁止输入或输出。

检疫对象分为两个不同的等级：一是国家植检法规中规定的检疫对象；二是各省、自治区、直辖市补充规定的检疫对象。国家规定的检疫对象，包括进口植物检疫对象和国内植物检疫对象。进口植物检疫对象是指国家规定不准入境的病、虫、杂草，其名单由农业部公布；国内植物检疫对象是指在国家有关部门（农业部或国家林业局）发布的植检法规中，所规定的国内植物及其产品移动中必须检疫的某些危险性病、虫、杂草。各省、自治区、直辖市补充规定的检疫对象，是根据本地区安全生产的需要，在各地植检法规中所规定的不准传入的危险性病、虫、杂草。

属于我国对内检疫对象的果树病虫害有苹果小吉丁虫、苹果绵蚜、苹果黑星病、苹果锈果病、葡萄根瘤蚜、柑橘大实蝇、柑橘小实蝇、柑橘瘤壁虱、柑橘溃疡病、柑橘黄龙病等。对外检疫对象有：苹果蝇、地中海蝇、梨圆蚧、葡萄根瘤蚜、美国白蛾、蜜柑小实蝇、柑橘干枯病、核桃枯萎病等。

检疫对象的确定是一件严肃、慎重的事情。因此，必须经过严格的科学论证、评价，使其具有充分的科学依据，同时还要根据客观情况的变化，对已确定的检疫对象及时予以补充和修订，以便更加适应客观情况的需要。要及时掌握检疫对象名单颁布、修订的情况，以便准确、有效地对苗木进行检疫。

三、苗木检疫的主要措施

苗木检疫不是一个单项的措施，而是由一系列措施所构成的综合管理体系。其管理措施包括:划分疫区和保护区;建立无检疫对象的种苗繁育基地;产地检疫、调运检疫、邮寄物品检疫;从国外引进种苗等繁殖材料的审批和引进后的隔离试种检疫等。这些措施贯穿于苗木生产、流通和使用的全过程,它既包括对检疫病虫的管理,也包括对检疫病虫的载体及应检物品流通的管理,也包括对与苗木检疫有关的人员的管理。与果树苗木繁育直接相关的主要有产地检疫和调运检疫。

(一)产地检疫

主要是指植物检疫人员对申请检疫的单位或个人的种子、苗木等繁殖材料,在原产地所进行的检查、检验、除害处理以及根据检查和处理结果做出的评审意见。其主要目的是查清种苗产地检疫对象的种类,危害情况以及它们的发生、发展情况,并根据情况采取积极的除害处理。把检疫对象消灭在种苗生长期间或在调运之前。经产地检疫确认没有检疫对象和应检病虫的种子、苗木或其他繁殖材料,发给产地检疫合格证,在调运时不再进行检疫,而凭产地检疫合格证直接换取植物检疫证书;不合格者不发产地检疫合格证,不能外调。

产地检疫的具体做法和要求是种苗生产单位或个人事先向所在地的植物检疫机关申报,并填写申请表,然后植物检疫机关再根据不同的植物种类、不同的病虫对象等,决定产地检疫的时间和次数。如果是建立新的种苗基地,则在基地的地址选择、所用种子、苗木繁殖材料以及非繁殖材料(如土壤、防风林等)的选取和消毒处理等方面,都应按植物检疫法规的规定和植物检疫人员的指导进行。

(二)调运检疫

也称为关卡检疫,主要是指对种苗等繁殖材料以及其他应检物品,在调离原产地之前、调运途中以及到达新的种植地之后,根据国家和地方政府颁布的检疫法规,由植检人员对其进行的检疫检验和验后处理。按其职责、任务分为对外检疫和国内检疫。调运检疫与产地检疫的关系至为密切,产地检疫能有效地为调运检疫减少疫情,调运检疫又促使一些生产者主动采取产地检疫。

检疫时如发现检疫对象,应及时划出疫区,封锁苗木,并及时采取措施就地进行消毒、熏蒸、灭菌,以扑灭检疫对象。对未发现检疫对象的苗木,应发放检疫证书,准予运输。

第三节　苗木的消毒、包装和假植

一、苗木的消毒

苗木挖起后,经选苗分级、检疫检验,除对有检疫对象和应检病虫的苗木,必须按国家植物检疫法令、植物检疫双边协定和贸易合同条款等规定,进行消毒、灭虫或销毁处理外,对其他苗木也应进行消毒灭虫处理。在生产上,常用的消毒方法有以下几种。

(一)药剂浸渍或喷洒

常用的药剂可分为杀菌剂和杀虫剂 2 类。苗木消毒常用杀菌剂有石灰硫黄合剂、波尔多液、代森锌、甲基硫菌灵、多菌灵等。例如,落叶果树起苗后或栽植前可用 3 ~ 5 波美度石硫合剂或 1:1:100 波尔多液喷洒,或浸苗 5 ~ 10min,进行苗木消毒。

杀虫剂的种类较多,主要有硫黄制剂、机油乳剂、除虫菊酯类、有机氯及有机磷杀虫剂等。在使用时,可根据除治对象进行选择。例如,防治梨圆蚧、球坚蚧等,可喷洒 5% 柴油乳剂,或 3 ~ 5 波美度石硫合剂。

(二)药剂熏蒸

在密闭的条件下,利用熏蒸药剂汽化后的有毒气体,杀灭病菌和害虫。是当前苗木消毒最常用的方法之一。广泛用于种子、苗木、接穗、插条及包装材料的消毒处理。熏蒸剂的种类很多,常用的有溴甲烷、氢氰酸。此外杀菌烟雾剂可选用 45% 百菌清、15% 乙膦铝等,杀虫烟雾剂可选用 10% 异丙威烟雾剂等。

药剂熏蒸是一项技术性很强的工作,使用的熏蒸剂,对人都有很强的毒性。工作人员必须认真遵守操作规程,注意安全,迅速施药并及时撤离,开窗换气后方可进入储苗库,以免中毒。

二、苗木的包装

苗木挖起后,其根系如果暴露于阳光之下或被风长时间吹袭,会大大降低苗木的质量,不仅降低苗木栽植的成活率,还影响苗木栽植后的生长。为了使出圃苗木的根系,在运输过程中不至失水和被折断,并保护苗木(特别是嫁接苗)不受机械损伤,在苗木挖起后运输前,必须根据具体情况,对其进行适当的包装。

一般短距离运输苗木只进行简单包装保湿。苗木根部蘸泥浆,装车后用一层草帘等湿润物覆盖,再用塑料布和苫布密封保湿即可。

长距离调运苗木应进行细致包装。包装材料可就地取材,一般以价廉、质轻、坚韧并能吸水保湿,而又不至迅速霉烂、发热、破散者为好,如草帘、草袋、蒲包、谷草束等。填充物可用碎稻草、锯末、苔藓等。绑缚材料可用草绳、麻绳等。用草帘将根包住,其内加湿润的填充物,包裹之后用湿草绳或麻绳捆绑。每包苗木的株数依苗木大小而定,一般为20 ~ 50 株。包装好后系上标签,注明树种、品种、砧木、质量等级、数量、苗木质量检验证书编号、产地和生产单位等。

运输途中要勤检查包装内的温度和湿度,如发现温度过高,要把包装打开通风,并更换填充物以防损伤苗木;如发现湿度不够,可适当喷水。为了缩短运输时间,最好选用速度快的运输工具。苗木到达目的地后,要立即将苗木假植,并充分灌水;如因运输时间长,苗木过分失水时,应先将苗木根部在清水中浸泡一昼夜后再行假植。

三、苗木的假植和储藏

（一）苗木的假植

苗木挖起后定植前，为了防止因过分失水，影响苗木质量，而将其根部及部分枝干用湿润的土壤或河沙进行暂时的埋植处理称为假植。假植分为临时假植和越冬假植。苗木不能及时外运或栽植而进行的短期埋植护根处理叫临时假植。因其时间较短也叫短期假植。苗木挖起后，进行埋植越冬，翌年春季外运或定植的假植叫越冬假植，也称为长期假植。

假植区应选择背风背阴、排水良好、不低洼积水也不过于干燥的地点，尽量接近苗圃干道。

临时假植可挖浅沟，一般深、宽各为 50~60cm，将苗木成束排列在沟壁上，再用湿润的土壤将其根部及植株下部 1/4~1/3 埋在地面以下即可。越冬假植时，假植沟的深度依苗木大小而定，一般沟深为 60~100cm，沟宽 100~150cm，沟长视苗木数量而定。最好与主风方向垂直开沟，沟的迎风面一侧削成 45°斜壁，把苗木单株或成小捆排在假植沟内，苗梢向南，根部均以湿润清洁的河沙或沙土填充，覆土到苗高的 2/3 左右。干寒地区最好苗木要全部埋入土中，以免发生冻害和抽条。沟面应覆土高出地面 10~15cm，整平以利排水。假植时应分次分层覆土，以便使根系和土壤充分密接。土壤干燥时，还应适量灌水，以免根系受冻或干旱。

假植苗应按不同树种、品种、砧木、级别等分开假植，严防混乱。苗木假植完成后，对假植沟应编顺序号，并插立标牌，写明树种、品种、砧木、级别、数量、假植日期等，同时还要绘制假植图，以防标牌遗失时便于查对。在假植区的周围，应设置排水沟排除雨水及雪水，同时还应注意预防鼠害。

在严寒地区假植苗木，或者在假植耐寒性差的苗木时，防冻作业是保护假植苗木安全越冬的一项必备措施。常用的防冻方法有埋土防冻、风障防冻、覆草防冻以及地窖、室内和塑料大棚防冻等。具体操作时，可根据各地气候、苗木特性选择使用。

（二）苗木的储藏

苗木储藏的目的是为了更好地保证苗木安全越冬，推迟苗木的发芽期，延长栽植或销售的时间。苗木储藏的条件，要求温度控制在 0~3℃，最高不超过 5℃；空气相对湿度为 70%~90%；要有通气设备。可利用冷藏室、冷藏库、冰窖、地下室和地窖等进行储藏。

目前国外大型苗圃和种苗批发商，为了保证苗木周年供应，多采用冷藏库储藏苗木。将苗木分级消毒后，放在湿度大、温度低（5℃左右）、无自然光线的冷藏库中，根系部位填充湿锯末，可延迟发芽半年以上，出售时用冷藏车运输，至零售商时再栽入容器中于露地进行培养，待恢复生机后带容器销售。

我国储藏苗木多用地窖和沟藏法。

地窖法是选择排水良好的地方挖地窖，窖边略倾斜，窖中央设木柱数根，柱上架横梁，搭木椽，盖上 10cm 厚的秫秸，上面再覆土。窖顶须留有气孔，孔口用木板或草帘覆盖,通过气孔开闭,调节窖内气温。将苗木分层摆放,根部朝向窖壁(距窖壁 3 ~ 5cm),并填入清洁湿润的河沙,因根部体积较大,故在苗梢的一侧,用秫秸垫高,如此层层放置,直至窖沿为止。

用沟藏法储藏果树苗木,简单易行,节省工料,储藏效果也很好。储藏沟的地点,要选择地势较高、排水良好的沙性土和水位低、向阳背风的地方,土壤结构也要坚实,以防沟壁塌倒。为便于运输和少占地,可把储藏沟设在苗圃幼树的行间,方向以东西为好。挖出的土要放在沟北边,筑成土堤以防风。沟宽 1.3m,深 1.5m,长短可依树苗多少、土地面积大小而定,一般长 25m 左右为宜。沟的两头稍有斜坡,挖沟时不要把土全部铲出,留一部分土用以埋苗。沟挖好后,在沟底铺 15cm 厚的湿沙。

为了保持果树苗品种纯正,挖苗时要防止品种混杂,把生长极弱、受重伤和严重病害的树苗挑出来。病虫枝和 60cm 以下的分枝都剪去,修根时不要过重,把大的伤口剪一下即可。

储藏苗木一般在 11 月上旬开始,把整理过的树苗向沟的一端斜放,每排 100 株左右,排的间隔 30cm,一直到快要摆满为止。沟的末端要填松土,以便取苗。不同品种和不同等级之间留的空隙要大些,并且挂上写好的木牌作标记。各排之间和株间要填松土,土厚为苗高的 2/3 即可,过厚则取苗不方便。埋土后根据土壤湿度,适当灌些水,一般灌 100kg/m²。

翌春解冻后,苗木就要出窖,若到 4 月以后,温度升高,果树苗容易发芽,出苗晚的,如果有的已经开始萌动,可以用倒窖的办法使树苗延迟萌动 7~8 天。出窖时,要先把窖一端填满的土挖出来,再把每排苗根部和根部以上的土轻轻除掉,然后把树苗轻轻拔出。山定子做砧木的树苗,根部很脆,容易断,取苗时要注意轻拔。

(三)苗木储运注意事项

近年来,在果苗的储运中,发现有脱水抽干和烂根等现象,对苗木的成活影响极大。

(1)主要原因。苗木过早出圃和保管不及时。储藏时苗捆太大,部分苗木未能蘸好泥浆,使根部温度增高发生烂根。过早,过多的盖土,造成 2 次发芽,或未能及时封土,致使部分苗木抽干。储运、栽植当中发生冻害和严重碰伤。在储运当中,没有用苫布盖严,遭大风袭击,致使苗木失水而抽干。

(2)采取的措施。

A. 适时出圃。当果树苗木全部落叶后进入休眠期即可出圃。出圃后应放在背阴避风的地方防止脱水。

B. 妥善包装。果苗经检疫消毒后,即可包装外运,在运输中要防止干枯、冻坏、磨伤。包装用料就地取材,如稻草、蒲包、草袋、草帘等。最好在根部填充湿润的锯末、碎稻草等,必要时在根的外边加一层塑料布,以便能在较长时间内保持湿润。苗木每捆为 50 ~ 100 株,外面用湿草绳捆紧,挂好标签,注明树种、品种和砧木名称以及等级,防止混乱。

C. 做好假植。苗木不及时外运或不立即栽植时,必须进行短期假植,可挖浅沟,将根部埋在地面以下防止干燥。等待翌年外运或春栽的苗木则要进行冬季储藏。

D. 覆土。根据气温分期盖土,使假植坑内温度保持在 0～5℃。大地封冻时,要将土一次盖足,使苗木梢部刚盖住为宜。

E. 尽量防止在储运、栽植中发生冻害、失水和严重碰伤。

附　　录

附表1　A级绿色食品生产中禁止使用的化学农药种类

种类	农药名称	禁用作物	禁用原因
有机氯杀虫剂	滴滴涕、六六六、林丹、甲氧滴滴涕、硫丹	所有作物	高残毒
有机氯杀螨剂	三氯杀螨醇	蔬菜、果树、茶叶	工业品中含有一定数量的滴滴涕
有机磷杀虫剂	甲拌磷、乙拌磷、久效磷、对硫磷、甲基对硫磷、甲胺磷、甲基异柳磷、治螟磷、氧化乐果、磷胺、地虫硫磷、灭克磷（益收宝）、水胺硫磷、氯唑磷、硫线磷、杀扑磷、特丁硫磷、克线丹、苯线磷、甲基硫环磷	所有作物	剧毒、高毒
氨基甲酸酯杀虫剂	涕灭威、克百威、灭多威、丁硫克百威、丙硫克百威	所有作物	高毒、剧毒或代谢物高毒
二甲基甲脒类杀虫杀螨剂	杀虫脒	所有作物	慢性毒性、致癌
拟除虫菊酯类杀虫剂	所有拟除虫菊酯类杀虫剂	水稻及其他水生作物	对水生生物毒性大
卤代烷类熏蒸杀虫剂	二溴乙烷、环氧乙烷、二溴氯丙烷、溴甲烷	所有作物	致癌、致畸、高毒
阿维菌素		蔬菜、果树	高毒
克螨特		蔬菜、果树	慢性毒性
有机砷杀菌剂	甲基胂酸锌（稻脚青）、甲基胂酸钙胂（稻宁）、甲基胂酸铁铵（田安）、福美甲胂、福美胂	所有作物	高残毒

种类	农药名称	禁用作物	禁用原因
有机锡杀菌剂	三苯基醋酸锡（薯瘟锡）、三苯基氯化锡、三苯基羟基锡（毒菌锡）	所有作物	高残留、慢性毒性
有机汞杀菌剂	氯化乙基汞（西力生）醋酸苯汞（赛力散）	所有作物	剧毒、高残毒
有机磷杀菌剂	稻瘟净、异稻瘟净	水稻	异嗅、高毒
取代苯类杀菌剂	五氯硝基苯、稻瘟醇（五氯苯甲醇）	所有作物	致癌、高残留
2,4-D类化合物	除草剂或植物生长调节剂	所有作物	杂质致癌
二苯醚类除草剂	除草醚、草枯醚	所有作物	慢性毒性
植物生长调节剂	有机合成的植物生长调节剂	所有作物	
除草剂	各类除草剂	蔬菜生长期（可用于土壤处理与芽前处理）	

附表2　水果综合生产制度（IFP）中苹果园禁止使用的农药

种类	农药名称	禁用原因
有机氯杀虫剂	滴滴涕、六六六、林丹、甲氧滴滴涕、硫丹	高残留
有机氯杀螨剂	三氯杀螨醇	生产中伴生滴滴涕
有机磷杀虫剂	甲拌磷、乙拌磷、久效磷、对硫磷、甲基对硫磷、甲胺磷、甲基异柳磷、治螟磷、氧化乐果、地虫硫磷、灭克磷、水胺硫磷、氯唑磷、硫线磷、杀扑磷、特丁硫磷、克线丹、苯线磷、甲基硫环磷	剧毒、高毒
氨基甲酸酯杀虫剂	涕灭威、克百威、灭多威、丁硫克百威、丙硫克百威	剧毒、高毒或代谢物高毒
二甲基甲脒类杀虫杀螨剂	杀虫脒	慢性毒性、致癌
卤代烷类熏蒸杀虫剂	二溴乙烷、环氧乙烷、二溴氯丙烷、溴甲烷	致癌、致畸、高毒
阿维菌素		高毒
克螨特		慢性毒性
有机砷杀菌剂	甲基胂酸锌（稻脚青）、甲基胂酸钙胂（稻宁）、甲基胂酸铁铵（田安）、福美甲胂、福美胂	高残毒

种类	农药名称	禁用原因
有机锡杀菌剂	三苯基醋酸锡（薯瘟锡）、三苯基氯化锡、三苯基羟基锡（毒菌锡）	高残留、慢性毒性
有机汞杀菌剂	氯化乙基汞（西力生）、醋酸苯汞（赛力散）	剧毒、高残留
取代苯类杀菌剂	五氯硝基苯、五氯苯甲醇	致癌、高残留
2,4 - D 类化合物	除草剂或植物生长调节剂	杂质致癌
二苯醚类除草剂	除草醚、草枯醚	慢性毒性
植物生长调节剂	有机合成的植物生长调节剂	
除草剂	各类除草剂	

附表 3　水果综合生产制度（IFP）中苹果园限制使用的主要农药品种

农药品种	使用方法	防治对象
18% 毒死蜱乳油	1 000 ~ 2 000 倍液，喷施	苹果绵蚜、桃小食心虫
50% 抗蚜威	800 ~ 1 000 倍液，喷施	苹果黄蚜、瘤蚜等
25% 辟蚜雾水分散粒剂	800 ~ 1 000 倍液，喷施	苹果黄蚜、瘤蚜等
2.5% 功夫乳油	3 000 倍液，喷施	桃小食心虫、叶螨类
20% 灭扫利乳油	3 000 倍液，喷施	桃小食心虫、叶螨类
30% 桃小灵乳油	2 000 倍液，喷施	桃小食心虫、叶螨类
80% 敌敌畏乳油	1 000 ~ 2 000 倍液，喷施	桃小食心虫
50% 杀螟硫磷乳油	1 000 ~ 1 500 倍液，喷施	卷叶蛾、桃小食心虫、介壳虫
10% 歼灭乳油	2 000 ~ 3 000 倍液，喷施	桃小食心虫
20% 氰戊菊酯乳油	2 000 ~ 3 000 倍液，喷施	桃小食心虫、蚜虫、卷叶蛾等
2.5% 溴氰菊酯乳油	2 000 ~ 3 000 倍液，喷施	桃小食心虫、蚜虫、卷叶蛾等

附表 4　水果综合生产制度（IFP）中苹果园允许使用的杀虫杀螨剂

农药品种	毒性	使用方法	防治对象
1% 阿维菌素乳油	低毒	5 000 倍液，喷施	叶螨、金纹细蛾
0.3% 苦参碱水剂	低毒	800 ~ 1 000 倍液，喷施	蚜虫、叶螨等
10% 吡虫啉可湿性粉剂	低毒	5 000 倍液，喷施	蚜虫、金纹细蛾等
25% 灭幼脲 3 号悬浮剂	低毒	1 000 ~ 2 000 倍液，喷施	金纹细蛾、桃小食心虫等
50% 辛脲乳油	低毒	1 500 ~ 2 000 倍液，喷施	金纹细蛾、桃小食心虫等
50% 蛾螨灵乳油	低毒	1 500 ~ 2 000 倍液，喷施	金纹细蛾、桃小食心虫等

农药品种	毒性	使用方法	防治对象
20%杀铃脲悬浮剂	低毒	8 000～10 000 倍液,喷施	金纹细蛾、桃小食心虫等
50%马拉硫磷乳油	低毒	1 000 倍液,喷施	蚜虫、叶螨、卷叶虫等
50%辛硫磷乳油	低毒	1 000～1 500 倍液,喷施	蚜虫、桃小食心虫等
5%尼索朗乳油	低毒	2 000 倍液,喷施	叶螨类
10%浏阳霉素乳油	低毒	1 000 倍液,喷施	叶螨类
20%螨死净胶悬剂	低毒	2 000～3 000 倍液,喷施	叶螨类
15%哒螨灵乳油	低毒	3 000 倍液,喷施	叶螨类
40%蚜灭多乳油	中毒	1 000～1 500 倍液,喷施	苹果绵蚜及其他蚜虫等
99.1%加德士敌死虫乳油	低毒	200～300 倍液,喷施	叶螨类、蚧类
苏云金杆菌可湿性粉剂	低毒	500～1 000 倍液,喷施	卷叶虫、天幕毛虫等
10%烟碱乳油	中毒	800～1 000 倍液,喷施	蚜虫、叶螨、卷叶虫等
5%卡死克乳油	低毒	1 000～1 500 倍液,喷施	卷叶虫、叶螨等
25%扑虱灵可湿性粉剂	低毒	1 500～2 000 倍液,喷施	介壳虫、叶蝉
5%抑太保乳油	中毒	1 000～2 000 倍液,喷施	卷叶虫、桃小食心虫

附表 5　水果综合生产制度(IFP)中苹果园允许使用的杀菌剂

农药品种	毒性	使用方法	防治对象
5%菌毒清水剂	低毒	萌芽前 30～50 倍液涂抹,100 倍液喷施	苹果树腐烂病、枝干轮纹病
腐必清乳剂(涂剂)	低毒	萌芽前 2～3 倍液,涂抹	苹果树腐烂病、枝干轮纹病
2%农抗 120 水剂	低毒	萌芽前 10～20 倍液,涂抹,100 倍液,喷施	苹果树腐烂病、枝干轮纹病
80%喷克可湿性粉剂	低毒	800 倍液,喷施	苹果斑点落叶病、轮纹病、炭疽病
80%大生 M-45 可湿性粉剂	低毒	800 倍液,喷施	苹果斑点落叶病、轮纹病、炭疽病
70%甲基硫菌灵可湿性粉剂	低毒	800～1 000 倍液,喷施	苹果斑点落叶病、轮纹病、炭疽病
50%多菌灵可湿性粉剂	低毒	600～800 倍液,喷施	苹果轮纹病、炭疽病
40%福星乳油	低毒	6 000～8 000 倍液,喷施	苹果斑点落叶病、轮纹病、炭疽病
1%中生菌素水剂	低毒	200 倍液,喷施	苹果斑点落叶病、轮纹病、炭疽病
27%铜高尚悬浮剂	低毒	500～800 倍液,喷施	苹果斑点落叶病、轮纹病、炭疽病
石灰倍量式或多量式波尔多液	低毒	200 倍液,喷施	苹果斑点落叶病、轮纹病、炭疽病

当代果树育苗技术

农药品种	毒性	使用方法	防治对象
50%扑海因可湿性粉剂	低毒	1 000~1 500 倍液,喷施	苹果斑点落叶病、轮纹病、炭疽病
70%代森锰锌可湿性粉剂	低毒	600~800 倍液,喷施	苹果斑点落叶病、轮纹病、炭疽病
70%乙膦铝锰锌可湿性粉剂	低毒	500~600 倍液,喷施	苹果斑点落叶病、轮纹病、炭疽病
硫酸铜	低毒	100~150 倍液,喷施	苹果根腐病
15%三唑酮乳油	低毒	1 500~2 000 倍液,喷施	苹果白粉病
50%硫胶悬剂	低毒	200~300 倍液,喷施	苹果白粉病
石硫合剂	低毒	发芽前 3~5 波美度,开花前后 0.3~0.5 波美度,喷施	苹果白粉病、霉心病
843 康复剂	低毒	5~10 倍,涂抹	苹果腐烂病
68.5%多氧霉素	低毒	1 000 倍液,喷施	苹果斑点落叶病等
75%百菌清	低毒	600~800 倍液,喷施	苹果斑点落叶病、轮纹病、炭疽病等

附表6　常用农药混合使用一览表

农药名称	马拉硫磷	辛硫磷	水胺硫磷	甲基异柳磷	哒嗪硫磷	氧化乐果	杀螟松	敌百虫	敌敌畏	乙酰甲胺磷	杀灭菊酯	溴氰菊酯	灭扫利	来福灵	功夫	达螨灵	螨死净	尼索朗	克螨特	阿维菌素	多菌灵	甲基硫菌灵	百菌清	石硫合剂	波尔多液	退菌特	三唑酮
马拉硫磷	=																										
辛硫磷	=	=																									
水胺硫磷	=	=	=																								
甲基异柳磷	=	=	=	=																							
哒嗪硫磷	=	=	=	=	=																						
氧乐果	+	+	+	+	+	=																					
杀螟松	=	+	=	=	=	+	=																				
敌百虫	+	=	=	=	=	+	=	=																			
敌敌畏	+	=	+	+	+	+	+	=	=																		
乙酰甲胺磷	+	+	+	+	+	=	+	+	+	=																	
杀灭菊酯	+	+	+	+	+	+	+	+	+	+	=																
溴氰菊酯	+	+	+	+	+	+	+	+	+	+	=	=															
灭扫利	+	+	+	+	+	+	+	+	+	+	=	=	=														
来福灵	+	+	+	+	+	+	+	+	+	+	=	=	=	=													
功夫	+	+	+	+	+	+	+	+	+	+	=	=	=	=	=												
达螨灵	+	+	+	+	+	+	+	+	+	+	+	+	+	+	+	=											
螨死净	+	+	+	+	+	+	+	+	+	+	+	+	+	+	+	=	=										
尼索朗	+	+	+	+	+	+	+	+	+	+	+	+	+	+	+	=	=	=									
克螨特	+	+	+	+	+	+	+	+	+	+	+	+	+	+	+	+	+	+	=								
阿维菌素	+	+	+	+	+	+	+	+	+	+	+	+	+	+	+	+	+	+	=	=							
多菌灵	+	+	+	+	+	+	+	+	+	+	+	+	+	+	+	+	+	+	+	+	=						
甲基硫菌灵	+	+	+	+	+	+	+	+	+	+	+	+	+	+	+	+	+	+	+	+	=	=					
百菌清	+	+	+	+	+	+	+	+	+	+	+	+	+	+	+	+	+	+	+	+	+	+	=				
石硫合剂	×	×	×	×	×	×	×	×	×	×	×	×	×	×	×	×	×	×	×	×	×	×	×	=			
波尔多液	×	×	×	×	×	×	×	×	×	×	×	×	×	×	×	×	×	×	×	×	×	×	×	=	=		
退菌特	+	+	+	+	+	+	+	+	+	+	+	+	+	+	+	+	+	+	+	+	+	+	+	×	×	=	
三唑酮	+	+	+	+	+	+	+	+	+	+	+	+	+	+	+	+	+	+	+	+	+	+	+	×	×	+	

注：+：可混用；=：性质相似不必混用；×：不可混用

附表7　果园常用有机肥料营养成分含量(%)

肥料名称		有机质	氮	磷(P_2O_5)	钾(K_2O)	氧化钙
土杂肥			0.2	0.18 ~ 0.25	0.7 ~ 2	
猪粪	粪	15	0.56	0.4	0.44	
	尿	2.5	0.3	0.12	0.95	
牛粪	粪	14.5	0.32	0.25	0.15	0.34
	尿	3	0.5	0.03	0.65	0.01
马粪	粪	20	0.55	0.3	0.24	0.15
	尿	6.5	1.2	0.01	1.5	0.45
羊粪	粪	28	0.65	0.5	0.25	0.46
	尿	7.2	1.4	0.03	1.2	0.16
人粪	粪	20	1	0.5	0.31	
	尿	3	0.5	0.13	0.19	
大豆饼			0.7	1.32	2.13	
花生饼			6.32	1.17	1.34	
棉籽饼			4.85	2.02	1.9	
菜籽饼			4.6	2.48	1.4	
芝麻饼			6.2	2.95	1.4	

附表8　果园常用有机肥、无机肥当年利用率(%)

肥料名称	当年利用率	肥料名称	当年利用率
一般土杂肥	15	尿素	35 ~ 40
大粪干	25	硫酸铵	35
猪粪	30	硝酸铵	35 ~ 40
草木灰	40	过磷酸钙	20 ~ 25
菜籽饼	25	硫酸钾	40 ~ 50
棉籽饼	25	氯化钾	40 ~ 50
花生饼	25	复合肥	40
大豆饼	25	钙镁磷肥	34 ~ 40

附表9 国内常用果树根外喷肥种类及浓度

补充元素	肥料名称	使用浓度(%)	年喷次数(次)	备注
氮	尿素	0.3～0.5	2～3	可与波尔多液混喷
氮磷	磷酸铵	0.5～1	3～4	生育期喷
磷	过磷酸钙	1～3	2～3	果实膨大期开始喷
钾	硫酸钾	1～1.5	2～3	果实膨大期开始喷
钾	氯化钾	0.5～1	2～3	果实膨大期开始喷
磷钾	磷酸二氢钾	0.2～0.5	2～3	果实膨大期开始喷
钾	草木灰	1～6		不能与氮肥、过磷酸钙混用
铁	硫酸亚铁	0.5～1	每隔15～20天1次	幼叶开始变绿时喷
硼	硼砂	0.2～0.3	2～3(花期)	土施0.2～2kg/667m^2,与有机肥混用
硼	硼酸	0.2～0.3	2～3(花期)	土施2～2.5kg/667m^2,与有机肥混用
锰	硫酸锰	0.2～0.4	1～2	
铜	硫酸铜	0.1～0.2	1～2	土施1.5～2kg/667m^2,与有机肥混用
钼	钼酸铵	0.02～0.05	2～3(生长前期)	土施10～100g/667m^2,与有机肥混用
锌	硫酸锌	0.3～0.5	发芽前	土施4～5kg/667m^2
钙	氯化钙	0.3～0.5	2～3	花后3～5周喷效果最佳
镁	硫酸镁	1～2	2～3	
锌	硫酸锌	0.1～0.2	发芽展叶期	
		0.3～0.5	落叶前	

主要参考文献

[1]陈海江,等.果树苗木繁育[M].北京:金盾出版社,2010.

[2]赵进春,等.北方果树苗木繁育技术[M].北京:化学工业出版社,2012.

[3]杨朝选,等.绿色优质苹果生产技术指南[M].郑州:中原农民出版社,2011.

[4]杨健,等.梨新优品种与现代栽培[M].郑州:河南科学技术出版社,2011.

[5]王力荣,等.中国桃遗传资源[M].北京:中国农业出版社,2012.

[6]朱更瑞,等.高效种植关键技术图说系列:图说桃高效栽培关键技术[M].北京:金盾出版社,2011.

[7]高登涛,等.葡萄专业户实用手册[M].北京:中国农业出版社,2012.

[8]孙海生,等.图说葡萄高效栽培关键技术[M].北京:金盾出版社,2010.

[9]陈汉杰,等.苹果病虫防治原色图鉴[M].郑州:河南科学技术出版社,2012.

[10]黄华,等.苗圃化学除草综合控除草技术[J].绿色科技,2012(04).

[11]李民,等.葡萄病虫害识别与防治图谱[M].郑州:中原农民出版社,2013.

[12]刘崇怀,等.葡萄新品种汇编[M].北京:中国农业出版社,2010.

[13]范金庆,等.金丝小枣的全光照自动喷雾嫩枝扦插育苗技术[J].落叶果树,2013(06).

[14]魏荣富,等.果树苗圃淹水后的急救措施[J].北方果树,2013(05).

[15]张道辉,等.半日光间歇弥雾果树育苗系统及其应用[J].农业工程学报,2011(03).